"揭榜挂帅"制度：
理论、实务与案例

曾婧婧　黄桂花　著

资助项目：国家自然科学基金面上项目（批准号：71974203）；收入分配与现代财政学科创新引智基地（批准号：B20084）

科 学 出 版 社
北　京

内 容 简 介

"揭榜挂帅"制度是指为解决重点产业领域的关键核心技术,由政府组织面向全社会征集方案并提供资金和政策支持的新型科研资助制度。为了推进"揭榜挂帅"制度的持续发展,本书主要阐述以下三个方面的内容,即"揭榜挂帅"制度的基本概况、"揭榜挂帅"制度关键环节如何开展,以及各地目前如何实施"揭榜挂帅"制度。"揭榜挂帅"制度是我国科研资助体系中的新秀,目前在学界还未形成理论体系,而本书首次从理论上系统详尽地分析该制度,并从实务层面给出了可操作、可落地的政策建议,丰富了科技政策学的研究内容,对未来相关研究起到引导作用。

从本书所具备的理论和实务意义上讲,本书既适用于科研工作者,也适用于政府部门人员。

图书在版编目(CIP)数据

"揭榜挂帅"制度:理论、实务与案例/曾婧婧,黄桂花著.—北京:科学出版社,2022.3

ISBN 978-7-03-070579-2

Ⅰ.①揭⋯ Ⅱ.①曾⋯ ②黄⋯ Ⅲ.①科研项目-项目管理-制度建设 Ⅳ.①G311

中国版本图书馆 CIP 数据核字(2021)第 228234 号

责任编辑:郝 悦/责任校对:刘 芳
责任印制:张 伟/封面设计:无极书装

科学出版社 出版
北京东黄城根北街 16 号
邮政编码:100717
http://www.sciencep.com

北京建宏印刷有限公司 印刷
科学出版社发行 各地新华书店经销

*

2022 年 3 月第 一 版　开本:720×1000　1/16
2023 年 1 月第二次印刷　印张:16 3/4
字数:337 000
定价:186.00 元
(如有印装质量问题,我社负责调换)

前　言

"揭榜挂帅"制度是指为解决重点产业领域的关键核心技术，由政府组织面向全社会征集方案并提供资金和政策支持的新型科研资助制度。这一制度可以准确识别技术需求、降低科研门槛，最大限度促进科技创新、构建开放式创新氛围，并最终实现科技自强。

政府作为"揭榜挂帅"的组织方，承担"揭榜挂帅"方案设计、榜单需求征集与遴选、组织需求方与揭榜方对接、揭榜成果评估验收等重要事务，因此需要了解"揭榜挂帅"制度的基本概况、"揭榜挂帅"关键环节如何开展，以及各地目前如何实施"揭榜挂帅"。为此，本书分成三篇系统详尽地介绍、分析、构建"揭榜挂帅"制度。

首先，第一篇分析"揭榜挂帅"制度理论，主要呈现三个内容：一是阐述"揭榜挂帅"制度的发展脉络，包括在我国历史上的体现、与国外科技悬赏奖之间的联系、近几年在我国的发展历程及其阶段性特征；二是总结"揭榜挂帅"制度在全国各地的实施现状、在"榜"与"帅"方面的特征，以及"榜"与"帅"的地域性匹配和技术性匹配；三是简要介绍"揭榜挂帅"制度的流程和关键机制，"揭榜挂帅"制度的流程与运行主要包括前期的项目征集与发榜、中期的揭榜申请与论证及后期的监管与验收应用三个环节。

其次，第二篇系统详尽阐述"揭榜挂帅"制度的实务，从"揭榜挂帅"制度实施的流程着手，分为方案设计、寻榜与定榜、选帅与挂帅、评榜与奖榜、成果推广与后期管理，以及"揭榜挂帅"制度运行中的问题等六章，并进一步总结制定与完善"揭榜挂帅"制度运行中的23个问题清单，具体论述"揭榜挂帅"制度实施中的操作方式。在方案设计环节中，我们首先对"揭榜挂帅"制度的定位与功能进行阐述，其次对"揭榜挂帅"项目进行分类，随后按照"揭榜挂帅"的组织流程详述各流程细则，最后对"揭榜挂帅"制度中重要的三个机制——资金及政策支持、成果推广和监督管理进行简要阐述；在寻榜与定榜环节中，我们阐述"揭榜挂帅"制度的适用性、榜单来源的类别，以及确定榜单评审主体和榜单评审标准；在发榜与揭榜环节中，我们主要从揭榜者的准入条件、揭榜形式、揭榜者权利及资金筹措方式四个方面进行论述；在评榜与奖榜环节中，我们总结项目管理与监督方式，主要从过程、资金及监督管理三个方面展开阐述，我们还从考核原则、考核标准、考核方式、考核主体四个方面总结了揭榜成果的验收与考核环节，最后，以"兼顾项目参与者的物质需求与精神需求"为原则，我们总结"揭榜挂帅"制度的政府资助策略，包括赏金、荣誉称号、免费宣传推广、人才政策、金融政策、财政政策和其他政策等；在成果推广与后期管理环节中，首先必须要明确成果的知识产权归属，随后才能制订成果的推广应用方案，在"揭榜挂帅"后期管理中，除了要制定揭榜成果的退出与对接机制外，还要为资金、人才的退出与对接提供方案，最后，为了打造"揭榜挂帅"品牌效应，"揭榜挂帅"制度的评估和改进环节不可忽略；尽管在各地的实践运用中"揭榜挂帅"制度得到了不断丰富和完善，但是，各地在实际运行中仍存在一些问题，如榜单设置不当、资源重复浪费、管理成本较高及商业化激励不足等，因此我们在第二篇的最后一个章节总结了"揭榜挂帅"制度运行中的问题，以推进"揭榜挂帅"制度的不断深化与持续发展。

最后，第三篇总结归纳"揭榜挂帅"制度的案例分析，分析 21 个国内"揭榜挂帅"案例，包括安徽、福建、甘肃等 21 个省区市，分别从科技发展现状、实施概况、榜单分析、需求方与揭榜方分析和详例介绍等五个方面分析。我们还分别做了 21 个省区市的科技发展及排名情况表、科技发展趋势图及榜单词云图，以方便读者阅读。

本书对"揭榜挂帅"制度的分析综合了"技术创新诱导需求"理论和"需求引致技术创新"理论的思想，与国际前沿理论进行了对话。此外，本书还结合国家领导人对"揭榜挂帅"制度做出的指示，如习近平总书记指出要"尽快在核心技术上取得突破""可以探索搞揭榜挂帅，把需要的关键核心技术项目张出榜来，英雄不论出处，谁有本事谁就揭榜"，国务院总理李克强在 2020 年政府工作报告中强调"重点项目攻关'揭榜挂帅'，谁能干就让谁干"。

科技经济"两张皮"、科技成果转化率低是我国科技发展中面临的重要问题，而"揭榜挂帅"制度从产业需求出发，落脚到揭榜成果的应用转化，能有效地解决这一问题，本书也立足于这一点阐述"揭榜挂帅"制度如何有效发挥优势作用。期望本书对"揭榜挂帅"制度理论、实务和案例的详细介绍、阐述和总结，能够为政府实施"揭榜挂帅"制度提供进一步的指导。

目　　录

第一篇　"揭榜挂帅"制度理论

第一章　"揭榜挂帅"制度的起源与发展 ··············· 3
　第一节　"揭榜挂帅"的历史起源 ··············· 3
　第二节　"揭榜挂帅"制度的中国实践 ··············· 4
第二章　"揭榜挂帅"制度的实施现状 ··············· 8
　第一节　"揭榜挂帅"制度的实施概况 ··············· 8
　第二节　"揭榜挂帅"制度实施中的潜在问题 ··············· 11
　第三节　"揭榜挂帅"制度的完善建议 ··············· 12
第三章　"揭榜挂帅"制度的运行机制 ··············· 15
　第一节　前期的项目征集与发榜 ··············· 16
　第二节　中期的揭榜申请与论证 ··············· 17
　第三节　后期的项目监管与验收应用 ··············· 19
第四章　"揭榜挂帅"制度的"榜"与"帅" ··············· 21
　第一节　发榜环节的"榜" ··············· 21
　第二节　揭榜环节的"帅" ··············· 25
　第三节　"榜"与"帅"的匹配 ··············· 30

第二篇　"揭榜挂帅"制度实务

第五章　"揭榜挂帅"制度的方案设计 ··············· 37
　第一节　定位与功能 ··············· 37
　第二节　分类 ··············· 40
　第三节　组织流程 ··············· 43
　第四节　资金及政策支持 ··············· 48
　第五节　成果推广 ··············· 50
　第六节　监督管理 ··············· 51

第六章 "揭榜挂帅"制度的寻榜与定榜 ……………………………… 53
- 第一节 "揭榜挂帅"制度的适用性 ……………………………… 53
- 第二节 榜单来源的类别 …………………………………………… 55
- 第三节 榜单评审主体 ……………………………………………… 62
- 第四节 榜单评审标准 ……………………………………………… 65

第七章 "揭榜挂帅"制度的选帅与挂帅 ……………………………… 67
- 第一节 确定"帅才" ……………………………………………… 67
- 第二节 "定帅"形式 ……………………………………………… 73
- 第三节 赋权于"帅" ……………………………………………… 75
- 第四节 "挂帅"资金来源 ………………………………………… 79

第八章 "揭榜挂帅"制度的评榜与奖榜 ……………………………… 83
- 第一节 项目管理与监督 …………………………………………… 83
- 第二节 揭榜成果的验收与考核 …………………………………… 89
- 第三节 "揭榜挂帅"制度的政府资助策略 ……………………… 96

第九章 "揭榜挂帅"制度的成果推广与后期管理 …………………… 104
- 第一节 揭榜成果的知识产权归属 ………………………………… 104
- 第二节 揭榜成果的推广方案 ……………………………………… 105
- 第三节 人才的退出与对接 ………………………………………… 111
- 第四节 资金的退出与对接 ………………………………………… 114
- 第五节 评估与改进 ………………………………………………… 115

第十章 "揭榜挂帅"制度运行中的问题 ……………………………… 117
- 第一节 榜单设置不当 ……………………………………………… 117
- 第二节 资源重复浪费 ……………………………………………… 120
- 第三节 管理成本较高 ……………………………………………… 123
- 第四节 商业化激励不足 …………………………………………… 126
- 第五节 问题清单 …………………………………………………… 127

第三篇 中国各省区市"揭榜挂帅"案例

第十一章 21个省区市"揭榜挂帅"实践 …………………………… 133
- 第一节 安徽省"揭榜挂帅"实践 ………………………………… 133
- 第二节 福建省"揭榜挂帅"实践 ………………………………… 137
- 第三节 甘肃省"揭榜挂帅"实践 ………………………………… 142
- 第四节 广东省"揭榜挂帅"实践 ………………………………… 148
- 第五节 广西壮族自治区"揭榜挂帅"实践 ……………………… 155
- 第六节 贵州省"揭榜挂帅"实践 ………………………………… 160

第七节　海南省"揭榜挂帅"实践 …………………………………… 165
第八节　河北省"揭榜挂帅"实践 …………………………………… 169
第九节　河南省"揭榜挂帅"实践 …………………………………… 175
第十节　湖北省"揭榜挂帅"实践 …………………………………… 180
第十一节　湖南省"揭榜挂帅"实践 ………………………………… 187
第十二节　江苏省"揭榜挂帅"实践 ………………………………… 194
第十三节　辽宁省"揭榜挂帅"实践 ………………………………… 199
第十四节　宁夏回族自治区"揭榜挂帅"实践 ……………………… 203
第十五节　山东省"揭榜挂帅"实践 ………………………………… 210
第十六节　山西省"揭榜挂帅"实践 ………………………………… 216
第十七节　陕西省"揭榜挂帅"实践 ………………………………… 222
第十八节　上海市"揭榜挂帅"实践 ………………………………… 227
第十九节　天津市"揭榜挂帅"实践 ………………………………… 232
第二十节　云南省"揭榜挂帅"实践 ………………………………… 235
第二十一节　浙江省"揭榜挂帅"实践 ……………………………… 241

参考文献 ………………………………………………………………… 247
附录 ……………………………………………………………………… 251
　附录1：研究数据来源与说明 ………………………………………… 251
　附录2：各省区市"揭榜挂帅"政策条目一览表 …………………… 253

第一篇 "揭榜挂帅"制度理论

第一章 "揭榜挂帅"制度的起源与发展

"揭榜挂帅"制度虽是近几年在我国广泛实施，但其发展脉络远不止于此。就其历史起源来看，在我国古代已有类似的制度，而在国外也早有科技悬赏制的应用。此外，从近几年"揭榜挂帅"制度在我国的发展沿革来看，其经历了提出、各地实践和国家战略三个阶段。

第一节 "揭榜挂帅"的历史起源

"揭榜挂帅"的历史起源既可以从我国古代开始溯源，也可以从国外科技悬赏奖中探寻。不同的是，我国古代的"揭榜挂帅"还未形成一种稳定的制度，且并未用于科学技术领域；而国外的科技悬赏奖则演变成一种广泛使用的科研奖励制度，主要用于科技领域的发展。

一、"揭榜挂帅"在我国历史上的体现

探索"揭榜挂帅"的历史起源首先要从我国古代开始，在我国历史上"揭榜挂帅"已有所应用，如"揭皇榜""挂帅出征"等。从"揭榜挂帅"的字面意思来看，《辞海》中显示，"榜"旧指官府的告示，"揭榜"即揭下写有征求完成某项任务或解决某个难题的告示，表示应征、应召等；"挂"是指列名、登记；"帅"本意为军队中的主将，引申为主导的人或事务。由此可见，"揭榜挂帅"在我国古代原指官府贴出某一难题的告示，征集民间高手来解决。《初潭集》中便讲了这样一个故事：1066年，我国宋朝的河中府地方发生了一次大洪水，汹涌的河水冲断了河中府的一座浮

桥，连八只用来固定浮桥的几十万斤①的大铁牛也被冲走，陷到淤泥里去了。官府贴出了"招贤榜"，广泛征集能够打捞出铁牛的人。最后揭榜的是位和尚即我国古代工程家怀丙，他找来两艘大木船，拴在一起，装满泥沙，用绳索拴在船下，将船上泥沙铲去，船升高铁牛被提起。转运使张焘把这件事汇报给朝廷，皇上赐给怀丙和尚一件紫衣（李贽，1974）。从这个故事中可以看出，我国古代的"揭榜挂帅"是在具体问题出现以后，由官府发布告示征集能人义士来解决问题。其特点在于，解决的问题是关系人们日常生活的社会难题，发布榜单具有随意性和非制度性。

二、"揭榜挂帅"在国外科技资助中的体现

"揭榜挂帅"作为一种制度，与国外的科技悬赏奖类似，它与"科技悬赏""悬赏挂帅"这一类术语在本质上是一致的。国际上，科技悬赏奖作为政府科技资助的重要手段之一，它是指为解决社会中特定领域的技术难题，由政府组织面向全社会开放的、专门征集科技创新成果的一种非周期性科研资助（曾婧婧，2013）。其历史悠久，早在1567年，西班牙王室为寻求测度海上经度的方法而尝试设置奖项，1714年英国政府再次设立经度奖（British Longitude Prize），最终由英国人John Harison设计出航海钟而解决。因此，学术界普遍将1714年英国政府设立的经度奖作为第一届科技悬赏奖（Kay，2011）。之后的300多年间，科技悬赏奖作为政府主要的科研资助方式，在多个国家中大量使用，包括美国、英国、德国和法国等（Brunt et al.，2012）；其涉及的领域囊括航空、航海、生物、医药、机械、化学和农业等多个科学技术领域（Williams，2012）。进入21世纪以来，仅美国联邦政府就资助了包括氢气奖（Hydrogen Prize）在内的30余项科技悬赏项目。由此可见，科技悬赏奖从最初设立开始，就不断地突破技术难题，极大地促进了科学技术的创新。

第二节 "揭榜挂帅"制度的中国实践

在我国，"揭榜挂帅"早期以科研众包、科技悬赏等形式出现，并随着各地的不断探索和中央政府的逐渐重视而正式以"揭榜挂帅"制度推广至全国。根据关键事件节点，本书将"揭榜挂帅"制度的发展分为三个时期：提出、各地实践和国家战略（图1-1）。

---

① 1斤=0.5千克。

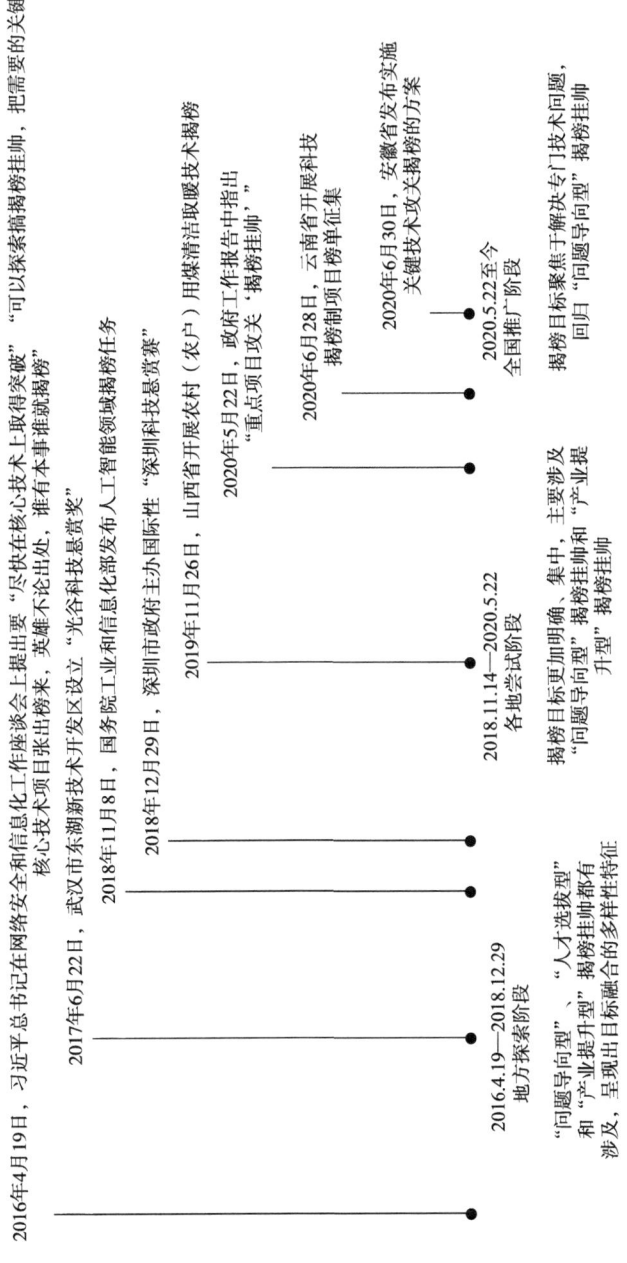

图1-1 "揭榜挂帅"的中国历程

一、科技项目"揭榜挂帅"的提出

"揭榜挂帅"在中国的首次提出,是在2016年4月19日的网络安全和信息化工作座谈会。会上,习近平总书记指出要"尽快在核心技术上取得突破""可以探索搞揭榜挂帅,把需要的关键核心技术项目张出榜来,英雄不论出处,谁有本事谁就揭榜"[①]。由此,"揭榜挂帅"在中国拉开序幕。随后,武汉市东湖高新技术开发区于2017年6月22日发布《支持创新创业发展新经济的政策清单》,在国内首开先河设立"光谷科技悬赏奖",面向全球招标,寻找能实现技术攻关的项目成果,实现"资智回汉"。2018年12月29日,深圳市政府为有效解决全市企业在自身研发过程中遇到的各种技术困难和技术需求,主办国际性"深圳科技悬赏赛",发现并吸引尖端技术和产业技术人才,助力深圳全球科技产业创新中心建设。2018年12月,宁波市政府发起584项技术需求,涉及"悬赏"金额8.5亿元的科技悬赏。

由此可见,在这一时期,"揭榜挂帅"制度处于地方先行探索阶段。此外,从揭榜目标来看,可以将"揭榜挂帅"分为问题导向型、人才选拔型和产业提升型。问题导向型是指为解决本地企业发展中的技术难题,面向社会征集最佳解决方法的"揭榜挂帅";人才选拔型是指由政府根据本地发展需要提出的相关技术领域人才需求计划,并根据此计划发布相关领域揭榜任务的"揭榜挂帅";产业提升型是指为提升具体领域的整体技术竞争力,根据产业发展中的共性技术难题发布揭榜任务的"揭榜挂帅"。由于在这一阶段地方政府是自发地、探索性地开展揭榜挂帅,各地的揭榜目的有所差异,对三种导向的揭榜挂帅都有触及,呈现目标融合的多样性特征。具体来看,宁波市政府发起的科技悬赏更聚焦于技术问题的解决;"光谷科技悬赏奖"以吸引全球创新资源和高端人才为目的;"深圳科技悬赏赛"为提升重点产业实力,吸引尖端技术和人才。

二、科技项目"揭榜挂帅"的各地实践

在前期地方已有的实践经验基础上,2018年11月8日,国务院工业和信息化部发布人工智能领域揭榜任务(《工业和信息化部办公厅关于印发〈新一代人工

---

① 中共中央网络安全和信息化委员会. 2016-04-19. 习近平:尽快在核心技术上取得突破[EB/OL]. http://www.cac.gov.cn/2016-04/19/c_1118673705.htm.

智能产业创新重点任务揭榜工作方案〉的通知》），面向全国企业、高校和科研院所等遴选出一批掌握关键核心技术、具备较强创新能力的组织完成攻关任务。在中央已出台"揭榜挂帅"政策之后，各地纷纷效仿，立足于本地发展需求，开展相应领域的科技项目揭榜任务。在这一阶段，从国务院工业和信息化部发布揭榜任务以来，更多地方开始尝试"揭榜挂帅"制度，呈现逐渐铺开的趋势。而从揭榜目标来看，各地的揭榜目标更加明确、集中，主要专注于问题导向和产业提升。例如，工业和信息化部发布的人工智能领域揭榜任务，便是主攻人工智能领域的关键技术难题，致力于推进我国人工智能产业创新发展；山西省针对本地实际需求，两次发布煤炭清洁和矿山开发等领域的揭榜任务，以解决关键技术难题和产业提升为目标，实施"揭榜挂帅"制度。

三、科技项目"揭榜挂帅"的国家战略

"重点项目攻关'揭榜挂帅'，谁能干就让谁干"[①]，2020年5月22日，国务院总理李克强在政府工作报告中发表了这一论断，这意味着"揭榜挂帅"制度被正式纳入国家战略中。随着中央政府不断重视和提高"揭榜挂帅"制度的作用和地位，越来越多的地方政府发布揭榜制工作实施方案，将其纳入政策议程中，逐渐开展科技项目揭榜攻关。这一阶段的"揭榜挂帅"制度作为国家战略，在全国范围内全面推开，成为推动各地产业发展的重要手段。同时，揭榜挂帅制度也逐渐回归问题导向的目标，这一阶段中的大部分揭榜任务都是以解决某一技术难题或某类技术领域的关键难题为出发点。例如，深圳市政府发布了两批关于"新型冠状病毒肺炎疫情应急防治"的攻关项目，聚焦于这一专门领域，为解决特定的问题而开展"揭榜挂帅"。

---

① 李克强. 2020-05-23. 两会//李克强：实行重点项目攻关"揭榜挂帅"，谁能干就让谁干[EB/OL]. https://3g.163.com/dy/article/FDARVOT0053168RD.html.

第二章 "揭榜挂帅"制度的实施现状

"揭榜挂帅"制度在2020年和2021年的政府工作报告中均被提及,尤其是《中华人民共和国国民经济和社会发展第十四个五年规划和2035年远景目标纲要》(简称"十四五"规划)将其纳入国家战略规划中,凸显了"揭榜挂帅"制度对我国科技创新领域和科研资助的重要作用。在此背景下,全国各省区市相继开展"揭榜挂帅",而各地的实施进度有所差异,在具体实施中也存在一些问题亟待解决。

第一节 "揭榜挂帅"制度的实施概况

"揭榜挂帅"制度在全国各地的实施进度有较大差异,有的省区市走在前列,有的省区市紧随其后,有的则在学习借鉴其他地方的做法之后才开始实施。此外,各地的揭榜领域既存在共性,均聚焦科技发展前沿,也因地制宜地发布具有地方特色的榜单。在"揭榜挂帅"制度的多个关键机制中,各地相互借鉴学习并不断探索。

一、各地进展不一、总体覆盖较广

截至2021年6月8日,全国共有29个省区市开展"揭榜挂帅"制度,基本达到全覆盖,但各地开展的进度不同。按照征集揭榜需求、榜单发布、揭榜攻关及完成攻关四个阶段划分,目前,内蒙古、新疆正在征集揭榜需求;

湖南、陕西、福建、甘肃、广西、海南、辽宁、四川、重庆、青海、江西、黑龙江 12 个省区市处于榜单发布阶段；云南、北京、山东、上海、安徽、广东、河北、河南、湖北、江苏、宁夏、山西、天津、浙江 14 个省区市处于揭榜攻关阶段；贵州从 2017 年便陆续发布 5 项技术榜单，其中部分已完成成果攻关。此外，从图 2-1 中可以看出，贵州、广东、河北、湖北、山西、宁夏等地较早实施"揭榜挂帅"制度，其中湖北已连续三年发布榜单，成功揭榜 154 项技术榜单。

二、揭榜领域较为集中、榜单技术因地制宜

各地共发布 1 216 项技术榜单[①]，涉及的领域主要包括生物医药（24%）、先进制造与自动化（21%）、新材料（19%）、电子信息（17%）、资源与环境（8%）、高技术服务（5%）、新能源与节能（4%）、航空航天（2%）等。另外，地方政府多根据其实际情况因地制宜制定榜单，如贵州省的技术榜单以大数据和农业为主，山西省聚焦于能源和环保领域。各地已成功揭榜 246 项，预期至少带动企业近 18 亿元的研发投入。

三、各地在资金配比、揭榜类型及地域属性等具体实施细则方面共性和个性并存

一是揭榜项目资金来源以政府和发榜方为主，政府与发榜方对揭榜项目的出资比例一般为 2∶8，而安徽、湖北、湖南、云南、新疆、广西等地政府出资最高可达到总投入的 40%。二是揭榜类型以技术攻关为主，22 个省区市发布了（或将要发布）技术攻关类榜单，广东、湖北、陕西等 8 个省区市还涉及成果转化类揭榜，上海、宁夏、海南等 7 个省区市发布了多项平台建设和场景应用类榜单。三是多数地区对揭榜方地域不做限制，河北、江苏、安徽、贵州和宁夏将揭榜方限制为省内机构，河南则限制为省外机构，其余 18 个省区市对揭榜方的地域不做限制。

---

① 该数据截止到 2021 年 4 月 13 日，该时点后发布的榜单未进行技术领域的编码。

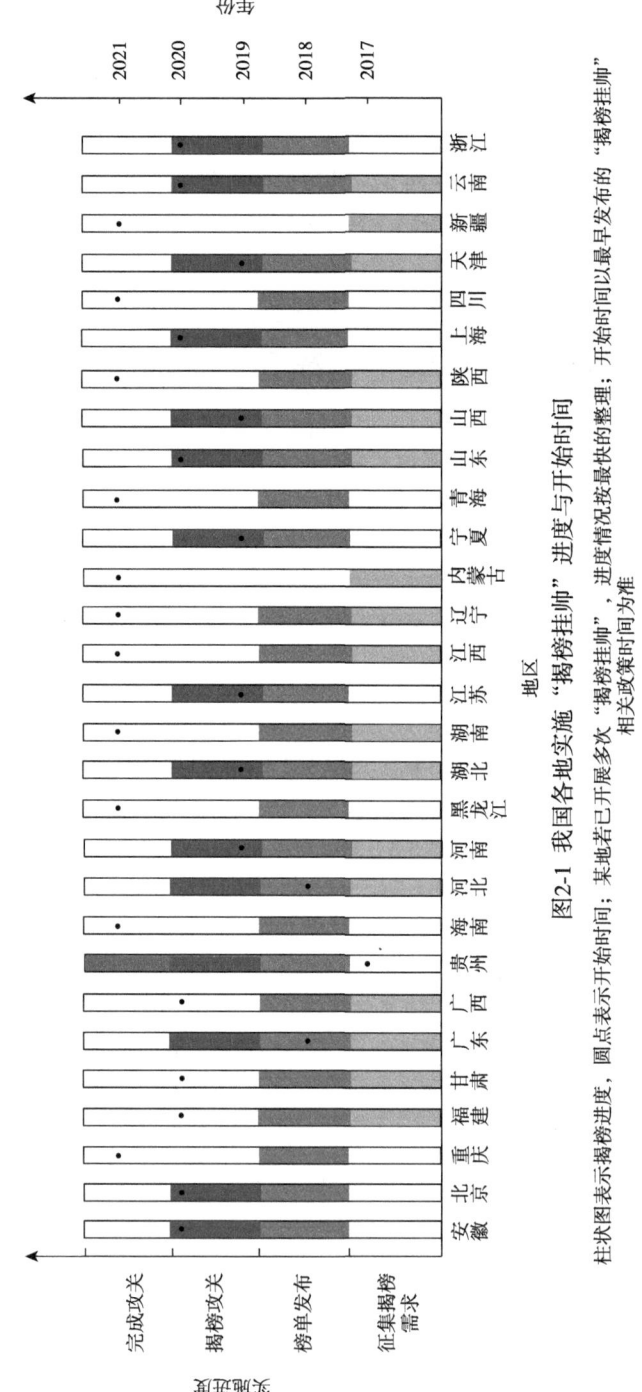

图2-1 我国各地实施"揭榜挂帅"进度与开始时间

柱状图表示揭榜进度，圆点表示开始时间；某地若已开展多次"揭榜挂帅"，进度情况按最快的整理；开始时间以最早发布的"揭榜挂帅"相关政策时间为准

第二节 "揭榜挂帅"制度实施中的潜在问题

从目前我国各地"揭榜挂帅"实施概况来看,在揭榜项目甄选、揭榜方数量设置、揭榜过程的政策支持等方面存在一定的问题。

一、揭榜项目甄选不合理,缺乏针对性

一是揭榜项目类型过于宽泛,项目甄别不足。除了技术攻关类和成果转化类两种"揭榜挂帅"的典型类别外,还有68项平台建设和场景应用等项目,这类项目不适用于一般意义的"揭榜挂帅",更适合采用政府招投标或者政府购买等形式。二是政府定制揭榜项目过多,缺乏企业参与,类似于科研计划。在已发布的榜单中,有692项揭榜项目由政府定制产生,占到整体榜单数的57%。

二、揭榜方数量不合理,缺乏竞争性

在已成功揭榜的246个揭榜项目中,只有一个揭榜方或多个机构联合揭榜的项目有217个,而采取多个揭榜方平行研究方式的项目只有29个。这可能会导致竞争不足、揭榜方懈怠、揭榜项目研发失败概率增加等问题。

三、"揭榜挂帅"实施重前期揭榜、轻后期管理

截至目前搜集到的政策文件,关于方案和资助安排等具体说明的文件仅有23条,其余72条均是项目征集、发榜和揭榜文件,缺少针对性的政策文件具体说明后期管理事项。此外,在对"揭榜挂帅"的方案设计中,大部分篇幅在介绍前期揭榜安排,对于资金管理方式、过程监管方式、成果验收方式和成果推广应用方式等后期重要的管理内容仅为一笔带过,或者直接指出按照相关科研计划管理办法执行(如山东和辽宁)。

第三节 "揭榜挂帅"制度的完善建议

针对各地目前实施"揭榜挂帅"存在的潜在问题,本书从"揭榜挂帅"分类管理、"揭榜挂帅"过程监管及后期推广管理办法,以及"揭榜挂帅"技术需求库、成果库和项目库三个方面提出完善建议。

一、建议开展不同类别的"揭榜挂帅"并实行分类管理

建议将"揭榜挂帅"分为常规攻关型"揭榜挂帅"和应急战略型"揭榜挂帅",并实行分类管理。前者每年定期开展,以社会需求为主,向社会征集技术攻关需求和成果转化需求;后者由政府不定期在相应平台上发布应景性技术需求、重大战略性技术需求和大课题中难以攻克的子命题技术需求,这类"揭榜挂帅"的项目数量应较少。

两类"揭榜挂帅"按照不同的方式进行管理。第一,对于常规攻关型"揭榜挂帅"有两种资助方式,一是"赛马式"资助,针对有多个揭榜方平行研发的技术攻关项目,在项目实施前给予一定比例经费支持,而后严格按照揭榜项目的阶段性目标完成情况给予完成者一定比例经费,未完成者退出揭榜,最后根据项目成果验收质量给予剩余的经费支持,总体财政经费支持不超过项目投入的40%。二是"里程碑式"资助,针对仅有一个揭榜方的技术攻关项目和成果转化项目,项目技术目标应非常明确、具体,在项目实施前给予一定比例经费支持后,阶段性考核和成果验收应严格按照具体的项目指标执行,达到阶段性考核指标和最终成果指标才给予相应比例的经费,同时总体经费支持不超过项目投入的40%。总体而言,常规攻关型"揭榜挂帅"的揭榜项目最终成果应由需求方和揭榜方自行决定,政府在其中只起到牵线搭桥、部分资金支持、政策支持和助推成果应用的作用。第二,应急战略型"揭榜挂帅"采取揭榜奖励式资助方式,揭榜方只需在榜单发布平台上申请或向政府报备相应揭榜项目,自行开展技术研发,政府对最先达到揭榜目标和最优成果质量的给予奖励。而技术研发费用的承担者可按照知识产权受益人来确定,若最终知识产权归政府所有,则政府向揭榜方全额购买,若采取合作形式,则政府与揭榜方按比例承担研发费用。

二、建议制定具体的"揭榜挂帅"过程监管及后期推广管理办法

加强"揭榜挂帅"制的过程监管及后期推广,建议为"揭榜挂帅"制定具体的过程监管、经费管理、成果验收和推广应用办法。虽然"揭榜挂帅"是唯成果兑奖,但是适当的过程监管及后期成果验收推广至关重要。

第一,建议在制定"揭榜挂帅"过程监管办法时,以揭榜项目的阶段性目标为核心,关注项目的进展而不干预项目的具体实施方式,同时要强调对不合规、不合法行为进行监督和证据收集。区别于政府科研计划项目的管理方式,"揭榜挂帅"制的过程监管应体现监督、考核和资助一体,严格落实每一阶段的目标任务,集过程管理和目标管理为一体。第二,建议将"揭榜挂帅"的经费管理办法与其他项目经费管理办法区别开,"揭榜挂帅"的经费管理应体现目标管理原则和阶段性资助原则,在确保阶段目标完成情况下,给予经费资助,而对于经费的用途则不做具体限制。第三,建议在制定"揭榜挂帅"成果验收管理办法时从合技术性、合程序性、合规范性三方面展开,规定每个方面的具体要求及重要性程度。同时对成果验收要做到宽严适中,既要坚持以揭榜目标为验收准则,又要考虑客观原因和不可抗力原因导致的适当延期。第四,建议在制定"揭榜挂帅"成果推广应用办法时从知识产权确定、成果宣传和后续融资规定方面展开,在明确知识产权归属基础上,做好"揭榜挂帅"成果宣传工作,吸引更多外部投资,推进成果的转化应用。

三、建议设立"揭榜挂帅"技术需求库、成果库和项目库

第一,"揭榜挂帅"技术需求库主要储备常规攻关型"揭榜挂帅"中的两种技术需求,一是未通过需求论证的技术需求,征得需求方企业同意后将相关信息发布在技术需求平台,供意向揭榜方与需求方企业自行联系合作,政府只提供平台联系功能;二是未成功揭榜或揭榜后研发失败的技术需求,将相关信息发布在技术需求平台,定期对申请揭榜者进行论证,论证成功后按原有揭榜流程进行揭榜和资助。

第二,"揭榜挂帅"成果库主要储备常规攻关型"揭榜挂帅"中征集的成果转

化需求，以及两类"揭榜挂帅"中技术攻关后的成果。对于征集的成果转化需求未成功揭榜的，征得需求方同意后发布在成果转化需求平台，定期对申请揭榜者进行论证，论证成功后按原有流程进行揭榜和资助；对于技术攻关后的成果，征得需求方和揭榜方同意后发布在成果宣传平台，为揭榜成果后期的推广应用吸引更多资金支持，同时对成果推广应用的进度进行管理。

第三，建议设立国家级和省级"揭榜挂帅"项目库，将发布的揭榜项目和揭榜进度实时更新至项目库中。"揭榜挂帅"项目库可以用于需求论证环节的科技查新，以防止重复设置揭榜项目，从而甄选出真正的"卡脖子"技术；同时项目库可以反映我国关键核心技术的发展进程，以及主要技术缺口，为科技攻关提供方向；此外"揭榜挂帅"项目库还可以起到激励揭榜方和发榜方的作用，吸引社会资本对科技创新的支持。

第三章 "揭榜挂帅"制度的运行机制

科技项目"揭榜挂帅"制度是由政府组织和设立的面向全社会的一种科技奖励安排,各地的实施有所差异也存在共性。本书将揭榜挂帅制度的运行流程归纳为前期、中期和后期三个主要阶段,其中前期主要是科技项目需求的征集与发榜,中期包括揭榜申请与论证,后期包括项目监管与验收运用(图3-1)。后文将主要论述每个阶段的关键内容,以此呈现"揭榜挂帅"制度的特点。

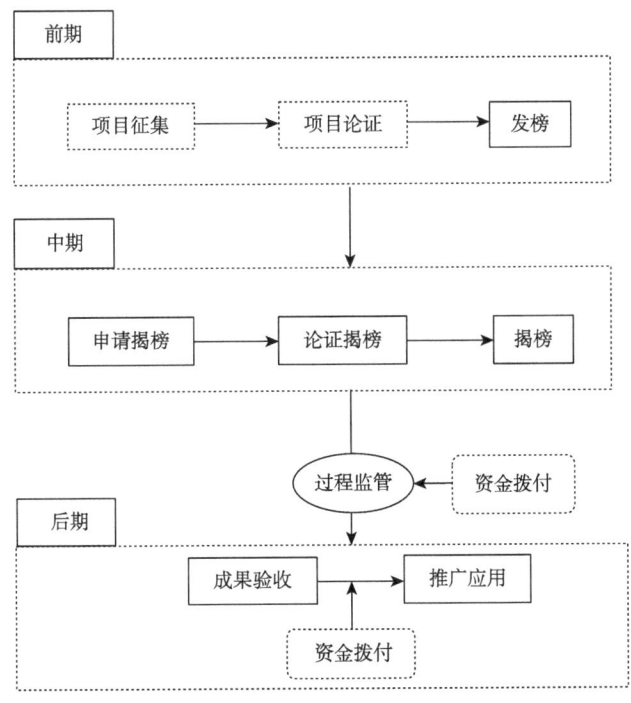

图3-1 科技项目"揭榜挂帅"运行流程

第一节 前期的项目征集与发榜

"揭榜挂帅"制度的实施,具有一定的目的性,或者为提升本地区关键产业、行业实力,或者为解决某一重要领域的关键技术问题,或者为吸引某一领域的技术人才。为实现特定目标,揭榜项目的来源、论证和发布方式选择是关键。

一、项目征集是"揭榜挂帅"的关键环节之一

"揭榜挂帅"通常有三种方式来征集项目需求。其一,直接面向本地区的企业、高校和科研院所等发布征集项目需求的通知文件,同时指定某一平台作为需求征集的载体,最后从征集到的所有需求中筛选。这一方式运用最为广泛,也最能体现揭榜制的需求导向特征。其二,在政府部门内部层层下发征集项目需求的任务,最后层层筛选上报。这一方式的优点是平衡了不同地区的发展现状和需求,但缺点表现在公开性和透明性的难以把控,以及程序繁复。其三,政府自行决定揭榜项目的内容。这一方式不涉及向社会征集项目需求,通常基于政府自行组织的摸排工作,或者以往对本地区的产业发展掌握情况,或者特殊时期的应景性技术问题,来发布揭榜任务。例如,江苏省发布的关键核心技术攻关任务揭榜,深圳市发布的针对"新型冠状病毒肺炎疫情应急防治"科研攻关项目悬赏指南。

以上三种形式的揭榜项目来源体现了不同程度的需求导向特征,而根据不同地区、不同时期的需求,选择性地采用揭榜项目来源方式也是"揭榜挂帅"的重要特点。然而,尽管可以通过前两种面向社会征集的方式实现需求导向,但实际上也会有一定限制。其一,征集的项目需求通常限制在特定领域,因此不在这一领域的技术项目需求无法进入"揭榜挂帅"的范围。其二,限定项目需求提出的主体。揭榜项目一般分为两种类型——技术攻关类和成果转化类,前者通常要求龙头、领先科技型企业提出;后者通常要求高校、科研院所和科技型中小企业提出。这些限制体现了"揭榜挂帅"的专业性和聚焦性。

二、项目论证聚焦关键核心技术

在项目征集的基础上,论证遴选揭榜项目的首要方式是对项目需求方的审查,

包括能力审查和诚信审查，以防范揭榜失败和串谋的风险。针对项目技术需求的审查，其标准包括先进性、可行性、公益性、带动性和共性。这一审查标准体现了"揭榜挂帅"聚焦于关键核心技术和"卡脖子"技术的特征，以及减少失败和公共性的倾向。最后，"揭榜挂帅"制度不拘泥于书面审查，实地考察能更深入了解项目技术需求的现实情况，做出更科学合理的判断。

三、发榜的关键在于宣传和吸引

将揭榜项目、对应的需求方、项目预期目标等信息发布出去，就是发榜环节的主要内容。然而，发布信息的关键在于宣传揭榜活动，吸引国内外优秀人才和企业组织。因此，要从发榜平台、发榜方式和发榜内容三个方面做好宣传工作。首先，发榜平台要面向公众，平台的设计要简易直观；其次，发榜方式要丰富多样，除了线上发布外，还可与其他城市联合开展"揭榜挂帅"项目发布对接会，并开展项目路演；最后，发布的榜单内容应翔实具体，并突出揭榜机制和奖补策略。

第二节 中期的揭榜申请与论证

在榜单发布之后，"揭榜挂帅"进入到中期的申请和论证揭榜阶段。该阶段的重要性体现在影响揭榜的最终成效，同时也体现了其优势作用。

一、在申请揭榜环节，申请人的限定、揭榜方与需求方的对接是"揭榜挂帅"的重要内容

在对各地有关"揭榜挂帅"的政策文本进行梳理之后，发现大部分实施的"揭榜挂帅"都将揭榜方限定为企业、高校和科研院所等法人单位，或者是由多个单位组成的联合体；而只有少数揭榜制将其范围扩展到科研团队和自然人。这种差异体现出"揭榜挂帅"在实施中根据不同地区和不同目标的具体运用。例如，2019年天津市发布的以揭榜机制开展的科研众包工作，科学技术部发起的以揭榜比拼方式开展的历届中国创新挑战赛，都没有限定揭榜方的性质。一般来说，主要依

靠科技发展的省区市在揭榜制的实施方面会更多地创新探索，而以人才选拔导向为主要目标的揭榜制，同样也不会限定揭榜方的身份。此外，揭榜主体涵盖企业群体是"揭榜挂帅"制度的一大特色和进步，而对自然人和团队的限制则适应了大科学时代的科研现状。

二、在论证揭榜环节，谁来论证、论证标准和论证形式是关键

"揭榜挂帅"要突破以往的科研资助制度，关键之一便是要不拘泥于技术发展的现有共识，提倡创新和务实。因此，在对揭榜方的遴选中，评审成员不仅包括行业专家，还要纳入需求方和第三方组织；评审标准不仅要考虑揭榜方的资质和揭榜方案，还要考虑需求方的满意度。同时，应注意的是，对揭榜方资质的审查应主要重视其诚信问题，而避免夸大资质的作用；对于揭榜方案应重点评估最终成果的实现度，而不是方案表面所体现的新颖性和完整性。关于论证形式，目前有集中评审和现场评估两种方式。前者主要应用于项目需求较多和以竞赛形式开展的初期评审过程，后者则主要适用于项目需求较少，以及竞赛形式揭榜制的最终评选。

三、在揭榜环节，揭榜方的数量分布是关键

"揭榜挂帅"既有国外早期科技悬赏的多个主体平行研究的特点，也有科学基金制的单一主体研究的特点。就目前开展的情况来看，揭榜方的数量存在三种情况：多个揭榜方，单个揭榜方，无揭榜方。首先，一个揭榜项目对应多个揭榜方，每个揭榜方可对揭榜项目独立研究或非独立研究。非独立研究是指多个揭榜方作为联合体共同攻关一项揭榜项目，各自负责项目的不同部分，类似于科学基金制中的联合申报。独立研究是指多个揭榜方针对一个揭榜项目展开平行研究，类似于科技悬赏奖。此外，多个揭榜方独立研究下又分为两种情形：一是揭榜方之间地位不平等，只有一家被正式确认为揭榜的组织，可以获得事前补助和事后奖补，其他则为入围组织，只能根据任务完成情况获得事后奖补；二是揭榜方之间地位平等，每个揭榜方享受同等的政策待遇，事后奖补政策则根据任务完成情况而定。其次，一个揭榜项目对应一个揭榜方，这与科学基金制类似。从数据来看，目前实施的揭榜制中单个揭榜方的情形占多数。最后，对于某些项目需求没有确定揭榜方，这可能源于没有揭榜方申请，或者是揭榜方案在论证环节没有通过。这在目前实施的揭榜制中普遍存在，如广东省科学技术厅在2018年开展的揭榜制中，共发布29项需求，最终

只有 8 项得以揭榜立项。揭榜方数量如何分布关系到"揭榜挂帅"的最终成效，而目前还未形成统一的认识，后文将对此问题进行探讨。

第三节 后期的项目监管与验收应用

"揭榜挂帅"突破以往科研资助制度的另一关键便是重视后期的监管、验收和推广工作。

一、过程监管既要监督管理也要支持协助

有效的监管机制既可以及时纠偏，降低失败风险，又可以掌握进度，推进项目逐步实施。此外，在过程监管中，还要提供政策支持、促进政策落实，形成并搜集信息资料为验收和资金拨付做准备。然而，目前实施的"揭榜挂帅"多数依赖于现有的政府间层级关系对揭榜项目实施监管（如绍兴市的"周报月访"机制），或者委托第三方专业机构监管（如广东省）。过程监管在很大程度上影响着揭榜的最终成效，而目前对于如何在"揭榜挂帅"制度中建立有效的监管机制尚未有可行的实践。

二、成果验收要做到宽严适度

"揭榜挂帅"制度的重点在于揭榜成果的验收，只有通过揭榜成果验收才算真正意义上的"成功揭榜"。因此，在验收成果时，既要防范道德风险，也要严格评估揭榜成果的完成度。重点是要建立成果验收机制，一方面，要严格审查揭榜成果与揭榜任务、揭榜方案之间的匹配与差异；另一方面，要结合产业发展实际、现实阻碍因素和项目研究进展酌情调整时间限制和任务要求。由于本书搜集数据期间，还未有揭榜成果发布，对成果验收机制还有待进一步研究。

三、推广应用是实现"揭榜挂帅"价值的重要环节

根据项目征集方式的不同，存在有需求方和无需求方两种情形的揭榜项

目。对于有需求方的揭榜项目，可根据需求方、揭榜方和主办政府签订的三方协议，履行相应的推广应用责任，享有相应的权益。而对于无需求方的揭榜项目，可在政府的组织和协调下实现商业化或社会化。其中，商业化是指以企业购买的方式将揭榜成果的所有权转移到购买企业下，社会化主要有科学基金资助和科技拨款购买两种方式（曾婧婧和龚启慧，2016）。以上是理论上的推广应用方式，"揭榜挂帅"政策文件并无具体说明，也还未有相关实践案例，有待进一步研究。

四、资金拨付具有灵活性和多样性

"揭榜挂帅"项目的研发资金一般来自政府、需求方（若有）和揭榜方，而其中以需求方提供的配套资金为主，政府财政资助为辅（图3-2）。政府财政资金拨付的对象是需求方，资助金额一般在揭榜项目投入总额的20%~30%，通过灵活地分期拨付实现，一般分为两期：第一期是在需求方的首次投入到位后政府给予相匹配的资金投入；第二期是在过程监管的中期评估达到要求之后给予后续资金投入（如广东省），或者第二期是在成果验收后根据评估结果将剩余资金一次性拨付（如山西省和浙江省）。总的来看，"揭榜挂帅"在经费安排上呈现事前资助与事后补助结合的特征。一般事前资助的比例较小，以防范揭榜方的失信行为。但考虑到不同行业的揭榜风险，在具体实施中应针对项目特征平衡两者间的比例。

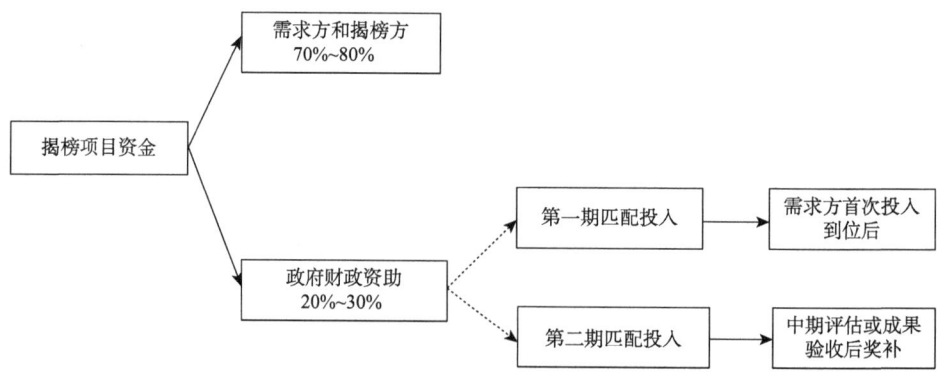

图 3-2 揭榜挂帅制度的项目资金来源构成

第四章 "揭榜挂帅"制度的"榜"与"帅"

为进一步探索我国目前实施的"揭榜挂帅"情况,本章将从"揭榜挂帅"中重要的两个内容着手——榜单和"帅才",分析两者的特征,以及榜单与"帅才"的匹配特征。

第一节 发榜环节的"榜"

榜单特征可以从榜单的技术特质、主体特质、地域特质和资助特质四个方面来分析。

一、榜单的技术特质

从榜单的技术领域来看,多数榜单主要涉及经济社会发展和人民生命健康的技术。各地共发布 1 216 项技术榜单[①],榜单的技术领域总体分布情况见图 4-1,其中生物医药、先进制造与自动化领域分布最多,紧随其后的是新材料和电子信息领域,而在资源与环境、高技术服务、新能源与节能、航空航天等领域分布较为零散。"揭榜挂帅"的榜单一般有四个"源头":国际科技前沿、国家战略需求、经济社会发展需要、人民生命健康(马永慧和李亚欣,2020;邹轶君和郝加全,2020)。各省份发榜时,注重满足当地经济社会的发展需要、人民生命健康需要,而生物医药、先进制造与自动化、新材料、电子信息四个领域同各省的经济社会

---

① 该数据截止到 2021 年 4 月 13 日,该时点后发布的榜单未进行技术领域的编码。

发展、人民生命健康关系更为紧密，相关技术较为紧缺，应用前景广阔，因此占比也更大。

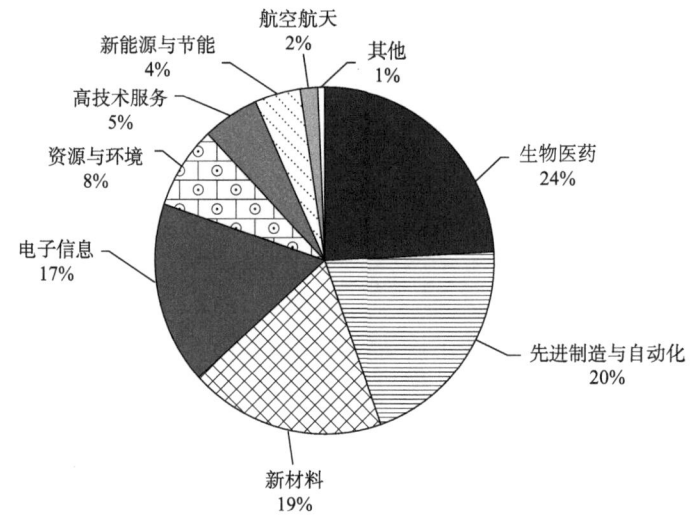

图 4-1　发榜难题的领域分布情况

从榜单的技术成果特点看，发放的榜单具有清晰明确的目标，尽管有一定难度但仍能实现，这也符合"揭榜挂帅"制度要求的针对具体的、变革性、可实现的成果（曾婧婧和黄桂花，2021a）。此外，各地在发布榜单时为确保榜单得以成功攻关，还限制了揭榜周期，大多设置在 3 年以内。例如，2020 年安徽省发布 127 项技术榜单，涉及电子信息、新材料等高新技术领域的突破性难题，攻关存在难度，发布时对各榜单目标有明确说明与要求，并设置了 2~3 年的完成期限。总而言之，"揭榜挂帅"榜单的技术领域多与经济社会发展需要、人民生命健康需要相关，榜单技术成果的目标明确、清晰，能在一定期限内攻克。

二、榜单的主体特质

从榜单的发榜形式看，主要可分为技术攻关类和成果转化类[①]，对于不同的榜单类型，需求来源不同，涉及主体不同，发榜形式相异。

关于技术攻关类榜单是需要进一步研究攻关的技术难题。发布形式是政府直接发榜或征集攻关需求再发榜。目前在我国，多采取直接由政府进行发布的形式，

[①] 部分省份设计了其他类型的榜单，如宁夏发布平台建设与应用项目，应用较少此处不作讨论。

可见对于技术攻关类项目，政府更倾向直接发布需求，从而可以有针对性地关注当地的共性技术问题，也可以制定具有社会急迫需求的榜单，有助于整体性布局科技攻关方向[①]。

关于成果转化类榜单是需要依托企业来实现转化落地的已有科技成果。发布形式是征集转化需求再发榜。目前在我国，多采取先征集转化的需求再发布的形式，可见对于成果转化类项目，政府需了解成果转化的需求情况，掌握尚未创造经济社会价值的技术"闲置"情况，因此项目的发布多伴随需求征集环节，政府主要发挥的作用是搭建发榜、揭榜双方的对接平台。总之，对于技术攻关类项目，政府倾向于直接发布需求，整体性布局科技攻关方向；对于成果转化类项目，则倾向于先征集企业需求后发榜，政府主要发挥提供对接平台的作用。

三、榜单的地域特质

各省份在发榜时，发榜文件、榜单大多带有地域特色或聚焦于本省"重点领域"的发展需求（表4-1）。一方面是因为当地政府在确定榜单时，会倾向于选择有助于本地主要产业或特色产业发展、适应自身政策导向的榜单需求；另一方面则是因为当地需求主体提出的榜单自身带有一定的地域特点。

表4-1 发榜文件对榜单领域的相关描述举例

省份	榜单领域的文件描述
广东省	聚焦广东省重点领域关键核心技术和产业发展急需的重大科技成果，主攻方向：①新一代信息技术；②高端装备制造；③绿色低碳；④生物医药；⑤数字经济；⑥新材料；⑦海洋经济；⑧现代种业和精准农业；⑨现代工程技术
安徽省	以安徽省制造业重大发展需求为目标，以突破产业关键技术短板为导向
河南省	聚焦河南省重点领域关键核心技术，重点瞄准河南省主导优势产业、战略性新兴产业和地方特色支柱产业，特别是五大主导产业、12个重点产业和人工智能、大数据、云计算、物联网等新兴产业
湖北省	聚焦湖北省重点领域关键核心技术和产业发展急需的科技成果，特别是《中共湖北省委 湖北省人民政府关于推进全省十大重点产业高质量发展的意见》（鄂发〔2018〕32号）确定的十大重点产业领域"卡脖子"技术攻关和科技成果转化
宁夏回族自治区	加快推进传统制造业改造提升和新兴产业壮大培育，聚焦自治区重点培育的现代煤化工、前沿新材料、先进装备、生物医药、核心信息技术等重点领域
山西省	围绕山西省能源技术革命和制造业高质量发展等重点领域关键核心技术需求，省科技厅凝练形成首批10项揭榜招标项目，内容涉及新能源、高端装备、新材料、生态环保等技术领域

---

① 例如，深圳市福田区、贵州省、山东省在发布榜单时，限定了技术应用场景与方向，围绕确定主题进行具体榜单的发布，集中资源攻关本地当下最需要、最有研究价值的领域。又如，深圳市发布"新型冠状病毒肺炎疫情应急防治"科研攻关项目，助力解决时下社会的迫切性问题。

从榜单的难题内容看，榜单在一定程度上反映了当地主要产业或特色产业。以山西为例，作为能源大省，拥有丰富的煤炭资源，山西同样也是中国最强大的制造业基地之一，近年来随着人们环保与节能意识逐渐提升，山西逐渐推动能源技术革命与制造业高质量发展。在 2019 年、2020 年，山西省共发布 43 份"揭榜挂帅"制度的榜单[①]，发榜难题主要集中于资源与环境、新材料、先进制造与自动化、新能源与节能领域。再如河南，作为我国的农业大省，在发布的榜单中，有多项与农业相关，如"智能特色田间作物农机装备的关键技术""花生主要病害抗性挖掘及重要农艺性状分子设计育种技术研发"的榜单，体现了当地的产业特点。总之，各省区市榜单具有地域特色，发榜时会考虑当地需求及社会实际情况。

四、榜单的资助特质

从政府资金的拨付看，有三种方式：阶段性给付、达标后给付及成本补偿。

第一，阶段性给付。阶段性给付是指根据项目投入和进展情况，政府分期拨付资金。具体操作上，政府会在企业前期经费到位后，阶段性地依据实际投入给予一定比例的资助资金，最后根据揭榜成果决定是否完成拨款。例如，宁夏 2019 年发布资金管理办法，规定对于技术攻关类榜单，在中期评估合格后依据实际投入的对应比例进行拨款资助；项目验收合格，按照验收结果确定名次，分别给予项目攻关总投资 30%、20%、10% 的资金补助（含已预拨部分）。以这种方式拨款，有助于减少发榜方与揭榜方合作骗取资助经费的道德风险，激励双方完成攻关，但存在一定的阶段考核负担。因此，采取分阶段给付的方式，更适用于科研路径相对清晰、研究进度较好衡量的榜单项目。

第二，达标后给付。达标后给付是指由承担单位自我管理为主，不进行中期考核，在成果验收通过后再给予资金。具体操作上，政府会在项目完成后进行验收，并在核实揭榜制项目总投入和技术合同后，给予财政科技资金配套支持。例如，湖北规定在实施周期三年以下的项目完成后，省科技厅委托第三方专业机构，组织专家验收项目。以这种方式拨款，有助于攻关者自主控制进度，不受制于阶段性的验收负担，但只有达标后才可给付，攻关期间经费压力较大，揭榜方风险顾虑较大。因此，采取达标后给付的方式，更适用于攻关周期不太长，预期结果明确但研究路径模糊或者经费投入相对小的榜单。

第三，成本补偿。成本补偿是指对于攻关项目的成本费用进行补偿式资助，

---

① 其中资源与环境领域榜单占比 34.88%，新材料领域占比 20.93%，先进制造与自动化占比 20.93%，新能源与节能领域占比 16.28%。

最高为全额。具体操作上,由归口部门会同财政部门对预算建议书进行审查并批复,项目支出严格按照批复的预算执行。目前此形式在我国各省区市"揭榜挂帅"制度中尚不多见。采取成本补偿式的资助方式,有助于减少攻关者对于项目失败导致前期投入损失的顾虑,激励更多揭榜者投入攻关,但财政负担较大。因此,采取成本补偿的方式,更适用于需求急迫的榜单及失败风险较大的榜单。总之,政府资金对于"揭榜挂帅"目前主要采取阶段性给付、达标后给付两种拨付方式。具体方式的选择,需要根据项目特点进行确定。

第二节 揭榜环节的"帅"

"帅"主要有企业、高校、科研院所三类,从规模、存续时间、研究能力等角度对揭榜环节的三类"帅"进行分析。

一、企业挂"帅"

当企业作为揭榜方时,主要是新兴的中小企业揭榜,但大多数都拥有"高新技术企业""瞪羚企业"等技术认定抬头,创新和技术发展能力较强。

(一)企业规模

在企业的存续时间方面,揭榜企业存续时间整体偏短。210家揭榜企业中,存续1~5年与6~10年的企业数量最多,分别为50家、49家,存续时间主要集中于20年以下(图4-2),可见揭榜企业偏年轻化的特点。

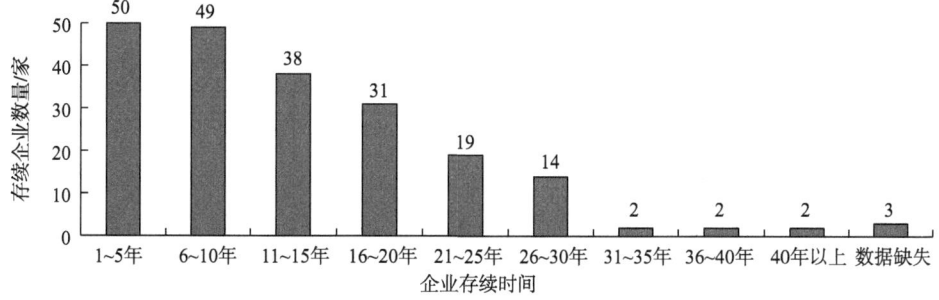

图4-2 企业存续时间分布

在企业的人员数量方面，揭榜企业员工数量不多，以中小企业为主。依据国家统计局印发的《统计上大中小微型企业划分办法（2017）》[①]，小微企业从业人员一般要求在300人以下，中型企业从业人员要求在1 000人以下[②]。统计数据中，规模少于300人的揭榜企业占比65.08%，规模在300~1 000人的企业占比20.63%，规模大于1 000人的企业占比14.29%[③]。可见目前揭榜企业规模不大，主要为中小企业，并且小微企业比重更大。

（二）研究能力

在企业的知识产权水平方面，揭榜企业知识产权水平较高。传统意义上的知识产权主要包括商标、著作权（作品著作权、软件著作权）和专利（刘驰等，2009）。揭榜企业中，作品著作权和商标注册表现出不足，大部分揭榜企业不拥有作品著作权，近半数揭榜企业没有商标信息；但软件著作权和专利的情况较好，大部分企业拥有多项这两类知识产权，并且专利是揭榜企业知识产权中数量最多的一类，过半数企业拥有专利数量超过40个，其中70余家企业专利数量逾百[④]。对比其他知识产权，专利是对自己发明创造独立占有的知识产权（牛瑞阳和王培璋，2009），专利作为创新产出，是企业对各种可观测的及不可观测的创新投入成功利用的综合表现（江轩宇，2016），因此揭榜企业众多的专利数量，更能反映其突出的创新能力和研究能力。从总体上看，揭榜企业具有较高的知识产权水平及较强的创新和技术发展能力。

在企业的技术水平方面，揭榜企业技术获认可度较高，绝大多数拥有至少一个技术头衔。揭榜企业中，142家被认定为"高新技术企业"、67家被认定为"科技型中小企业"、26家被认定为"国家级企业技术中心"、24家被认定为"瞪羚企业"，各头衔定义及数量详细可见表4-2。可见揭榜企业在技术水平上走在本行业的前列，发挥着技术导向作用，被认可度较高。总之，揭榜企业单位规模不大，主要为中小企业，并且其创新能力和发展潜力较强。

表4-2　揭榜企业中企业头衔的定义与数量

头衔名称	数量/家	定义
高新技术企业	142	一般指具有"专业化、精细化、特色化、新颖化"特征的工业中小企业

[①] 国家统计局.2017-11-28.统计上大中小微型企业划分办法（2017）[EB/OL]. http://www.stats.gov.cn/tjsj/tjbz/201801/t20180103_1569357.html.
[②] 仅信息传输业将中型企业从业人员上限定在2 000人。
[③] 210家揭榜企业中21家企业从业人员量数据缺失，计算比例时未纳入统计。
[④] 210家揭榜企业中有4家此数据缺失，未纳入统计。

续表

头衔名称	数量/家	定义
科技型中小企业	67	以科技人员为主体，由科技人员领办和创办，主要从事高新技术产品的科学研究、研制、生产、销售，以科技成果商品化及技术开发、技术服务、技术咨询和高新产品为主要内容，以市场为导向，实行"自筹资金、自愿组合、自主经营、自负盈亏、自我发函、自我约束"的知识密集型经济实体
国家级企业技术中心	26	根据创新驱动发展要求和经济结构调整需要，对创新能力强、创新机制好、引领示范作用大、符合条件的企业技术中心予以认定，并给予政策支持，鼓励引导行业骨干企业带动产业技术进步和创新能力提高
瞪羚企业	24	高成长中小企业，一般指创业后跨过"死亡谷"以科技创新或商业模式创新为支撑进入高成长期的中小企业
省级企业技术中心	17	与国家级企业技术中心定义相同，但是需要在省级层面进行评定
科技小巨人企业	14	一般指在研究、开发、生产、销售和管理过程中，通过技术创新、管理创新、服务创新或模式创新取得核心竞争力，提供高新技术产品或服务，具有较高成长性或潜力巨大的科技创新中小企业
国家级专精特新小巨人企业	11	培育一批主营业务突出、竞争力强、成长性好的专精特新"小巨人"企业
国家级技术创新示范企业	9	工业主要产业中技术创新能力较强、创新业绩显著、具有重要示范和导向作用的企业
省级技术创新示范企业	8	与国家级技术创新示范企业定义相同，但是需要在省级层面进行评定
民营科技企业	4	以科技人员为主体创办的，实行自筹资金、自愿组合、自主经营、自负盈亏、自我约束、自我发展的经验机制，主要以科技成果转化及技术开发、技术转让、技术咨询、技术服务或实行高新技术及其产品的研究、开发、生产、销售的智力、技术密集型的经济实体
雏鹰企业	1	一般指技术水平领先、竞争能力强、成长性好的科技型初创企业
独角兽企业	1	一般指10亿美元以上估值，并且创办时间相对较短（一般为10年内）还未上市的企业

注：头衔定义来源于企查查网站；210家揭榜企业中有六家此数据缺失，未纳入统计

二、高校挂"帅"

当高校作为揭榜方时，层次多样，主要集中于高层次的学校。高校拥有大量专家学者，配备实验室与研究中心，科研实力较强。

（一）学校层次

在学校层次方面，不同层次高校均可参与揭榜，但揭榜高校主要集中于高层

次学校。49 所揭榜高校中①，双一流或 985、211 高校占比 59.2%；一本高校占比 28.6%；二本高校占比 10.2%；此外，还有 1 所国外高校美国宾夕法尼亚州立大学。揭榜高校主要集中在高层次院校有两方面原因：其一，高校层次的划分体现着资源的不同分配（占绍文等，2008）。例如，国务院关于印发《统筹推进世界一流大学和一流学科建设总体方案》的通知中明确指出"中央财政将中央高校开展世界一流大学和一流学科建设纳入中央高校预算拨款制度中统筹考虑，并通过相关专项资金给予引导支持"②，在资源配置上会向办学水平高、特色鲜明的学校倾斜，在公平竞争中扶优扶强。学校层次越高，国家的研究经费支持越多，软硬件支持更到位，更能吸引人才，科研实力更强，因此解决揭榜难题的能力也更强，成功揭榜可能性更大。其二，高校层次的划分在社会各界影响较大。高层级学校有更高的社会影响力，社会对其信任度更高，一定程度上影响了需求方和评审专家的评判，对于揭榜方的选择更倾向于高层级学校。可见揭榜挂帅制度无门槛限制，各层级学校均可参与揭榜，同时也追求"能者揭榜"，集中于高层级学校揭榜。

（二）研究能力

在学校的研究能力方面，揭榜高校在人才储备、设备资源上具备优势。人才是机构研究能力的重要表现之一。高素质科研人才被认为是创新活动的关键投入要素，是高技术产业提高创新能力的核心，而科技领军人才和学术带头人则被视为科技活动中最活跃的能动要素（汪立超，2012；李海超和李志春，2015；刘晔等，2019）。大多数揭榜高校均聘有院士（包括全职、双聘、外聘、国外院士等），仅 5 所高校未聘有院士，揭榜高校人才储备水平总体较高。研究设备及资源是机构研究能力的另一重要表现。大型仪器设备是学校宝贵的实验资源，高校的研究中心和实验室在很大程度上代表了其科研设备水平。科研平台是促进学科发展的有效载体，重点实验室有利于推动科学研究（余时沧等，2012；高阳等，2017）。统计数据中，所有揭榜高校均配置研究中心或实验室，并且研究中心和实验室的总数主要集中在 11~60 个，有 9 所高校拥有研究中心和实验室的数量达 60 个以上，高校研究设备及资源较丰富（图 4-3）。可见揭榜高校的研究能力较好，具备较高的研究能力③。总之，目前揭榜高校层级多样，但集中于高层级学校，总体科研实力强劲。

---

① 部分高校存在针对不同榜单的多次揭榜情况，对相同的揭榜高校仅作一次统计。
② 中华人民共和国国务院. 2015-10-24. 国务院关于印发统筹推进世界一流大学和一流学科建设总体方案的通知[EB/OL]. http://www.moe.gov.cn/jyb_xxgk/moe_1777/moe_1778/201511/t20151105_217823.html.
③ 但也不排除个别高校专攻某一领域，从而在其专业领域的揭榜中成功挂"帅"。

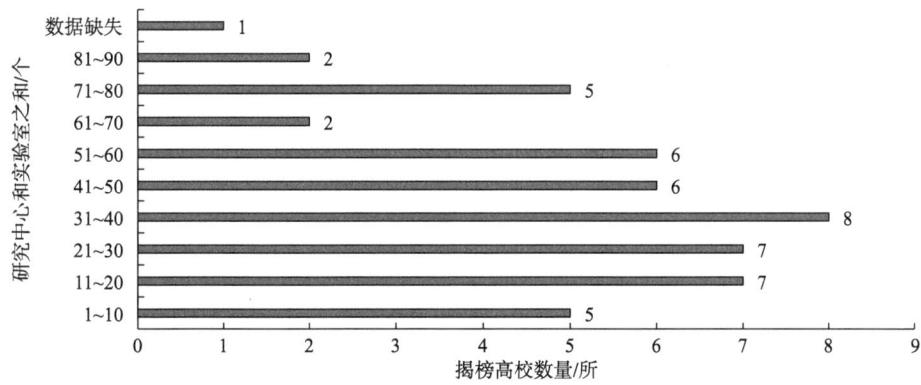

图 4-3 揭榜高校的研究中心与实验室之和的分布情况

三、科研院所挂"帅"

科研院所作为揭榜方具备一定历史底蕴,知识产权水平总体较高。

(一)存续时间

在科研院所的存续时间方面,揭榜科研院所存续时间整体较长。如图 4-4 所示,23 家揭榜科研院所中[①],除 4 家科研院所存续不足 10 年外,其余均长于 10 年(有 1 家数据缺失),其中有 11 家科研院所存续时间长于 50 年,5 家科研院所存续时间达 116 年。可见揭榜的科研院所具备一定历史底蕴,在各自的研究领域中深耕时间较长,研究经验丰富。

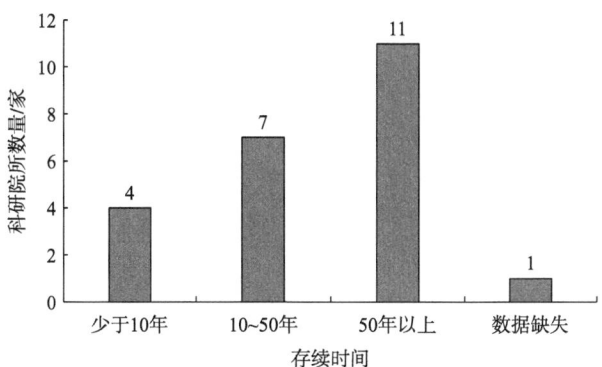

图 4-4 揭榜科研院所存续时间情况

---

① 部分科研院所存在针对不同榜单的多次揭榜情况,对相同的揭榜科研院所仅作一次统计。

（二）研究能力

在科研院所的知识产权水平方面，揭榜科研院所知识产权水平较高。知识产权的作品著作权数量在所有科研院所中都表现出不足，仅一家拥有一项作品著作权；但商标注册、软件著作权、专利的情况较好，大部分科研院所拥有多项这三类知识产权，并且专利是科研院所拥有的知识产权中数量最多的一类，只有三家科研院所专利数量少于50，其余均大于50条，甚至有近1/3的科研院所专利数量达到千余项。总之，揭榜科研院所具有一定历史底蕴和研究经验，研究实力较强。

第三节 "榜"与"帅"的匹配

榜单复杂，主体多样，要实现揭榜与挂帅的有效匹配，可以从地域匹配性及技术匹配性进行考虑。地域上的匹配适应了当地政府实行"揭榜挂帅"的主要目的和动机，而技术的匹配则根本性地关系到榜单的顺利攻关和解决。

一、地域匹配性

各省区市实行"揭榜挂帅"制度时，对发榜方和揭榜方的所属地域均有要求和说明（表4-3）。总体而言，技术攻关榜单中，发榜方为当地政府或省内企业，而揭榜方所在行政区域可分为三类情况；成果转化榜单中，发榜方无特殊地域限制，揭榜方主要为省内企业。

表4-3 部分省份对发榜方、揭榜方地域要求

地域	难题类别	发榜方要求	省外发榜方占比	揭榜方要求	省外揭榜方占比	揭榜对接成功率
安徽	技术攻关类	政府直接发榜	—	省内企业，或由企业牵头多个单位组成的联合体	0	73.1%
广东	技术攻关类	广东龙头骨干企业	0	省内外高校、科研机构、科技型中小企业或其组织的联合体（关联交易方除外）	0	16.7%

续表

地域	难题类别	发榜方要求	省外发榜方占比	揭榜方要求	省外揭榜方占比	揭榜对接成功率
广东	成果转化类	省内外高校、科研机构、科技型企业	44.4%	省内企业	0	35.3%
河南	技术攻关类	河南省创新引领型企业	0	省外或境外高校、科研机构、科技型企业等	100%	28.0%
湖北	技术攻关类	省内企业	0	省内外单位	5.70%	29.6%
湖北	成果转化类	省内外拥有科技成果的单位	0	省内企业	100%	17.0%
宁夏	技术攻关类	政府直接发榜	—	自治区企业独立揭榜或牵头联合区内外企业、高校或科研院所组成联合体	0	81.4%
宁夏	平台建设类	政府直接发榜	—	自治区内企业	0	75.0%
山西	技术攻关类	山西省企业	0	国内外/省内外高校、科研机构、科技型企业或其组成的联合体	77.24%（3.23%国外揭榜）	95.2%

注：广东省深圳市、佛山市组织的"揭榜挂帅"未找到揭榜文件，广东关于"智能家电产业核心技术攻关揭榜挂帅"揭榜项目未找到发榜文件，以及山西省开展的农村（农户）用煤清洁取暖技术榜单未找到揭榜文件，难以统计对接成功率及发榜方、揭榜方情况，故此表格中广东省、山西省排除了这部分榜单，不纳入统计

（一）技术攻关类榜单

技术攻关榜单中，发榜方为当地政府或省内企业，揭榜方则存在三类地域要求：一是要求揭榜方在行政区域内；二是要求揭榜方在行政区域外；三是不论行政区域内外均可申请揭榜。

第一种情况，要求揭榜方在行政区域内，主要是出于重点支持本地单位发展的考虑，培养其创新能力。例如，贵州规定省公共大数据重点实验室作为第一承担者，国内外研究主体必须与其联合申请才可揭榜，攻关期间至少有三分之一的团队成员需进入此实验室工作，由此创造了与省外研究者的交流机会。第二种情况，要求揭榜方在行政区域外，主要是出于引入省外更卓越的科研力量以实现省内技术攻关的考虑，但此情况相对较少。第三种情况，不论省内外的单位均可揭榜，主要是出于扩大潜在揭榜主体范围以解决难题的考虑，希望寻找到能真正解决问题的"帅"，吸引人才为我所用，推动本行政区域内经济社会的发展。

此外，要实现榜单和揭榜方的对接匹配，政府和申请者还需考虑攻关时受制于地域距离和信息不畅所造成的对接成本。根据表4-3的统计数据，对技术攻关类项目规定了由省内单位揭榜的省份（安徽省、宁夏回族自治区），其揭榜成功率

高于规定仅限省外单位揭榜的省份。此外，观察各省份揭榜单位的地域信息，可以发现即使是对地域没有特别限制的省份，其揭榜单位也大多来自附近省份或者采取省内单位与其他单位合作揭榜的形式进行。例如，山西省的揭榜单位主要集中于北方，并与山西在地理位置上临近。

（二）成果转化类榜单

成果转化榜单中，发榜方无显著地域限制，揭榜方则主要为行政区域内企业。对发榜方地域不作限制，可征集更多有转化价值的技术项目；对揭榜方限制在行政区域内，可促使先进技术在本省落地转化，将优质技术和企业留在本地。但是根据统计数据，虽然对于发榜方地域没有限制，发榜方仍主要来自省内单位，来自其他省份的发榜需求极少。由此可见，存在成果转化需求的单位，更愿在本地进行转化，同时也反映出各地在技术成果方面的竞争。

二、技术匹配性

一个揭榜难题面对多个申请揭榜者时，要确定揭榜方以促进榜单目标的顺利实现，还需要考虑技术匹配性。

（一）技术攻关类榜单

第一，实现揭榜方的研究状况与榜单所需技术的匹配。具体要从揭榜方的研究领域和已有成果两方面考虑匹配性。匹配方式是选择研究领域与攻关技术相一致并且已有成果最突出的申请者作为揭榜方。因为研究领域与榜单领域一致的揭榜者经验更丰富；此外，已有成果最突出的揭榜者研究水平更高，攻关成功的可能性更大。

第二，实现揭榜方的主体性质与榜单成果性质的匹配。具体要从揭榜方的攻关动力和已有资源两方面考虑匹配性。依据揭榜方主体性质，分为企业、高校、科研院所。依据榜单的成果性质，可分为可商业化、基础研究型、公益性三类（曾婧婧和龚启慧，2016）。匹配方式是可商业化榜单适合由企业方进行揭榜；基础研究和公益性榜单适合由高校、科研院所进行揭榜。因为企业组织活动的动力主要是追求商业利润（李恒和黄雯，2014），高校、科研院所组织活动的动力主要是助力国家和社会发展（史静寰等，2017）；此外，企业有更充足的市场资源，有助于可商业化成果进一步落地产生经济价值；高校和科研院所有更稳定的科研投入和更高的社会影响力，有助于基础研究型成果的后续学术价值的产生及公益性成果转化应用后社会价值的产生[①]。

（二）成果转化类榜单

实现揭榜方的推广应用能力与待转化技术的匹配，具体要从揭榜方的应用场景与转化资源两方面考虑匹配性。匹配方式是选择计划应用场景与待转化技术相契合并且可供转化资源丰富的申请者作为揭榜方。因为成果的计划应用场景与待转化技术契合时，有助于发掘待转化技术的潜在价值，创造更高的社会和经济价值；此外，选择资源丰富的申请揭榜者，有助于待转化技术的落地应用与推广。

---

① 只是总体的讨论，并不意味企业只能揭榜可商业化领域,高校及科研院所只能揭榜基础研究和公益性领域，企业为了提高知名度和社会形象，也可以参与攻关公益性较强的榜单。

第二篇 "揭榜挂帅"制度实务

第五章 "揭榜挂帅"制度的方案设计

对"揭榜挂帅"制度的分析,应从方案设计着手。首先,对"揭榜挂帅"制度的定位与功能进行阐述;其次,对"揭榜挂帅"项目进行分类;再次,按照"揭榜挂帅"的组织流程描述各流程细则;最后,对"揭榜挂帅"制度中重要的三个机制——资金与政策支持、成果推广和监督管理进行简要阐述。

第一节 定位与功能

一项制度在实施前应首先找准目标定位,后续具体的机制设计围绕这一目标定位展开,才能形成一项好的制度设计。尤其是在我国目前已有多种科研资助方式的背景下,"揭榜挂帅"制度作为一项新型科研资助方式,作为科技创新体制改革的一项重要制度,必须要有自身的目标定位以区别其他制度设计,才能发挥理想效果。此外,明确"揭榜挂帅"制度的功能也能为该制度的机制设计提供依据,同时为其广泛实施提供支持。

一、定位

"揭榜挂帅"是一种以科研成果来兑现的科研经费投入机制,聚焦关键核心技术和重大应急攻关,由政府组织面向全社会公开征集需求,发布技术研发难题或技术成果转化任务,鼓励全社会创新人才揭榜攻关。从"揭榜挂帅"的定义来看,可以将其目标定位概括为"需求驱动,选贤任能",具体可分为三个子目标:一是寻求问题的最佳解决方案；二是促进重点产业实力的提升；三是识别和引进优秀人才。第一个子目标一方面表现在重大应急攻关领域，对特定技术的急迫需求，另一方面表现在为关键核心技术挑选最优质的解决方案；第二个子目标更侧重于解决重点产业内部的共性问题，促进科技与生产的对接；第三个子目标融合在前两者中，具体体现在"揭榜挂帅"制度中人才引留政策。由此可见，三个子目标既各有侧重，又相互包容。在一次"揭榜挂帅"中可以仅基于第一个或第二个子目标开展，尤其体现在重大应急攻关领域；而第三个子目标只能作为前两者的附带目标，不能仅为了引进人才而组织一次"揭榜挂帅"。因此，各地在实施"揭榜挂帅"时应首先明确目标定位，从而在具体的机制中围绕这一目标定位设置，才能有效发挥"揭榜挂帅"的制度优势。

二、功能

"揭榜挂帅"作为一种新型的科研经费投入机制，不仅有较大的科研经费支出，还有大量的行政费用。在这样一种大型的科研资助方式下，其功能不仅限于对某些科研难题的攻克，还表现在对科技创新体制机制的完善，对政府发展战略的实现，对前沿科技领域的聚焦，甚至还体现在激发全社会的创新活力。

（一）完善科技创新体制机制，贯彻实施地区发展要求

我国高度重视科技创新发展，坚持完善科技创新体制机制。早在2016年，习近平总书记在网络安全和信息化工作座谈会上首次提出"可以探索搞揭榜挂帅，把需要的关键核心技术项目张出榜来，英雄不论出处，谁有本事谁就揭榜"[①]。2020年10月26日，党的十九届五中全会审议通过了《中共中央关于制定国民经济和社会发展第十四个五年规划和二〇三五年远景目标的建议》，其中提出要实行"揭榜挂帅"制度，不断深入推进科技体制改革，完善国家科技治理体系，优化国家科技规划体系和运行机制，改进科技项目组织管理方式。在2020年、2021年连续两年的政府工作报告中都强调实行"揭榜挂帅"制度。由此可见，"揭榜挂帅"制度作为科技创新体制中的新鲜"血液"，已被纳入国家战略层面，是贯彻国家战略规划的有力手段。

此外，实行"揭榜挂帅"制度是贯彻实施地区发展战略要求的重要手段。各地方基于发展重点和优势产业的目的，陆续开展"揭榜挂帅"制度。例如，海南

---

① 中共中央网络安全和信息化委员会.2016-04-19. 习近平：尽快在核心技术上取得突破[EB/OL]. http://www.cac.gov.cn/2016-04/19/c_1118673705.htm.

省为贯彻落实自由贸易港建设和区块链产业发展的地方发展要求，通过组织开展区块链应用示范揭榜工程，解决海南区块链产业当前阶段面临的问题和挑战，加快推动海南省区块链技术和产业创新发展；为加快建设自主可控的先进制造业体系，提升关键技术控制力，加快发展先进制造业振兴实体经济，江苏省也推出并实施 2019 年关键核心技术攻关任务揭榜工作方案；广西壮族自治区为了深化科技体制改革和推动科技创新，促进广西高质量发展，积聚全国优势资源解决广西关键核心技术难题，加快推动科技成果转化，根据《广西科技项目揭榜制工作实施办法（试行）》（桂科政字〔2020〕81 号），决定开展科技项目揭榜攻关工作。

（二）瞄准前沿科技领域，助力创新发展战略

"揭榜挂帅"所需要解决的问题具有明确的技术界定和标准，榜单主要聚焦于重点领域关键核心技术、制约地区重点产业发展的"卡脖子"技术、前沿引领技术和产业发展急需的科技成果，进一步强化经济高质量发展的技术支撑。根据对目前我国各省区市出台的"揭榜挂帅"榜单的总结，各地榜单主要集中在区块链、人工智能、大数据等前沿科技领域，以及能源工业和生物医药等重点领域。例如，贵州省在 2017 年发布《贵州省大数据领域技术榜单》，推动块数据理论与区域治理、多源数据融合与集成技术、公共大数据安全与隐私保护技术等主要研究方向的基础与应用基础创新研究；深圳市人工智能应用创新服务中心暨福田区政务数据开放创新实验室从 2019 年开始便陆续发布多期人工智能场景需求的榜单，致力于推动人工智能应用发展，提供政务数据等测试环境，邀请优秀的人工智能机构入驻开展研发、测试、验证，加速人工智能技术与政府管理服务深度融合，全力打造粤港澳大湾区乃至全国有影响力的人工智能重大创新载体；海南省在 2021 年 1 月 5 日正式发布的《海南省实施区块链应用示范揭榜工程方案》，旨在从自然资源和规划、司法、金融管理、旅游、医疗、国际贸易、农业等七大领域遴选一批掌握区块链关键核心技术、有较强创新能力的单位，加快推动海南省区块链技术和产业创新发展。

此外，各省区市揭榜项目也根据各地具体情况而有所区别，如山西多集中于能源行业，围绕能源技术革命和制造业高质量发展等重点领域关键核心技术需求，发布揭榜项目，改善当地生态环境；河北省在农业科技领域发布了多项榜单，聚焦于民生需求。总体来看，"揭榜挂帅"不仅瞄准前沿科技领域，还从多方面推动科技创新，助力创新发展战略。

（三）降低科技创新门槛，激发人才创新活力

"揭榜挂帅"制就是能者上，谁有本事谁揭榜，具有不论资质、不设门

槛、选贤任能的特点。在对揭榜方的选拔中，主要评估的是申请者对榜单的解构，对如何实现榜单目标的设想，以及实现榜单目标所依赖的基础，而不是考虑申请者的头衔、职称、所属单位等。这在很大程度上降低了科技创新的门槛，为更多真正有本事的人提供了创新机会。此外，"谁有本事谁揭榜"能最大范围地激发创新主体的创新活力，把他们的智慧、才能充分调动起来。通过政府组织面向全社会公开征集需求，企业提出实际研发需求，政府提供对接平台并予以立项认可及经费资助，可以调动符合条件且有研发能力的企业、高校、科研机构、各类创新平台主动揭榜。这种方式有效地提升了企业、高校、科研机构等创新主体参与揭榜的积极性，提升了其科研创新能力，不断激发人才的创新活力。

第二节 分　　类

实践中根据榜单类型可将"揭榜挂帅"项目分为技术攻关类和成果转化类，两种揭榜项目除了在项目本身具有差异之外，在对项目需求方和揭榜方的要求方面也有区别（表5-1）。

表5-1 "揭榜挂帅"项目需求方和揭榜方的条件差异

类型	需求方条件	揭榜方条件
技术攻关类	• 承诺并有能力保障科研投入并提供项目研发所需的配套条件； • 具备良好的社会信用； • 聚焦"卡脖子"技术； • 能明确拟解决的主要技术问题等	• 与需求方不能为同一单位或下属子公司，两者不存在密切的利益关系； • 具备良好的科研道德和社会诚信； • 具有较强的研发实力、充足的研发资金、稳定的研发团队； • 能提出攻克榜单的可行性方案，并掌握相关技术的知识产权
成果转化类	• 对拟转化的成果具有完备知识产权，且未与其他单位达成转化合作协议； • 能主动参与和协作推广转化应用方案实施，提供整体技术解决方案； • 拟转化的成果可转化为适合大规模生产的共性技术、关键技术； • 拟转化的成果市场用户和应用范围明确，对地区产业升级能够发挥关键推动作用	• 揭榜方与需求方分别由两家或多家不存在任何利益联系的单位承担； • 无不良信用记录和重大违法行为； • 能够提供成果转化所需的资金、场地及市场等配套条件； • 具备较强的成果转化应用队伍，提出科学合理的成果转化和应用方案

一、技术攻关类项目

技术攻关类揭榜项目重点解决涉及国家安全和重大应急性的科技问题，以及企业提出的制约产业发展的重大技术难题或科研需求，总而言之是对未有技术的研发。经由"揭榜挂帅"主管政府部门筛选凝练后向社会发榜，由全国范围内具有研究开发能力的高校、科研机构、科技型企业或联合体等各类创新主体进行揭榜攻关。

（一）需求方条件

技术攻关类需求方可分为三类：其一，在多数情况下，技术攻关类需求方是指具有独立法人资格、有重大技术需求或技术难题的企业；其二，在涉及国家安全和重大应急技术问题时，需求方是"揭榜挂帅"的主管政府部门；其三，在"揭榜挂帅"主管部门针对产业共性技术问题进行摸排、凝练发布榜单时，需求方是产业整体。由此可见，只能针对第一类企业需求方进行限定，一般从企业的资质、诚信和技术需求本身提出要求。

（1）需求方须承诺并有能力保障科技揭榜制项目科研投入，且能够提供项目研发实施的支持和配套条件。

（2）需求方应具备良好的社会信用，近三年内无不良信用记录和重大违法行为。

（3）需求内容应聚焦企业、产业发展"卡脖子"的前沿技术、关键核心技术、关键零部件、重要材料及工艺等，在项目攻关成功后能率先在本企业推广应用，通过项目实施能显著提升企业核心竞争力，带动全省乃至国家相关产业技术水平提升。

（4）需求方应明确拟解决的主要技术问题、考核标准、时间期限、成果产权归属、资助方式及揭榜方须具备的条件要求。

（二）揭榜方条件

技术攻关类揭榜方主要指全国范围内研发能力强的高校、科研机构、科技型企业或联合体，相应地主要从揭榜方的资质、诚信和揭榜方案来提出要求。

（1）揭榜方与需求方不能为同一单位或其下属子公司，应不存在密切的利益关联。

（2）揭榜方应有较强的研发实力、充足的研发投入、良好的科研条件和稳定的人员队伍,有能力完成需求方提出的任务。

(3)揭榜方应具有良好的科研道德和社会诚信,近三年内无不良信用记录和重大违法行为。

(4)揭榜方应能针对发榜项目需求,提出攻克关键核心技术的可行性方案,掌握自主知识产权。

二、成果转化类项目

成果转化类项目主要针对全国范围内拥有自主知识产权的高校、科研机构、科技型企业的已有重大科技成果或符合地方产业发展需求的重大科技成果,进行转化应用和产业化。经由"揭榜挂帅"主管政府部门向全社会征集科技成果,并筛选出符合地区产业发展需要的成果向社会发榜,由有技术需求和成果转化应用能力的企业或由其牵头的联合体进行揭榜转化。

(一)需求方条件

成果转化类需求方是指拥有成熟科技成果的全国范围内的高校、科研机构、科技型企业或联合体,分别从需求方的资质、诚信和拟转化成果方面提出以下要求。

(1)需求方应能主动参与和协助推广转化应用方案的实施,为产业发展提供"交钥匙"服务和整体技术解决方案。

(2)需求方近三年内无不良信用记录和重大违法行为,对拟转化的成果具有完备的知识产权,且未与其他相关单位达成转化合作协议。

(3)拟转化的成果应达到国内先进及以上水平,符合地区企业和产业创新发展需求,具备产业化和推广应用的条件,可转化为适合大规模生产需要的共性技术、关键技术。

(4)拟转化的成果知识产权明晰,市场用户和应用范围明确,预期经济社会生态效益显著,对地区产业转型升级能够发挥关键推动作用。

(5)优先支持产业共性技术,以及公益性、辐射带动效应显著的重大成果。

(二)揭榜方条件

成果转化类揭榜方是指具有独立法人资格且拥有技术需求和应用场景的企业或其牵头的联合体,主要从企业的资质、诚信和基础条件来提出要求。

（1）揭榜方与需求方分别由两家或多家不存在任何利益联系的单位承担。
（2）揭榜方近三年内无不良信用记录和重大违法行为。
（3）揭榜方应能够提供成果转化所需的资金、场地、市场等配套条件。
（4）揭榜方应拥有较强的成果转化应用队伍，能够提出科学合理的成果转化和应用方案。

第三节 组 织 流 程

"揭榜挂帅"项目的组织管理流程主要包括需求征集、需求论证、张榜发布、揭榜定帅、揭榜任务实施、揭榜项目评估与验收、发布揭榜成果、实施"奖榜"等关键环节（图 5-1）。

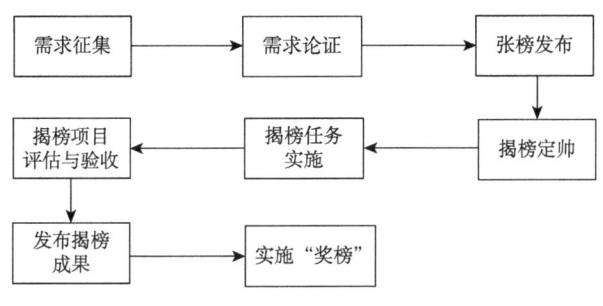

图 5-1 "揭榜挂帅"组织流程图

一、需求征集

政府部门设立"揭榜挂帅"需求征集库，通过多种方式（线上线下结合）常年向全社会广泛征集技术研发和成果转化需求，并统一入库管理。线下可利用政府上下层级关系开展自上而下和自下而上相结合的征集方式，以及"定向研发、定向转化、定向服务"等多种方式，广泛征集企业关键核心技术和重大应急攻关需求。线上通过网络平台发布征集通知，并开通"揭榜挂帅"专区，引导企业、行业协会等及时填报难题。线上平台一般包括政务服务网、科技业务管理平台、科技信息管理平台（如江苏"淘方案"平台）等，填报内容主要包括需求背景、需求内容、拟解决关键技术及其指标、成果转化内容与形式、时限要求、项目总投入及对揭榜方要求、产权归属、利益分配等。

技术攻关类和成果转化类的需求征集内容并不相同。技术攻关类需求聚焦重点领域的关键核心技术、重大产品、重大技术装备研发任务，能清楚描述拟解决的主要技术问题、核心指标、时限要求、产权归属、资金投入等；成果转化类需求应提供重点产业发展需要的重大科技成果，清楚描述拟转化成果的基本内容、实践效果、适用领域、推广价值等。

二、需求论证

对于征集的榜单需求需要按照"真实合理、安全客观、精准有效、务实可行、可公开发布"的原则，结合需求主体、行业类别与技术规模等进行分类，并委托专业机构开展技术难题第三方评价，定期组织专家对入库的项目需求进行论证。通过需求论证重点遴选出影响力大、带动作用强、应用面广的关键核心技术或科技成果，以及推广难度大、具有广泛应用前景的科技成果转化需求，确保榜单质量，择优建立"揭榜挂帅"榜单库。需求论证主要包括以下环节：科技查新、资质审查、专家评议、实地考察。

（一）科技查新

针对需求方申报的揭榜项目需求，政府部门可委托专业机构对标国家级重点项目库、科技成果登记库等，评价项目需求的技术先进性，以及是否存在相似项目，初步筛选重点领域和产业发展急需的关键核心技术和科技成果转化的项目需求。

（二）资质审查

对需求方的资质条件、真实性等进行审查，包括科研能力、财务状况、市场推广、社会诚信等情况。对技术攻关类项目需求方的资质审查主要包括：需求方的单位属性应为企业或科研院所；需求方应具有支持项目实施的资金和配套条件，以及支持揭榜成果转化应用的条件；需求方近三年内无不良信用记录和重大违法行为。对成果转化类项目需求方的资质审查内容主要包括：需求方应是科技型企业、科研院所或高校；需求方对拟转化的成果拥有完备的知识产权，且市场用户和应用范围明确；需求方技术团队愿意参与科技成果转化并持续提供技术服务。

（三）专家评议

由"揭榜挂帅"主管部门组织行业专家根据项目类型开展审查论证。对于技术攻关类项目，专家评审的重点应在于技术需求的先进性、必要性、前瞻性和可行性；对于成果转化类项目，应重点审查拟转化科技成果的真实性、科技成果的技术价值、转化应用后可能产生的重大经济社会效应。

（四）实地考察

当"揭榜挂帅"的目的是资助少数核心关键技术的攻克，或者通过以上方式仍无法有效评估项目需求，或者对项目需求的某一方面存疑时，可以组织专家对需求方进行实地考察，如对需求方的科研能力、财务状况、生产运营情况、社会诚信等真实性进行实地核实和确认。

三、张榜发布

"揭榜挂帅"主管政府部门综合考虑专家论证意见，梳理形成适用"揭榜挂帅"方式的科技项目榜单，按照"成熟一批、发布一批"的原则，对遴选出的技术研发需求和成果转化需求，通过政府门户网站和报刊媒体向社会发布，开展招贤揭榜。除了传统的以政府红头文件方式发布外，榜单发布还可采取创新的方式，如政府主管部门可通过网络平台开设"揭榜挂帅"专区，动态发布榜单；通过报刊媒体，采取"揭榜挂帅"直播、"榜单+视频"等形式，适时发布榜单；向高校院所、科创平台、科技中介机构、引才工作站等定向精准推荐榜单。

四、揭榜定帅

榜单发布后可通过线上或线下的方式开展揭榜，在收到揭榜申请后统一审查揭榜方的资质条件，评估揭榜方案，并组织揭榜方与需求方对接，双方确定合作意向后公示揭榜名单，以及签订揭榜任务书。

（一）揭榜方式

"揭榜挂帅"政府主管部门可以采取线上、线下或两者相结合的方式，接收揭榜者的申请，与需求征集方式类似。线上申请揭榜主要通过网络平台上传相关揭榜资料，可采取线上材料评审和线下集中答辩的方式遴选揭榜方。线下申请揭榜主要通过政府间层级关系，由下级政府部门接收揭榜申请，再推荐至"揭榜挂帅"政府主管部门，以纸质的方式提供申请材料，线下组织集中评审。

（二）"定帅"流程

"定帅"流程包括资质审查与方案评估、组织对接和公示签约。首先，对揭榜申请者的资质进行审查及揭榜方案进行评估，通过相关的资质审查和方案评估之后，确定最终的揭榜单位，并由需求方与揭榜单位进行组织对接，细化揭榜项目的合作细则，然后由需求方、揭榜方和"揭榜挂帅"主管部门三方共同签订合作协议并进行最后的公示。

1. 资质审查与方案评估

"揭榜挂帅"主管部门委托第三方专业机构或者自行组织专家，对揭榜方的资质条件和揭榜方案进行论证。资质条件的审查重点在于两个方面：一是对揭榜方的诚信问题、与需求方的关联性进行考察，不满足这一条件的则一票否决；二是对揭榜方的研发实力和人才团队进行评估。"定帅"的重点在于对揭榜方案的论证评估，评估的主要方面有项目研究内容、研究方法及技术路线。对项目研究内容的评估主要涉及拟解决的关键科学问题、关键技术问题是否与榜单需求相匹配，是否解决了榜单的核心问题；对研究方法或者技术路线的评估主要涉及方法的可行性和先进性。在审查评估揭榜方时，资质审查和揭榜方案评估之间需要找到平衡点，过于重视揭榜方现有成就或者过于重视揭榜方案都不利于选择最有能力的"帅才"。

2. 组织对接

在获得对揭榜方的审查评估意见之后，若是政府定制的榜单则可以直接确定每个榜单对应的揭榜方；若是面向社会公开征集的榜单（每个榜单都有对应的需求方），则需要"揭榜挂帅"主管部门向需求方提供对揭榜方的审查评估意见，组织需求方与揭榜方对接。

在需求方与揭榜方对接过程中，可以由需求方确定榜单最终的揭榜单位。随后需要对揭榜单位提供的揭榜方案进行细化落实，主要包括合作内容、交付标的、考核指标、交付时限、付款金额及方式、产权归属等。在对项目需求细化过程中，允许适当微调。在这期间，政府主管部门积极提供牵线搭桥、政策咨询、应用场景、条款协商、法务咨询等多方面的撮合服务。

需要说明的一点是，若需求方无法确定唯一揭榜单位，则可以在征得揭榜方同意后采取"赛马制"，多家揭榜单位（一般不超过三家）同时开展平行研究，在阶段性考核过程中筛选出最后的优胜揭榜方。

3. 公示签约

需求方与揭榜方将揭榜协议报送"揭榜挂帅"主管部门，由其审查备案通过后向全社会进行公示。对于公示无异议的项目，由需求方、揭榜方和"揭榜挂帅"主管部门共同签订三方协议（合同），各自履行职责，随后进入揭榜攻关阶段。

五、揭榜任务实施

确定榜单的揭榜单位之后，由揭榜方按照要求组织实施揭榜任务，开展集中攻关。其间，政府主管部门可委托专业机构持续跟踪揭榜单位产品创新及应用进展，适时组织行业专家对揭榜任务进行阶段性评估，不断优化揭榜任务实施路径。

揭榜任务实施过程中要建立相应的工作机制以保证揭榜任务顺利开展，主要包括"周报月访"联系机制、"一对一"服务机制和专项督查通报机制。"周报月访"联系机制通过定期与揭榜单位的联系，及时了解项目攻关中的困难和需求，并提供帮助。"一对一"服务机制通过安排特定人员与揭榜单位进行对接洽谈及后期的政策兑现，为揭榜单位提供"一对一"的长效服务。专项督查通报机制通过对揭榜任务分管领导及责任人（政府部门人员）开展督查，对联系不紧密、服务不到位、政策兑现不及时的情况进行通报。

六、揭榜项目评估与验收

"揭榜挂帅"评估制度分为阶段性项目评估和综合性项目评估，前者是在项目攻关过程中开展，后者是在揭榜任务完成后进行验收评估。评估工作可以由政府主管部门自行组织专家实施，也可委托第三方专业机构评估。

（一）阶段性项目评估

项目攻关过程中的评估有两个目的：一是对揭榜方任务实施情况的评价，对评估不合格的终止资助；二是对揭榜项目进展、目标完成情况和资金使用情况的备案，为最后的验收评估提供依据。阶段性项目评估由政府主管部门或其委托的专业机构实施，主要考察以下两个问题：目前的项目实施进度能否保证揭榜任务在规定期限内完成；目前的揭榜成果是否满足榜单目标要求。从阶段性项目评估中获得的结果主要应用于对揭榜方的筛选，评估不合格的终止资助（多个揭榜方平行攻关时）或者适当延期揭榜周期（唯一揭榜方攻关项目时）。

（二）综合性项目评估

在揭榜任务完成后，由揭榜方申请验收，政府主管部门和需求方可自行组织或委托第三方机构验收评估。验收评估重点在于考察揭榜成果与榜单预期目标之间的差距，在合理差距范围内根据需求方的意愿确定是否攻关成功，此外，还要对资金使用情况进行复盘，防止攻关期间的串谋造成财政资金流失。

七、发布揭榜成果

揭榜成果评估验收后，通过政府门户网站和报刊媒体发布揭榜攻关最终成果，公开发布攻关成功的单位名单，同时也可发布最终成果的具体情况，对揭榜成果进行宣传。

八、实施"奖榜"

对于成功攻关的揭榜方，要大力实施"奖榜"。"奖榜"内容除了需求方或政府主管部门提供的榜金外，对符合条件的成功揭榜人才，可以按照高层次人才政策提供政府资助，以及配套的购房、租房、安家等补贴，实施人才引进。此外，可以优先推荐揭榜方申报重点研发计划；对揭榜项目经评审符合条件的，可列入重点科技研发计划给予创新支持。

第四节 资金及政策支持

由"揭榜挂帅"政府主管部门为榜单需求方和揭榜方提供一定的财政资金支持和相关政策支持，能够激励更多的企业、高校和科研机构等提出真实的技术研发需求或成果转化需求，以及吸引全国各地的人才为榜单出谋划策。

一、资金支持

"揭榜挂帅"项目攻关的资金筹集采取多元化的方式,其中以需求方提供配套资金为主,财政资金补助为辅,同时引导金融资本、社会资金等多渠道投入。政府财政资金投入只占揭榜攻关费用的小部分,主要带动企业的研发投入,以及社会资本对科技创新的投入。财政经费对揭榜挂帅项目的主要出资方提供资金支持,如技术攻关类项目的财政补助对象为需求方,而成果转化类项目的财政补助对象为揭榜方。"揭榜挂帅"项目财政补助资金的申请、评审、拨付和使用管理可通过网络平台办理,如"云南省科技管理信息系统""阳光云财一网通"等平台。

(一)资金拨付

"揭榜挂帅"项目资金的来源主要有财政资金、企业自筹资金和社会资本。重大应急性共性技术攻关可由财政负担全部科研经费,其他"揭榜挂帅"项目以企业自筹和吸引社会资本投入为主。政府财政资金拨付的对象为技术攻关类科技项目的需求方和成果转化类项目的揭榜方,拨付金额一般为揭榜项目攻关投入经费总额的20%~40%。财政资金可分两期拨付:第一期在技术攻关类项目需求方或成果转化类项目揭榜方首次投入到位后政府给予相应比例的资金支持;第二期是在中期评估检查达到考核要求或者揭榜成果验收后拨付剩余资金。

(二)资助方式

"揭榜挂帅"项目的资助方式比较灵活,一般有四种资助方式,分别为"赛马式"资助、"里程碑式"资助、事后资助和揭榜奖励制。

(1)"赛马式"资助。这种资助方式允许同一榜单有两个以上揭榜单位同时攻关。项目立项后,先给予每位揭榜方首笔资助金额;阶段性考核结果不理想的项目终止资助,考核后决定继续支持的项目则给予第二笔资助经费;在项目验收时,不通过的做终止处理,通过的则给予剩余经费支持。

(2)"里程碑式"资助。这种资助方式是针对同一榜单,经专家论证和考核后仅有一个揭榜单位获得立项。项目立项初期,先给予揭榜单位一部分资助经费;通过"里程碑"考核的,继续给予第二笔经费支持;项目验收通过后给予剩余经费支持。

(3)事后资助。对于自筹资金充裕的揭榜方,可采用"事前立项、事后资助"

方式。揭榜项目立项后可先利用自筹资金进行项目研发，在项目验收通过后，主管部门一次性拨付不限定用途的项目补助资金。项目验收不通过的，不予拨付项目补助资金。

（4）揭榜奖励制。这种资助方式无须事前立项，对揭榜单位无限制，只要在规定时间内最先完成任务目标，揭榜单位就可获得事先承诺的奖励。

（三）设立提前完成任务奖励机制

为鼓励揭榜单位加快完成科研攻坚任务，尤其是在重大应急性攻关项目中，可以设立提前完成任务奖励机制，引导项目单位抓紧攻关，以实现早出成果、快出成果、出好成果的目标。项目单位能拿到提前完成任务的奖金需满足两个条件：一是项目在揭榜截止日期前完成；二是项目达到揭榜合同要求，项目单位每提前一天可给予一部分资助金额奖励，并规定各揭榜项目的最高奖励金额。提前完成任务的奖励金作为对揭榜方的额外奖励，不纳入揭榜项目攻关费用中。

二、政策支持

为了促进"揭榜挂帅"项目的顺利实施和揭榜任务目标的顺利完成，政府也给予揭榜人才和单位一系列的政策支持，包括人才政策、金融政策和科研项目政策。

（1）人才政策支持。对符合条件的"揭榜挂帅"人才或团队优先推荐申报人才计划，可以享受生活补贴、入住人才公寓、医疗优诊等人才政策待遇。

（2）金融政策支持。为符合条件的"揭榜挂帅"项目优先提供金融支持。技术攻关类项目需求方或成果转化类项目揭榜方在项目实施时需要投入大量的科研经费，因此，可以提高他们的贷款额度和减少贷款利息。

（3）科研项目政策支持。对于"揭榜挂帅"项目，优先列入重点科技计划项目，优先推荐申报科技项目，优先给予创新企业创新科研支持。

第五节　成　果　推　广

"揭榜挂帅"项目所取得的项目成果要进行大力的推广应用，既是为了提高新技术研发的积极性和推动成果产业化，同时也可以减少不必要的知识产权纠纷。

揭榜成果的推广主要依赖三大主体：企业、政府和科学基金。首先，以企业为主导的成果推广，主要针对公开征集的揭榜项目成果，需求方企业和揭榜方根据签订的协议内容履行相应的推广应用责任。此外，企业还可以申请购买或者协作购买的方式将揭榜成果的所有权购买到企业名下。其次，以政府为主导的成果推广，主要针对政府定制的公益性、公共类的揭榜项目成果，因此其他部门或机构可以直接购买或者以资金入股的方式参与成果的对接。最后，科学基金主要针对基础或应用基础类揭榜成果，且成果还未达到产业化应用标准的，可以用直选和申请合作的方式进行成果的开发。

第六节 监督管理

为了充分激发揭榜方的创新热情和创新积极性，让揭榜者能够心无旁骛潜心研究，需要给予揭榜方一定的自主性来实现关键核心技术的突破。但同时为了确保揭榜项目的顺利实施，需要在一定程度上对攻关过程进行监督管理，而如何平衡好揭榜方的自主性与揭榜过程的秩序，关键在于监督管理的内容和监督管理的手段。

一、监督管理的内容

对揭榜项目实施过程进行监督管理的内容主要包括合法合规监督、项目监察和审计监督。

（一）合法合规监督

合法合规监督主要包括两个方面：一是需求方与揭榜方必须按照国家相关法律法规，在技术合同中约定知识产权分配和归属，避免知识产权纠纷；二是有关单位及其工作人员在揭榜项目申请、审核和验收相关工作程序中，是否存在滥用职权、玩忽职守、徇私舞弊等违法违纪行为。

（二）项目监察

项目监察包括督查项目的进展情况、目标完成情况和项目的实施周期。对于揭榜方已按协议内容开展技术攻关或成果转化工作的，如果是因为客观原因或不可抗力导致项目任务无法按期按质完成的，可以批准延期继续实施或直接终止项目；项目终止的，收回已拨付的剩余财政科技资金。而如果是因为需求方或揭榜方的主观原因造成项目终止的，政府主管部门可以委托第三方组织技术、财务、法律等专家进行审查论证，形成论证结论，明确主要责任方，全部收回已拨付的财政科技资金。

（三）审计监督

对揭榜项目实施过程的资金使用情况进行审计监督，审查是否存在编报虚假预算及会计资料，套取财政资金的情况；是否截留、挤占、挪用专项资金；是否违反规定转拨、转移专项资金；是否存在虚假承诺、单位自筹资金不到位；或者专项资金管理使用存在违规问题拒不整改；是否对专项资金进行单独核算。存在以上行为的，要严禁给予资金支持，已提供资金支持的要予以追缴。

二、监督管理的手段

揭榜项目监督管理的手段主要是行政手段和法律手段。第一，关于行政手段。在揭榜项目实施过程中由于需求方或揭榜方的主观原因造成项目终止的，明确相关责任。相关主管部门要给主要责任方一定的行政处罚，如将主要责任方列入科研诚信黑名单，规定三年内不得申报任何类别的科技计划项目。第二，关于法律手段。在审计监督过程中，对故意弄虚作假或串通骗取财政资金的行为，要同纪检监察等部门给予相应处理，情节严重的则移交司法机关处理并按规定依法追究相关责任。此外，有关单位及其工作人员在揭榜项目申请、审核和验收相关工作程序中，如果存在滥用职权、玩忽职守、徇私舞弊等违法违纪行为的，要按照《中国共产党纪律处分条例》《中华人民共和国监察法》等有关规定追究相应责任。

第六章 "揭榜挂帅"制度的寻榜与定榜

关于技术创新与市场需求之间的关系，熊彼特认为技术创新引致市场需求，企业通过技术创新开拓市场、引领市场需求（熊彼特，2017）；Schmookler则认为是市场需求推动技术创新，市场需求对产品和技术提出了明确的要求，从而推动科学技术的发展（Schmookler，1966）。对于"揭榜挂帅"而言，既能从支持重点产业企业研发中释放需求信息，带动某一领域的市场需求，又能从支持企业技术研发需求中提升行业整体技术水平，从而促进科技创新。从其共性来看，"揭榜挂帅"要支持具体的需求，无论是技术研发需求还是市场需求。这便意味着"揭榜挂帅"要进行需求征集和选拔，也就是寻榜与定榜。那么，寻什么榜，又如何定榜是关键问题。具体而言，涉及"揭榜挂帅"制度的适用性、榜单来源的类别，以及确定榜单评审主体和榜单评审标准。

第一节 "揭榜挂帅"制度的适用性

要为"揭榜挂帅"确定榜单，首先要明确何种科技项目适合采用揭榜制。在此基础上，"揭榜挂帅"制度才能发挥其优势作用，而对"揭榜挂帅"制度的泛用则不利于整个科技管理体制的运行。因此，探讨"揭榜挂帅"的适用性是寻榜与定榜的第一步。

"揭榜挂帅"制度本身的特点便决定了其适用于何种科技项目。"揭榜挂帅"制度是基于成果的事后科研资助方式，是选贤任能的资助方式，是解决目标明确而实现目标的途径不明确问题的有效工具。基于以上特点，应从三个基本问题着手来确定哪些科技项目适合"揭榜挂帅"制度：寻求解决方案的问题本质是什么；

有多少参与者可能会致力于这项工作；他们是否有意愿及有能力承担风险（曾婧婧和黄桂花，2021b）。

一、针对具体的、变革性的、可实现的成果

科技项目的目标是具体的、可衡量的，还是抽象的、难以测度的，这是选择"揭榜挂帅"制度榜单首先要考虑的问题，这涉及科技项目的问题本质。具体而言，该项目目标是否可以衡量？是否具有变革性？能否在合理的时间范围内实现？如果对于以上问题的答案都是"是"，那就具备实施"揭榜挂帅"制度的前提。正如习近平总书记所说："可以探索搞揭榜挂帅，把需要的关键核心技术项目张出榜来，英雄不论出处，谁有本事谁就揭榜。"[①]这里的"关键"与"核心"正是要求科技项目的目标具有突破性和变革性，而如何考察"本事"则需要项目目标具体化、可衡量，一定期限内可实现。举例来看，2019年湖北省发布41项技术类揭榜项目，涉及电子信息和航空航天等多个高技术领域的突破性难题，且明确给出了具体的技术指标要求，同时还对项目规定了完成期限。对于此类科技项目，"揭榜挂帅"制度可以充分发挥成果导向和群策群力的优势。

二、潜在揭榜方数量适中或宁多毋少

选择"揭榜挂帅"制度的榜单其次要考虑的问题是科技项目的潜在揭榜方的多寡。这一问题涉及组织"揭榜挂帅"的成本与收益的衡量，组织一次"揭榜挂帅"的成本不仅包括对项目的直接资助，还包括一定的行政成本，而这超出一般资助方式的成本是为了获得额外的收益，如最佳的解决方案。当科技项目的潜在揭榜方较少时，可能出现无人胜任或竞争不足的情况，此时采取"揭榜挂帅"制度会面临着高成本低收益的风险。例如，对于一个很难的数学猜想，只有很少数学家能够证明，这时最佳的资助方式应该是通过技术成果购买或者委托研发的方式直接资助，以避免寻榜、发榜、揭榜、评榜等一系列操作造成的间接费用。因此，在为"揭榜挂帅"制度选择榜单时，应事先摸底科技项目是否有一定数量的潜在揭榜群体，以确保"揭榜挂帅"制度的成果竞争优势得到发挥，最终遴选出最佳解决方案。

---

① 中共中央网络安全和信息化委员会. 2016-04-19. 习近平：尽快在核心技术上取得突破[EB/OL]. http://www.cac.gov.cn/2016-04/19/c_1118673705.htm.

三、潜在揭榜方有意愿、有能力承担风险

选择"揭榜挂帅"制度的榜单最后应考虑的问题是科技项目的潜在揭榜方是否有意愿并能够承担相应的风险。这一问题涉及参与"揭榜挂帅"的成本与收益的衡量。潜在揭榜方面临的成本包括经济成本和时间成本，可能的收益包括直接成果收益和额外商业或社会效益，由于"揭榜挂帅"制度唯成果兑奖，付出不一定会得到百分百的回报。那么需要揭榜方有意愿且有能力承受一定的揭榜风险，包括前期预研成本、揭榜失败带来的沉没成本等。关于这一问题，可以从两个方面来努力解决，一方面，需要提供具有明确技术要求的科技项目，明确攻关时限，以降低潜在揭榜方的风险；另一方面，对于难度大、不确定性强和公益性较强的科技项目，需要在"揭榜挂帅"制度的基础上，配合成果购买或者预先市场承诺等方式来降低潜在揭榜方的风险。

简言之，当我们要解决的问题是一个明确目标并且能够吸引许多有能力且愿意承担风险的参与者时，"揭榜挂帅"制度是最佳的资助工具。

第二节 榜单来源的类别

在明确了"揭榜挂帅"的适用性之后，另一个关键问题便是榜单来源。在前一章节我们提到"揭榜挂帅"有三种目标定位，而基于不同的目标定位其榜单特征也有所差异，那么榜单产生的途径也相应不同。从实践角度来看，目前"揭榜挂帅"的榜单来源主要有两种：政府定制和企业推荐。而从理论角度来看，"揭榜挂帅"制度的榜单来源还应该包括社会海荐（曾婧婧和宋娇娇，2015）。"揭榜挂帅"榜单来源的三种类型各有特点和重点（图6-1），应在明确"揭榜挂帅"目标的基础上有针对性地使用。

一、政府定制榜单

政府定制榜单这一方式可以追溯到"科技悬赏奖"的诞生。第一次工业革命时期，社会上对各种提高生产力的技术需求空前增长，政府体制外的个体科研活

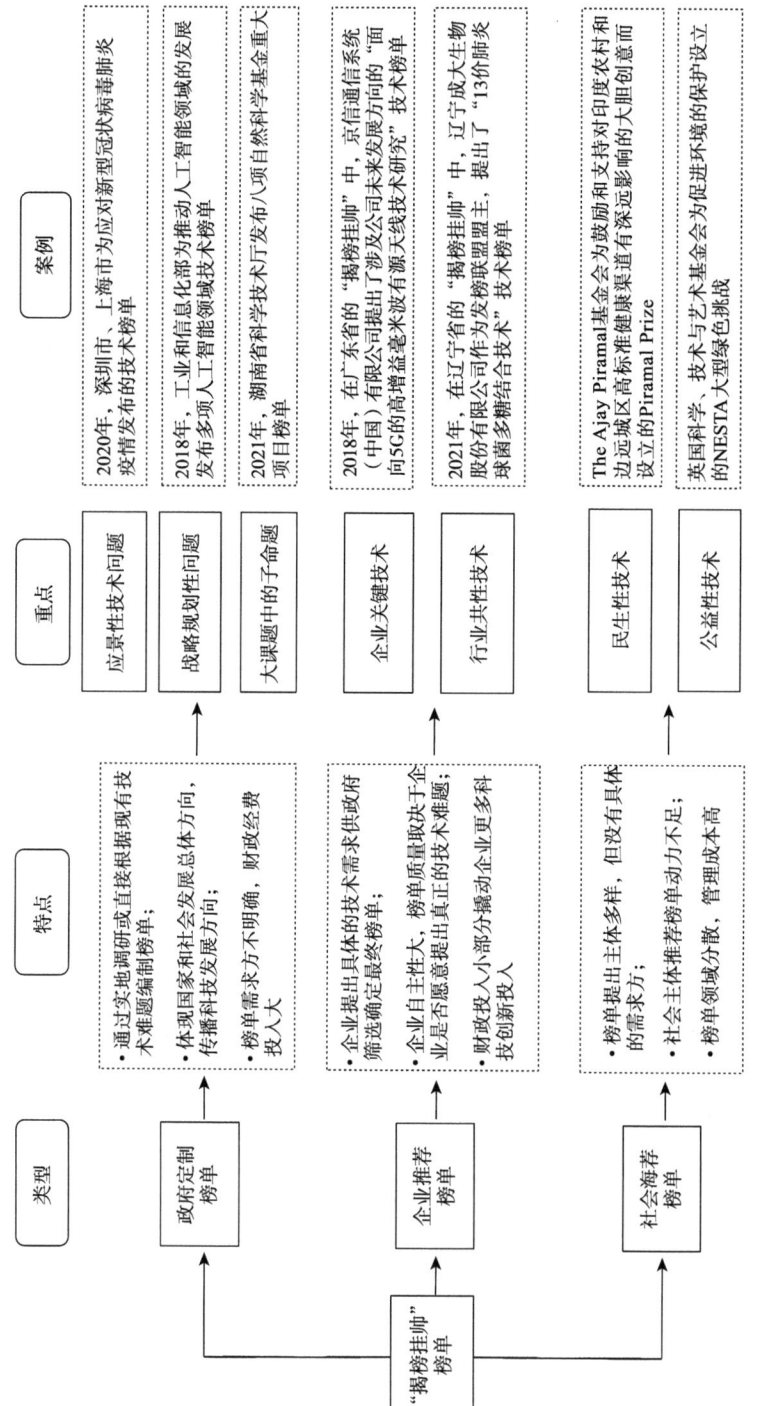

图6-1 "揭榜挂帅"榜单类型的特点、重点及案例

动逐渐增多，为了实现个体研发与国家需求的统一，政府开始用悬赏奖的形式资助科学研究。1714年英国政府悬赏资助的经度奖首次实现了国家导向和个人科学探索的统一；随后法国拿破仑时期为应对战争需要设立了食物储存奖；瑞典政府为应对消防事故设立了消防技术奖；荷兰政府为促进农业发展设立了提取蔗糖奖。政府资助个体科研活动贯穿了整个19世纪的欧洲。

20世纪初，随着大科学时代的到来，政府定制科技悬赏逐渐被科学基金制所取代。直到20世纪末期，随着美国联邦政府对科技悬赏制的再次启用，各国政府用科技悬赏方式资助科技创新的模式又逐渐增多。例如，美国能源部、国防部、航空航天局共同资助了包括可佩戴能源奖（Wearable Power Prize）、机场安全技术奖（Prize for Faster Airport Security Technology）、宇航局百年挑战（NASA Centennial Challenges）等在内的20余项政府科技悬赏项目。

近年来，我国的"揭榜挂帅"实践也有许多政府定制榜单的例子。例如，山东省日照市在2020年4月发布的多项农业科技创新中心榜单。此外，深圳市也在2020年国内疫情最为严重期间两次发布应对疫情应急防治的榜单。

（一）政府定制榜单的特点

实践中，政府定制榜单也有两种方式：一是政府部门开展实地调研，对区域内特定行业的企业进行技术需求调查，将调查结果整合为"揭榜挂帅"的榜单；二是政府部门直接根据现有技术难题编制榜单。两种方式在不同程度上反映了"揭榜挂帅"榜单中政府的意愿。因此，这也不免体现政府定制榜单的优势和缺陷。首先，就其优势而言，政府定制榜单能够从大局出发，无论是中央政府部门还是地方政府部门定制的榜单，都能体现科技创新和研发中的国家和社会发展总体方向，这也进一步向社会传播了科技发展方向，为企业找准定位提供帮助。其次，就其缺陷而言，政府定制榜单在一定程度上忽视了真实社会需求，可能会导致供需不匹配问题；同时，由政府定制榜单仅反映政府的偏好，这可能导致榜单内容的多样性不足；在政府定制榜单的情形下，每个榜单没有具体的需求方，这将导致揭榜攻关过程中的费用均由揭榜方和政府提供，一定程度上增加了财政经费投入。最后，政府定制榜单既存在有利方面，也存在不利方面，需要结合"揭榜挂帅"的不同目标，选择政府定制榜单的重点领域，以此最大化发挥其优势。

（二）政府定制榜单的重点

根据政府定制榜单的特点，"揭榜挂帅"榜单采取政府定制的方式应该集中在三个技术领域：应景性技术问题、战略规划性问题、大课题中的子命题。

应景性技术问题是指某一时期突出的亟须解决的社会问题，在技术上有明确具体的预期目标，在时间上有很强的紧迫性。例如，1869年，法国为解决严重的农业和文化危机，设立了根瘤蚜奖；1903年，美国得克萨斯州为了消除棉铃象鼻虫设立的得克萨斯州棉铃象鼻虫奖（Texas Boll Weevil Eradication Prize）；而最近的一次关于应景性技术问题采取政府定制榜单的案例，则是2020年深圳市、上海市为解决新型冠状病毒肺炎疫情带来的诸多问题，发布了多项相关技术榜单。从已有的案例来看，在应景性技术问题上采取政府定制榜单的方式，具有相当大的偶发性和不确定性，然而如何确定是否属于应景性技术问题，应该从该技术难题未解决将会带来多大范围的危害，危害程度有多重，危害持续时间有多长等方面来考量。

战略规划性问题是指出于政府明确的战略规划需要发展或解决的关键行业和技术问题，该类技术的突破一般来说会对国家的发展起到重要作用。例如，1784年，美国国会为了消除垄断，促进科技发展设立的Rumsey蒸汽机发明奖；2007年，美国能源部为了促进能源技术的突破设立了照明设计大赛（Bright Tomorrow Lighting Competition）；2018年，我国国务院工业和信息化部为推动人工智能关键技术的发展，发布了多项人工智能领域揭榜任务；2019年，我国江苏省工业和信息化厅聚焦13个先进制造业集群，发布27项技术榜单。战略规划性技术问题最大的特点是符合国家未来几年在经济、科技、社会和对外关系中的发展方向，具体体现在符合政府的战略规划（如国家层面的有"五年规划"，地区层面的体现在各地的发展重心上）。对于该类技术问题采取政府定制榜单的方式，一般需要在总体战略规划范围内遴选出重要的、急迫的、共性的具体技术难题，通常的方式是组织"揭榜挂帅"的政府部门在前期对区域内相应行业的企业进行需求调查，在此基础上遴选出最终的技术榜单。

大课题中的子命题是指政府在某一大型项目中面临的长期无法解决的技术难题，将该类技术难题转向社会寻求解决办法，它是大型课题的一个分支。例如，1627年，爱尔兰国务委员会为了奖励涉及某种武器的发明设立的The Douglas奖励；1829年，美国军队为了奖励能够发明消除航海障碍的机器设立的军队航海工程师奖（Army Corps of Engineers Navigable River Prize）；2021年，我国湖南省科学技术厅发布了八项自然科学基金重大项目榜单，首次将基础研究和应用基础研究纳入"揭榜挂帅"榜单中。我国的"揭榜挂帅"实践并没有明确指出将大课题中的子命题作为榜单，而是融入政府定制的所有榜单中，湖南省的自然科学基金重大项目榜单是较为明确的案例。将大课题中的子命题作为政府定制榜单的重要来源有一定的可行性和必要性，在"揭榜挂帅"实践中可以进一步探索。

二、企业推荐榜单

需求导向的技术创新是社会进步的助推器，而最直接的技术需求来自产业实践，那么从企业推荐的技术需求中筛选"揭榜挂帅"榜单也不失为一种有效的方式。企业推荐榜单在科技悬赏奖的历史上有不少案例，甚至作为科技悬赏奖榜单的主要来源。例如，1997年，安海斯·布希（Anheuser Busch）公司宣布设立100万美元的悬赏，研发能在全球范围内不间断飞行的热气球；2007年Barrick Gold公司为了增加冶金产量，设立冶金奖（Unlock the Value Prize）。目前在我国"揭榜挂帅"的实践中，企业推荐榜单的数量大致占到三分之一，如湖北省在2019年和2020年开展的"揭榜挂帅"中榜单均来自区域内企业推荐。越来越多的企业为了争取"眼球效应"，纷纷加入到"揭榜挂帅"当中去。"揭榜挂帅"不仅是企业提高知名度的有效路径，同时也是企业解决关键技术和行业共性技术问题的重要手段。

（一）企业推荐榜单的特点

"揭榜挂帅"中采用企业推荐榜单的方式一般有以下流程或特点。政府发布征集"揭榜挂帅"榜单的通知，在收到企业推荐的榜单信息后进行筛选，随后正式公布"揭榜挂帅"榜单信息和相应需求方信息进行揭榜征集。通过这种方式，企业可以自主选择推荐的技术榜单，可以提出真正需要全社会共同解决的技术难题，以此形成的榜单能够真实反映产业行业发展中的困境，使"揭榜挂帅"真正做到聚焦发展难点。与此同时，在企业推荐榜单的方式下，企业将作为每个榜单的需求方，对技术榜单的攻关进行投资，这将实现以少数政府财政资金撬动企业更多的科技创新投入。在此过程中，调动了各方社会主体的参与积极性，从更深远角度来看还营造了积极向上的创新环境，有效地支持了我国的创新驱动发展战略。

另外，企业推荐榜单的方式也存在一定的问题。首先，企业是否愿意将其真正的技术瓶颈或技术困难公开提出，这涉及企业的商业秘密；其次，将榜单的来源完全寄希望于企业自主推荐，这会导致榜单数量和榜单技术难度的极大不确定性，从而影响"揭榜挂帅"的实施效果；最后，企业推荐榜单可能会形成参差不齐的榜单领域和榜单技术难度，这提高了政府进一步筛选最终榜单的难度。总而言之，采用企业推荐榜单的方式有较多有利的方面，但同时也需要政府制定更完善的机制来发挥其优势，解决潜在的问题。

（二）企业推荐榜单的重点

尽管企业推荐榜单的方式有很大的自主性，但从目前的"揭榜挂帅"实践来看，政府在征集榜单时便限定了征集的重点领域，因此最后筛选出来的榜单也是在政府划定的领域范围内。由此可见，企业推荐榜单也是在政府制定的战略规划范围内，但与政府定制榜单不同的是，前者更加聚焦于企业关键技术和行业共性技术。

企业关键技术是企业在市场竞争中生存和发展的重要因素，通常对企业在市场竞争中的成败起到关键性的作用。正如前面所提到的，企业是否愿意将关键技术难题公开提出，这是一个不确定性因素。在科技悬赏奖中，有较多企业将自己的关键技术难题发布出来进行悬赏，如 Barrick Gold 公司为了增加冶金产量，于 2007 年开始设立冶金奖（Unlock the Value Prize）；Sun Microsystems 公司为了激励开源社区（Open Source Community）项目的创新，在 2007~2008 年设立了创新奖项目。在我国的"揭榜挂帅"实践中，已有 300 多家企业在各省的"揭榜挂帅"中提出技术需求榜单。尽管我们不能确定这些技术榜单是否是企业面临的最关键技术难题，但至少是企业的真实技术需求。通过企业推荐的方式聚焦于企业真实的关键技术需求，能够为企业提供资金和平台支持，推动企业关键技术的突破。

行业共性技术是指制约某一行业发展，行业内组织共同面临的技术难题。在科技悬赏制中体现为行业组织发布悬赏榜单，如英国钟表研究所面对瑞士钟表的激烈竞争，为了提高英国制造手表的质量设立的钟表奖（Watch Prizes）；美国公用事业公司为了促进冰箱行业的发展设立的高效节能冰箱项目奖；Microsoft 为了奖励为成功诉讼三大多产计算机病毒提供更多信息者设立的 Microsoft Virus Bounty 奖等。而在我国的"揭榜挂帅"实践中尚未有行业协会等组织推荐榜单的情况，企业推荐榜单应能体现行业共性技术，或者应该聚焦于行业共性技术。在"揭榜挂帅"实践中，行业共性技术中的"行业"应该是区域内重点发展的行业，通过榜单征集时对重点行业的限定及榜单筛选两方面来实现聚焦重点行业共性技术难题。

三、社会海荐榜单

社会海荐指除政府、企业之外，针对某一领域的特定问题由社会组织、个人、研究所等单独或联合提出需求榜单。在科技悬赏奖中，榜单设立主体中大约 51.29%为非营利组织，12.47%为个人，6.23%为联合组织，2.51%为研究所。由此可见，许多科技悬赏奖项目的需求是由除政府和企业外的社会主体提出的，"社会海荐"这一方式占据了科技悬赏奖的半壁江山。然而,在我国的"揭榜挂帅"实践中尚无真正意义上的社会海荐技术榜单案例,类似的成果转化类"揭榜挂帅",是由科研院所和高校提出成果转化榜单需求。在"揭榜挂帅"整体的机制设计上,社会海荐榜单存在着空白,在未来的实践中可以探索这一方式。

(一)社会海荐榜单的特点

尽管实践中还没有社会海荐榜单的先例,但从理论上和国外科技悬赏奖的经验中可以探讨这一方式的特征。社会海荐榜单的主体主要是社会组织、高校、科研院所和个人,将其纳入"揭榜挂帅"的榜单来源中,会增加"揭榜挂帅"参与主体的多样性,增加榜单类型的多样性,体现全社会参与科技创新。同时,社会海荐榜单也能将政府、企业忽视的现实科技创新问题提出来,弥补前两种方式在社会性、公益性问题上的空白,促进社会科技创新的发展。然而,社会海荐榜单也有一定的局限性,社会海荐榜单的主体范围大,难以控制推荐榜单的质量,管理成本较高;同时,社会主体推荐榜单的动力不足,难以真正将这一方式落到实处,可能会出现形同虚设的问题。若要真正发挥社会海荐的作用,在机制设计上需要更加具体细致。

(二)社会海荐榜单的重点

社会海荐榜单从其特点来看,更多的是与社会成员的生活相关联,应该聚焦于民生性和公益性的技术需求。

民生性技术榜单主要是为了满足社会成员的生活需求,提高社会成员的生活质量而设立的,它与社会成员的生活息息相关。在科技悬赏奖中,这类榜单有较多的实例,如俄罗斯亿万富翁 Yuri Milner 联合美国遗传技术公司前 CEO Art Levinson、23andMe 公司创立者 Anne Wojcicki、谷歌创立者之一 Sergey Brin 等设立的生命科学突破奖(Breakthrough Prize in Life Sciences);波兰水泥协会为实现可持续发展设立的关于可持续世界发展的具体思考的学生设计大赛;The Ajay Piramal 基金会为鼓励和支持对印度农村和边远城区高标准健康渠道有深远影响的大胆创意而设立的 Piramal Prize 等。在"揭榜挂帅"中,可以采用社会海荐榜单的方式对民生性技术榜单进行征集,这类技术榜单关乎社会民生,也应来源于社会,才能做到科技创新与需求对接。

公益性技术榜单一般具有社会公益性和非营利性。在科技悬赏奖中体现为社会公益组织的慈善、公益项目,如 Newcastle 煤矿协会为保护环境设立的预防吸烟奖;得克萨斯大学奥斯汀分校的一个毕业生组织的慈善项目为激励社会创新设立的得克萨斯州社会创新奖；英国科学、技术与艺术基金会为促进环境保护设立的 NESTA 大型绿色挑战等。我国的"揭榜挂帅"也可以借鉴这一方式，将社会公益组织、非营利组织等开展公益活动中遇到的需要技术创新的项目，纳入揭榜榜单中，依靠"揭榜挂帅"的支持以科技创新推动公益事业的发展。

第三节　榜单评审主体

遵循"揭榜挂帅"的程序逻辑，在确定了榜单来源，征集到了一批榜单需求之后，如何定榜是一个关键性问题。这涉及"揭榜挂帅"所有的人力、物力和财力用于哪些榜单项目，因此在定榜环节要谨慎选择。如何定榜首先要解决的是"谁来定"的问题，不同主体代表的利益不同，本身所具有的经验知识也不同，那么由谁来定榜潜在影响着最终榜单的形成。因此，需要对榜单评审主体进行选择。此外，"揭榜挂帅"作为一项长期实行的科研资助手段，在榜单评审方面也要制度化、规范化，需要对评审主体进行管理，以便长期有效开展"揭榜挂帅"的榜单评审工作。

一、评审主体选择

在现有科研资助体系下，各地政府都建有专家库，从专家库中抽取项目评审专家。然而，现有专家库人员结构不合理，来自高等院校的专家占比过大，而来自企业的专家占比过少（江笑颜和李栋亮，2018）。这种结构的专家库不适合"揭榜挂帅"的榜单评审，应该依据"揭榜挂帅"的榜单特征来选择不同来源的专家。根据来源不同，可将专家分为来自产业界、科研界、政府部门和第三方。不同来源的专家所擅长的领域不同，在评审中关注的问题不同，因此应该根据榜单类型和榜单来源的差异具体确定专家构成比例（表6-1）。

表6-1　"揭榜挂帅"榜单评审主体比例

榜单	产业界	科研界	政府部门	第三方
技术攻关类榜单	★★★	★★★	★★	★★
政府定制类榜单	★★★	★★	★★★	★★

续表

榜单	产业界	科研界	政府部门	第三方
公开征集类榜单	★★★	★★★	★★	★★
社会海荐类榜单	★★	★★★	★★★★★	
成果转化类榜单	★★★★★	★	★★	★★

注：★表示各类评审主体所占比重，总体为 10 颗★，按照正文所述分布于各类主体中

技术攻关类榜单是对未有技术的研发需求，它来自企业，而能够衡量这一技术需求的市场价值、应用前景和行业代表性的莫过于同行企业专家，因此来自产业界的专家应该纳入技术攻关类榜单的评审中。而对于技术创新性、技术可实现性的评估，来自科研界的专家学者较为擅长，这一类专家可以来自高等院校和科研机构。对于技术需求是否符合政府战略规划中重点支持的产业行业，以及技术需求是否存在重复研发的问题，这些是来自政府部门的专家较为擅长的。此外，在技术攻关类榜单的评审中，各方主体的出发点和利益倾向不同，容易产生利益冲突，需要纳入第三方的参与。因此，在技术攻关类榜单评审中，评审主体需要包括来自产业界、科研界、政府部门和第三方的专家。而基于不同榜单来源，各类专家的构成比例也应不同。

首先，政府定制的技术攻关类榜单是由"揭榜挂帅"主管政府部门提前搜集企业技术需求，在此基础上再进行遴选。这类榜单的特征是数量大，基本涵盖行政区域内的所有重点产业，因此在确定产业界专家时可以更多从行政区域外的企业专家入手，以避免故步自封和利益冲突。同时，需要更多的政府部门人员来审查技术需求是否满足基础条件。需要说明的一点是，应急性的政府定制技术攻关类榜单无须经过复杂的专家评审环节，只需确定这一技术需求对处理应急性事件非常有用，以及没有现存技术成果即可。其次，公开征集的技术攻关类榜单是企业自愿发布的技术需求，企业会根据自身的条件来选择是否提出技术需求，那么这类榜单的数量应该较少，不太可能覆盖行政区域内的大部分企业。因此，无须强调产业界专家来自行政区域内或外，以及政府部门人员的占比也无须过多。最后，社会海荐的技术攻关类榜单是由社会成员推荐的具有民生性和公益性的技术需求。为了衡量该类技术需求是否具有一定的市场价值，需要纳入来自产业界的专家；然而企业是以营利为导向，这类榜单与其目标不太一致，因此不宜过多选择来自产业界的专家。在评审这类榜单时，榜单需求方同行并没有进入评审主体中，在一定程度上不存在评审主体的利益冲突，因此无须纳入第三方专家。

成果转化类榜单是对已有成果的转化需求，主要来自高等院校和科研院所，也有部分来自中小型科技企业。这类榜单最需要衡量的是技术成果市场化的价值

和产业化的可行性,因此需要更多产业界的专家来评审。同时,对于技术成果在行政区域内转化应用是否符合产业发展定位和目标,这需要政府部门专家来评估。由于这类榜单主要来自高等院校和科研院所,为避免同行评议产生过多的利益冲突,选择来自科研界的专家数量应该较少。此外,第三方专家也应纳入评审主体中,作为各方主体利益调和的中介。

以上是选择榜单评审主体的来源,在确定了不同来源评审主体的构成比例之后,具体选择某个专家要根据回避原则和相关原则进行。回避原则主要考虑的是专家与榜单提出方之间的关系,由于榜单数量大,只要专家与大部分榜单提出方没有密切的利益关联即可;相关原则主要考虑的是专家所擅长领域与榜单之间的关系,除了要涵盖榜单所涉及的所有技术领域的技术专家外,还要考虑是否纳入财务专家、管理专家等。

二、评审主体管理

"揭榜挂帅"是一项长期的科研资助方式,对榜单评审主体进行管理能有效提高运行效率。借鉴目前科研项目评审中专家库的做法,可以专门建立"揭榜挂帅"专家库,也可以在现有专家库的基础上针对"揭榜挂帅"的需要进行改进。无论如何选择,都要在以下三个方面对榜单评审专家进行管理。

第一,对专家来源进行管理。"揭榜挂帅"榜单评审主体来源主要有产业界、科研界、政府部门和第三方。总体来看,对不同来源的专家需求程度不同,其中对来自产业界的需求最大,其次是科研界和政府部门,而对第三方的需求量最小。当政府部门人员作为评审主体时,主要是对榜单的基础条件进行评估,因此无须专门纳入"揭榜挂帅"专家库中,应根据"揭榜挂帅"的具体情景而即时选择。由此,"揭榜挂帅"专家库应包括大量来自产业界的专家,适当来自科研界的专家,以及少量第三方机构或人员,三者的比例大致为5∶3∶2。

第二,对专家信息进行管理。在挑选榜单评审主体时,除了考虑来源之外,还要对专家的信息与榜单整体进行匹配。因此,需要合理构建在库专家信息,以提高与榜单匹配的精度。专家信息除了基本的姓名、性别、年龄、籍贯、联系方式等身份信息外,还应包括教育信息、履职信息、荣誉奖励信息、既有成果信息、擅长领域信息等。此外,尤其要对已有"揭榜挂帅"评审经验和参与经历进行管理,这将是衡量在库专家是否适合评审榜单的重要指标。

第三,对专家库更新管理。保持"揭榜挂帅"专家库的活力,就要定期更新在库专家信息,可以在政府部门内部与其他科技系统建立联系,采用自动匹配更新提醒与人工审核的方式。此外,还要动态管理专家库,对在库专家定期审核,设置筛选标准；同时，应长期接受专家入库申请，定期审核引进专家。

第四节　榜单评审标准

如何定榜关键在于"怎么定"的问题，这涉及根据榜单评审标准来最终确定榜单项目。通常而言，选择何种榜单项目主要考虑的是项目需求本身是否具有张榜的价值，实现这一目的一般可以通过书面材料的方式进行评价。因此，在通常情况下榜单评审主要通过书面的方式开展。而当"揭榜挂帅"的目的是资助少数核心关键技术的攻克时，此时榜单评审需要更加谨慎，增加实地考察等方式评审榜单也非常必要。

榜单评审的标准主要有三个层次：一是对项目需求的技术领域进行评估；二是对项目需求是否重复进行评估；三是对项目需求的先进性、代表性和可实现性进行评估。首先，考察项目需求是否在"揭榜挂帅"支持的行业领域内，这是对项目需求的初步筛选。"揭榜挂帅"支持的行业领域可以通过榜单征集文件具体罗列出来，若没有具体罗列的可以根据地方政府战略规划中的内容来评估。因此，在项目需求初步筛选过程中，主要依靠政府部门人员根据"揭榜挂帅"的相关文件和精神对项目需求所涉及的行业领域进行评审。其次，考察项目需求是否与已有项目存在重复，主要通过科技查新的方式来开展。这一过程也主要由政府部门人员实施，通过对标国家级重点项目库、科技成果登记库及未来可能建立的"揭榜挂帅"成果库，考察项目需求是否已立项实施、是否已有相关成果、是否低于已有相关项目的标准等。最后，通过以上两个阶段的筛查，进入专家评审环节的项目需求已满足张榜的基本要求，这一阶段重点对项目需求的先进性、代表性和可实现性进行评估。以上三个层次的评估都可以通过问项的形式来衡量具体见表6-2。

表6-2　对"揭榜挂帅"项目需求的先进性、代表性和可实现性的评估问项

评估层次	评估维度	评估问项
第一层次	项目需求的技术领域	项目需求体现的技术领域是否在"揭榜挂帅"支持的行业领域内
第二层次	项目需求的重复研发	项目需求是否已立项实施
		项目需求是否已有相关成果
		项目需求是否低于已有相关项目的标准

续表

评估层次	评估维度	评估问项
第三层次	项目需求的先进性	项目需求是否在技术领域内具有一定的难度
		项目需求与技术领域内现有技术或成果的差距有多大
		项目需求是否处于技术创新链的前沿
		项目需求在国际水平上是否具有领先地位
	项目需求的代表性	项目需求体现的技术或成果在行业内是否有研发或转化的价值
		项目需求的技术研发或成果转化对于整个行业的进步作用有多大
		项目需求是不是制约行业发展的关键技术
		项目需求是否是整个行业都难以解决的关键难题
		项目需求的实现对于社会和国家的作用有多大
	项目需求的可实现性	项目需求是否具有明确的目标
		项目需求是否存在一定数量的揭榜者
		项目需求是否能够在一定期限内完成
		项目需求是否能够在合理的资金投入下完成

无论是在"揭榜挂帅"的实践中还是理论上，除了通过评估项目需求本身来确定最终榜单外，对于来自公开征集的项目需求还要评估项目需求的提出方，即评估项目需求方[①]。衡量项目需求方以此确定最终榜单有一定的必要性，是因为考虑到项目需求方将在项目揭榜攻关和推广应用中扮演重要角色，在一定程度上关系到榜单项目的揭榜成效，最终影响"揭榜挂帅"的效果。总的来看，对项目需求方的评审主要从两个维度出发，一是需求方的能力，二是需求方的信用。对于需求方的能力，主要从科研能力、财务能力和市场推广能力来评估。具有一定研发基础的需求方能够对揭榜过程提供帮助，资金充裕则能保证揭榜攻关顺利开展，而揭榜成果最终的推广应用则是需求方开展。考察需求方的信用问题是为了降低揭榜风险，若需求方的信用不达标，无论是对于揭榜方还是"揭榜挂帅"的主管政府部门而言，都有较大的风险。在这一方面的评估，主要依靠第三方组织或专家来实施，若需求方的诚信报告不达标，则会直接否决这一榜单项目。

综合来看，对于政府定制和社会海荐的榜单项目，只需针对项目本身的评审结果来选择最终榜单；对于公开征集的榜单项目，还需考虑需求方的评审结果。然而，对于后者而言，需要权衡榜单的评审结果与需求方的评审结果的重要性。我们认为，对于需求方的评审结果，除了信用问题导致的一票否决外，能力问题只要保持正常水平即可，主要的还是取决于榜单项目本身。

---

① 在这里不考虑社会海荐的榜单，是因为社会海荐的榜单尽管是由具体的个人或组织提出的，但榜单攻克后的受益方却是全社会或某一群体，具有一定的公益性和民生性。同时，这里的项目需求主要针对技术攻关类榜单，成果转化类榜单一般不会对成果转化需求方提出更多要求。

第七章 "揭榜挂帅"制度的选帅与挂帅

现在已经明确了"揭榜挂帅"的适用性、类型和榜单评定方式,接下来将对拟定的榜单进行发布以及接受各方人才的揭榜申请,随后进入"选帅"与"挂帅"环节,也称之为发榜与揭榜环节。作为"揭榜挂帅"制度运行的中期环节,"选帅"与"挂帅"起着呈上启下的作用,既要为榜单挑选真正的"帅才"(即揭榜者)[①],确定"帅才"的构成形式,也要赋予"帅才"相应权利,明确榜单攻关的资金来源,从而实施"挂帅"。因此,本章主要从确定"帅才"、"定帅"形式、赋权于"帅"及"挂帅"资金来源四个方面进行论述。

第一节 确定"帅才"

"揭榜挂帅"制度的优势在于不以"职称高低""论文数量""荣誉头衔"作为衡量人才的标准,同时也相对避免了"同行评议""专家评估"等传统方式可能带来的"腐败"风险,将"卡脖子"技术难题交给真正有本事的人(季冬晓,2020),从而在科技创新领域形成良好的"鲶鱼效应"。

"揭榜挂帅"制度提倡"英雄不论出处,谁有本事谁就揭榜",但这并不意味着对揭榜者完全不设门槛,"有本事"才是关键。对揭榜者的准入标准进行限制可以控制揭榜者规模,提高揭榜质量,提升效率。例如,美国 X 基金会发布的"进步汽车 X 奖",其主办方对参赛者进行技术资格与财务资格的审查,并要求参赛

[①] "揭榜者"一般指申请揭榜项目的主体,与"帅才"的主要区别在于,"揭榜者"是在筛选之前的称谓,"帅才"是确定揭榜主体之后的称谓。为保持称谓一致,以及凸显本章主题,后文的小节标题主要体现"帅才",而正文中统一称之为"揭榜者"。

者支付一笔"准入费",在这些标准下,该奖项收获了"真正的参赛者",避免了主办方时间、精力及财力的浪费,对于实现技术要求与目标大有裨益(曾婧婧,2019)。因此,适当限定揭榜者的范围非常必要,关键是要从"有本事"出发挑选揭榜者,总体来看可以从基础条件、诚信风险、创新表现和揭榜方案四个方面评估筛选揭榜者(表7-1)。

表7-1 揭榜者筛选标准

揭榜者筛选标准	主要内容
基础条件	揭榜者属性、揭榜者地域、揭榜者规模
诚信风险	揭榜者既有诚信问题、揭榜者重复申请、揭榜者与需求方之间的利益关联、揭榜者"中途退出"
创新表现	领域匹配、创新能力(R&D投入情况、知识产权拥有情况)
揭榜方案	完整性、创新性、可行性、实现度

一、基础条件

基础条件是揭榜者的门槛,只有在满足基础条件下才能对揭榜项目提出揭榜申请。基础条件主要包括揭榜者属性、揭榜者地域及揭榜者规模三个方面。

(一)揭榜者属性

并不是所有的组织都能够申请揭榜,为了保障揭榜质量,需要对揭榜者属性即揭榜者身份进行限制。总体上来看,揭榜者主要为高校、科研机构及企业。具体来看,不同类别的"揭榜挂帅"项目对揭榜者属性的要求又存在不同。因为技术攻关类项目需要突破关键核心技术的壁垒,需要高技术导向、创新能力强的主体来进行揭榜,因此其揭榜者主要有高校、科研机构、科技型中小企业或其组织的联合体及各类创新平台。成果转化类项目的难点在于从技术到应用的转化,因此,其揭榜者主要是有技术需求、技术应用场景、满足相关条件的具有独立法人资格的企业。需要指出,有的省份未分别从技术攻关类与成果转化类两类项目中定义揭榜者身份,如在安徽省与江苏省的揭榜方案中指出,其揭榜者主要是从事相关领域的企业,或由企业牵头多个单位组成的联合体[1][2]。根据项目的属性与特

---

[1] 安徽省经济和信息化厅. 2020-06-30. 关于印发《重点领域补短板产品和关键技术攻关任务揭榜工作方案》的通知[EB/OL]. http://jx.ah.gov.cn/public/6991/142199191.html.

[2] 江苏省工业和信息化厅. 2019-04-23. 关于印发 2019 年关键核心技术攻关任务揭榜工作方案的通知[EB/OL]. http://gxt.jiangsu.gov.cn/art/2019/4/23/art_6278_8314501.html.

点来确定揭榜者身份非常重要，这需要在具体的实践过程中进行考虑。

（二）揭榜者地域

揭榜者属性规定了能够揭榜的组织类型，揭榜者地域则规定了对揭榜者的位置要求，此处的位置主要从行政区划上来划分，即申请揭榜者是否在"揭榜挂帅"实施的行政区域内。揭榜者地域划分随着揭榜项目类型的不同而有所差异。技术攻关类项目的揭榜者可以来自行政区域内外，其地域规定并没有特别严格，目的在于从最大范围内吸引有技术攻关能力的组织来帮助需求方解决技术难题。而成果转化类项目则规定揭榜者应是在行政区域内的具有独立法人机构的企业，其目的在于为本级政府管辖范围内的企业引进先进技术、提供良好的营商环境，为本行政区域内的企业提供保护。也有不考虑揭榜项目类型差异的情况，安徽省、湖南省、宁夏回族自治区将揭榜者地域完全限制在了本行政区域内，与此相反，上海市将揭榜者地域限制在国内，河南省则将揭榜者地域延伸到了境外。

（三）揭榜者规模

揭榜者规模作为基础条件之一，也是确定揭榜者准入门槛的一条重要标准，主要从财务及研发队伍两方面衡量。

揭榜者应财务状况良好且管理规范，具有完成任务所必备的资金实力。由于榜单需求都是一些实施难度大、技术要求高的项目，所以可能需要大量资金支持研发活动。另外，具有强大资金实力的揭榜者具备较强的风险抵抗能力，在研发过程中基本不会受到外部环境干扰。需要特别指出的是，成果转化类项目的揭榜者需要提供成果转化所需的资金、场地、市场等配套条件，这也对揭榜方的资金实力提出了较高的要求。因此，不管是技术攻关类项目还是成果转化类项目，都需要考虑揭榜者的财务管理状况。

揭榜者需要拥有稳定的人才研发队伍，技术带头人和团队科研攻关实力强。人员不稳定不仅会造成资源浪费，而且很容易导致研发关键信息、知识与技术的泄露，造成更大的损失。"揭榜挂帅"项目不是简单的技术需求，而是"卡脖子"的关键核心技术需求，需要实力强劲的科研攻关团队支持。而成果转化类项目也对"人"提出了相应要求，揭榜者需要拥有较强的成果转化应用队伍，能够提出科学合理的成果转化方案。

二、诚信风险

在"揭榜挂帅"制度的实施中,如果没有对诚信风险进行限制,"揭榜挂帅"制度便会名存实亡,耗费了大量的时间、财力、人力,技术问题却得不到解决,无法实现政策目标。主要从揭榜者既有诚信问题、揭榜者重复申请、揭榜者与需求方之间的利益关联及揭榜者"中途退出"四个方面来评估揭榜者的诚信风险。

(一)揭榜者既有诚信问题

揭榜者应当具有良好的科研道德与科研诚信,近三年内无不良信用记录。许多"揭榜挂帅"方案中提出"鼓励揭榜方开展产学研合作,组团揭榜攻关"[1],产学研合作及组团揭榜能在很大程度上提升揭榜的效率与质量,提高科技开放合作程度。而实现组团揭榜的前提条件是各揭榜主体都具有良好的科研道德与科研诚信,即不会存在恶意抄袭、关键核心技术泄露等不良现象,在此基础上建立起来的组团揭榜才能够发挥真正作用。

揭榜者需要承诺能够在指定期限内完成任务。榜单中对项目完成时间进行了规定,除了按照规定可以延期完成的项目之外,其他项目均应该在指定时间内完成,这是对揭榜者的督促。很多技术具有时效性,且一旦攻克后能够为项目需求方带来较高的收益,设定时间标准也是对需求方的一种利益保护。另外,对于一些国家或者社会急需的项目(例如,新型冠状病毒肺炎疫情期间的一些应急科研攻关需求),可对提前完成任务的揭榜者提供额外奖励,提高科研攻关效率。

(二)揭榜者重复申请

揭榜者不得重复或者变相重复申请揭榜攻关项目,不得与国家、省的立项项目重复。已立项的揭榜者获得了政府的财政资金支持,重复或者变相重复申请会导致资源浪费,而且会占用其他揭榜者的机会。同时申请两个及以上的项目会耗费大量的时间与精力,同一揭榜者恐怕很难胜任,最差的结果就是"两个都要抓,两个都做不好"。

---

[1] 河南省科学技术厅.2019-07-08.河南省科技厅、河南省财政厅关于印发《中国·河南开放创新暨跨国技术转移大会重大关键技术需求国内外揭榜攻关工作实施方案》的通知[EB/OL]. http://kjt.henan.gov.cn/2019/07-09/1528681.html.

（三）揭榜者与需求方之间的利益关联

揭榜者与需求方之间不能存在股权与交易关系，且二者应为首次实质性的研发合作。二者如果存在股权与交易关系或者已经有过研发合作，则很可能出现合谋行为，不法套取政府资助资金，造成国有资金的流失，而实际的技术问题也得不到解决。广东省方案就直接指出：对故意串通作假等行为，将严肃追究相关责任[①]。另外，对于成果转化类项目来说，揭榜者与需求方不能是同一单位或其下属子公司。

（四）揭榜者"中途退出"

揭榜者需要承诺不会"中途退出"。需求方提出的关键核心技术需求是困扰其多年却得不到解决的顽疾，因此对于揭榜者来说也会存在很大困难，面临很大风险。当陷入瓶颈期时，揭榜者可能会产生畏难心理，中途退出。因此地方政府在拟定揭榜者的准入标准时，应当考虑增加对中途退出的揭榜者的处罚细则，包括追回补助金、将项目成员纳入诚信异常库、一定时间内不可申请课题及处以一定数量罚金等。值得注意的是，处罚不能过重，否则会显著影响揭榜者的积极性，而如果完全没有处罚的相关规定的话，又会导致揭榜团队人员不稳定，随意退出，浪费资源。

三、创新表现

与财务、人力等量化考核指标相比，对揭榜者创新表现的评估相对来说比较抽象，但各地方政府公布的"揭榜挂帅"相关方案基本都强调了揭榜者需要"具有一定的创新能力"。因此，衡量揭榜者的创新表现非常重要，可以从领域匹配与创新能力两个方面来评估。

（一）领域匹配

领域匹配主要是指揭榜者是否已经在揭榜项目所属领域具备一定的研发基础，或者说其研究领域是否与揭榜项目具有相关性。揭榜者现有研究或者说发展领域需要与揭榜项目相关，且在该领域内具有相对成熟的经验。一定的研发基础

---

① 广东省科学技术厅. 2018-09-21. 广东省科学技术厅关于征集适合揭榜制的重大科技项目需求的通知[EB/OL]. http://gdstc.gd.gov.cn/zwgk_n/zdly/sbzn/content/post_2684308.html.

能够使揭榜者很快理清研究思路，给出攻关方案，提升效率，节约时间。研究领域与揭榜项目的高度相关性意味着揭榜者已经有了很多初步探索，形成了较为完善的知识体系，很容易在此基础上融会贯通，得出更好的创新点。这同时也可以说明揭榜者已在该领域探索了较长时间，积攒了许多经验和"人脉"资源，能够联合几个具有相关经验的团队进行联合揭榜，具有事半功倍的效果。

（二）创新能力

第一，需要考虑 R&D 投入情况。一般来说，R&D 投入多，意味着揭榜者注重科研，创新能力可能相对更强。一般使用 R&D 投入占比进行衡量。例如，2020 年 7 月浙江省发布的通知中指出：企业为申请揭榜主体的，"其上年研究开发费占主营业务收入比重一般应不低于 3.0%；申报传统产业类和农业类项目的，其上年研究开发费占主营业务收入比重应不低于 1.5%"；高校院所为揭榜主体的，"2018 年度 R&D 经费投入为零，或低于上年度水平的不得申报（新设立单位除外）"[①]。除了 R&D 投入占比以外，还可以考虑采用 R&D 人员数量、R&D 人员占比以及是否设有专门的研发机构等指标来衡量揭榜者的创新能力。

第二，考虑知识产权拥有情况。各地方政府的方案中基本上都指出：揭榜申请单位需要对申请揭榜的产品或技术拥有自主知识产权，并且无知识产权纠纷，山西省"揭榜挂帅"项目方案直接指出，揭榜申请单位对"项目相关核心技术应有自主知识产权"[②]。项目实施时，会涉及多个主体，因此在这个过程中，产权的界定就非常重要且复杂，如果揭榜者本身就存在产权不清问题，会带来很多额外的麻烦，甚至会导致研发活动因产权纠纷而不得不中止，造成资源浪费。

四、揭榜方案

挑选"真正有本事"的揭榜者的关键在于评估揭榜方案，揭榜方案评估主体包括专家、第三方机构以及需求方。首先，要评估揭榜方案的完整性，以山西省的揭榜方案为例，完整性评估至少需要涵盖以下内容：国内外现状及趋势分析、研究目标及内容、已有的基础研究、进度安排、项目组织实施、保障措施以及风险分析等。揭榜方案的完整性评估还需地方政府视揭榜项目的实际情况而定，很

---

① 浙江省科学技术厅. 2020-07-08. 浙江省科学技术厅关于印发 2021 年度省重点研发计划项目申报指南的通知[EB/OL]. http://kjt.zj.gov.cn/art/2020/7/8/art_1229205203_1886421.html.

② 山西省人民政府. 2019-11-27. 关于开展农村（农户）用煤清洁取暖技术揭榜的公告[EB/OL]. http://www.Shanxi.gov.cn/zw/zfgkzl/fdzdgknr/zdmsxx/kj/202005/t20200520_807097.shtml.

多细节内容还需得到补充，内容越完整，越能体现揭榜方案的可信度。其次，要评估揭榜方案的创新性，揭榜方案的创新性从一定程度上体现了揭榜者的创新能力与任务完成能力。再次，揭榜方案的完整性与创新性是一些相对表面的东西，评估重点在于揭榜方案的可行性方面，即使方案描述非常精彩，不具备实施可行性也无法发挥应有作用。最后，还要评估最终成果的实现度，"揭榜挂帅"制度的最终目的在于解决技术难题，最终能够获得成果才是核心与关键（曾婧婧和黄桂花，2021a）。

第二节　"定帅"形式

在确定"帅才"的同时，还要考虑"定帅"形式，即揭榜形式。换言之，当揭榜者的数量确定之后，揭榜形式也会随之产生。揭榜形式有两种分类标准：一是根据揭榜者数量与揭榜项目的对应关系，可分为"一对一"揭榜和"多对一"揭榜；二是根据揭榜者之间关系是竞争或是合作，可分为"独立揭榜"和"联合揭榜"。当某一揭榜项目只确定了一个揭榜者时，揭榜形式只能是"一对一"揭榜和"独立揭榜"；当某一揭榜项目确定了多个揭榜者时，揭榜形式是"多对一"揭榜，同时可以选择独立或联合揭榜。每种揭榜形式都有各自的优缺点，实践中主要根据揭榜者情况和揭榜项目情况来具体选择（表7-2）。

表7-2　揭榜形式的分类标准及其优缺点

分类标准	揭榜形式	优点	缺点
揭榜者数量与揭榜项目的对应关系	"一对一"揭榜	优中选优、对揭榜者形成强激励、避免过度重复研究与资源浪费	产生巨大科研攻关压力、揭榜成功的风险加大
	"多对一"揭榜	降低揭榜者参与压力、提高攻关效率	重复研究与资源浪费、影响揭榜者参与积极性
揭榜者之间关系（竞争或是合作）	独立揭榜	避免"集体行动的困境"	提高研发风险、造成成本与效率双重损失
	联合揭榜	发挥各主体优势、共享知识与技术、协同创新	"搭便车"行为、"信息不对称"

一、"一对一"揭榜与"多对一"揭榜

"一对一"揭榜，指一个揭榜者或多个揭榜者组成的联合体针对一个揭榜项

目开展研究（曾婧婧和黄桂花，2021a）。这种形式的优点在于可以优中选优，即选择出最优秀、最有能力的揭榜者进行攻关，另外，获得揭榜资格本身就是对揭榜者的一种强激励，能够提升其参与积极性，还能够避免过度重复研究与资源浪费现象。其缺点在于可能会使揭榜者感受到巨大激励的同时产生非常大的科研攻关压力，虽说"没有压力就没有动力"，但压力过大往往会产生消极影响。另外，如果只有一个揭榜者开展研究，最终结果只取决于这一个揭榜者，揭榜能否成功的风险很大。

"多对一"揭榜，指多个揭榜者针对同一个揭榜项目独立开展平行研究（曾婧婧和黄桂花，2021b）。揭榜者数量会受到如"揭榜项目的难易程度，揭榜活动的影响力和吸引力"等因素的影响，为了保障揭榜质量与效率，应限制入围的揭榜者数量。这种揭榜形式的优点在于可以相对降低揭榜者的参与压力，且多个揭榜者之间可以通过相互交流来进行合作，有效提高项目攻关效率。其缺点也非常明显，多个揭榜者同时进行，可能会出现"研究的同质化、研究重复"现象，造成资源浪费，既然存在多个揭榜者，那也就意味着有的揭榜者在最后的项目验收环节会面临"失败"，即不能获得奖励资金，无法弥补自己先前垫付的成本，可能会对该揭榜者下一次的揭榜积极性产生不良影响。

在"揭榜挂帅"制度的实施过程中，如果经费允许，应该尽量多采用"一对多"的揭榜形式，提高揭榜质量以及揭榜成功的概率。

二、独立揭榜与联合揭榜

"独立揭榜"，指由独立揭榜主体申请并获得立项的一种揭榜形式，揭榜者之间的关系体现为竞争而非合作。"独立揭榜"的优势在于可以摆脱集体行动的困境，同时，竞争的存在能够极大地激发各揭榜者的创新潜力，提高揭榜质量。其缺点在于，"独立揭榜"意味着没有揭榜者之间的交流与协作，当只有一个揭榜者入围时，会提高研发风险，可能由于一些客观因素而并没有选择出最优的揭榜者，导致成本与效率的双重损失；当有多个揭榜者入围时，类比"一对多"的揭榜形式的缺点，可能会导致资源投入的重复与浪费。

"联合揭榜"，指由某一揭榜主体牵头多个单位组成联合体进行揭榜的形式，多个主体之间的关系为合作而非竞争。"联合揭榜"的优点在于，可以发挥各主体的优势，并将这些优势结合起来，产生"1+1＞2"的效果；同时，良好的分工与合作、知识与技术的共享大大提高了研发效率与质量。但是，其缺点亦十分明显，联合揭榜中主体较多、人数较多、揭榜者规模较大，容易产生集体行动的困境，即有些个体可能出现"搭便车"行为；由于"联合揭榜"中存在知识、技术的交流与共享，但不可避免地存在"信息不对称"现象，出现"合作方故意隐瞒其所了解的知识与信息"的行为，造成资源的浪费与损失，这对于其他主体来说非常不公平。大科学时代的研究范式不同于以往，协同创新在科研攻关中发挥着巨大的作用，单兵作战不仅费时费力，还可能会面临巨大的研发风险。因此，在"揭榜挂帅"项目中，需要联合揭榜，进行集智攻关，支持产学研合作攻关，鼓励优质资源合作（邹轶君和郝加全，2020）。但需要注意的是，进行联合揭榜时要签订联合协议书，应就"各方研究任务分工、财政资金分配、知识产权归属等"[①]做出相关规定，而且应当明确合作方有完成揭榜任务的资质和能力。

第三节 赋权于"帅"

"揭榜挂帅"榜单中的技术项目都具有较大的难度，这意味着揭榜者将承担较大的风险。那么为降低揭榜者的风险或者提高揭榜者的收益，从而激励揭榜者积极参与，保障揭榜者顺利完成揭榜任务，需要赋予揭榜者一定的权利。揭榜者的权利主要包括获得相应奖励的权利、适用一定容错保障机制的权利、享有一定的自主权利、明确知识产权归属的权利、享有揭榜者与需求方沟通的权利以及享有揭榜者之间的交流与协作权利等六个方面（表7-3）。

表7-3 揭榜者权利

揭榜者权利	具体内容
获得相应奖励的权利	获得规定的奖金，获得荣誉证书，提高知名度，结交本领域内的相关专家，获得晋升机会，享受一定的人才支持政策，使用与项目相关的知识与数据等
适用一定容错保障机制的权利	浙江省金华市试点推出"揭榜险"，对企业研发投入成本和揭榜专家个人成本给予补偿，科学设计揭榜立项失败方的利益补偿机制
享有一定的自主权利	充分尊重科研人员，赋予揭榜者一定的技术路线决定权、经费支配权和资源调动权，减少各类干预
明确知识产权归属的权利	在背景知识产权以及后继知识产权的转移与转化方面对揭榜者进行保护
享有揭榜者与需求方沟通的权利	关键知识与技术的共享，但揭榜者与需求方之间的沟通要遵守一定的边界
享有揭榜者之间的交流与协作权利	"促进科技开放合作"，制定科学合理的成果归属体系

---

① 深圳市科技创新委员会. 2020-02-12. 关于以"悬赏制"方式组织开展"新型冠状病毒感染的肺炎疫情应急防治"应急科研攻关项目的工作方案[EB/OL]. http://stic.sz.gov.cn/xxgk/zcfg/szkjcxzcfg/content/post_6759087.html.

一、获得相应奖励的权利

除了获得规定的奖金之外,揭榜者还应当获得其他的相关收益。例如,获得荣誉证书,提高知名度,结交本领域内的相关专家,获得晋升机会,享受一定的人才支持政策,使用与项目相关的知识与数据等。在技术攻关类项目中,为了激励企业的创新行为,除了为企业的资金筹措提供补助与支持外,还需要根据企业规模的不同,采用不同的政府支持策略:对于小微型企业来说,要探索金融资本的融入机制,并且给予其一定的专利保护;对于大型企业来说,政府适当的税收优惠政策更能够激励企业的创新投资。在政府的相关辅助支持下,可以发挥大企业引领支撑作用,支持创新型中小微企业成长为重要的创新发源地,加强共性技术平台建设,推动产业链上中下游、大中小企业融通创新(艾丹,2020)。

二、适用一定容错保障机制的权利

科研工作不同于其他工作,其研究内容复杂,过程困难重重,结果具有很大的不确定性,在项目的实施过程中不排除项目失败的可能性,因此,建立起针对揭榜者的容错保障机制非常重要。作为揭榜者的一项基本权利,一定的容错保障机制可以鼓励更多企业与高校科研院所参与揭榜,增强它们在科技创新道路上攻坚克难的勇气和底气,也可以吸引更多资源支持"揭榜挂帅"项目。例如,在浙江省金华市试点推出"揭榜险",因特定原因导致研发失败后,可通过保险对企业的研发投入成本和揭榜专家的个人成本给予补偿(逯海涛,2020)。深圳市在《关于以"悬赏制"方式组织开展"新型冠状病毒感染的肺炎疫情应急防治"应急科研攻关项目的工作方案》中提出的"赛马式"与"里程碑式"资助方式都对"揭榜者"有一定的兜底保障机制。但是,容错保障机制不能成为揭榜者"半途而废""故意犯错误"的借口,它只适用于付出完全努力之后因为一些不可抗力、客观原因而导致项目失败的揭榜者。因此,在建立容错保障机制的同时,还需要建立完整的监督考核机制,给"揭榜者"更多"安全感"的同时,又增强其责任感,最大限度保证科研攻关效果。

另外,值得注意的是,还需要科学设计揭榜立项失败方的利益补偿机制。由于较多的参与者对同一个项目进行预研,则无可避免会导致重复性劳动,如果缺乏科学合理的揭榜失败方利益补偿机制,有可能会影响科研团队参与"揭榜"的积极性。揭榜制虽然有众多优点，但并不适用每个项目，其中比较重要的一条限制标准就是"潜在揭榜者数量适中或宁多毋少"，如果缺少对揭榜失败方的利益补偿机制设计，可能会导致揭榜者数量较少或者竞争不足，可能会对"揭榜挂帅"的实施产生较大影响（曾婧婧和黄桂花，2021a）。

三、享有一定的自主权利

要实现提升科技创新质量与效率的目标，就必须给予"揭榜者"一定的自主权，让科研人员放开手脚干。一般来看，揭榜者获得项目资格后，往往会陷入应对各种行政审批事项、不同部门的审查等各种繁杂事务中去，这些"繁文缛节"会对创新产生负面影响。另外，在技术攻关类项目中，企业作为需求方会对揭榜者提出技术目标清单，并要求揭榜者在规定的时间内完成。而企业不同于政府，它们以实现自身利益的最大化为目标，再加上"揭榜挂帅"制度的资金筹措方式以需求方供给为主，所以当揭榜者达到一项技术目标之后，企业又会提出新的需求，给揭榜者带去更大的压力。给予揭榜者一定的自主权是对揭榜者的一种保护，需求方既然已经给出了技术目标清单，便应尽量少去干预揭榜者的工作。因此，要充分尊重科研人员，赋予揭榜者一定的技术路线决定权、经费支配权和资源调动权，减少各类干预，打破繁文缛节，让能者真正放手去干（杨旋，2020）。

四、明确知识产权归属的权利

"揭榜挂帅"制度会涉及多个行为主体，包括需求方、揭榜方、政府以及金融与社会资本的投资方等，因此确定知识产权的归属问题非常重要，这也是揭榜者拥有的一项基本权利。与传统的科研项目相比，"揭榜挂帅"会较多涉及背景知识产权以及后继知识产权的转移与转化问题（鹿艺，2021）。

在背景知识产权方面需要对揭榜者进行保护。任何科技成果的取得往往并不是一蹴而就的，科研项目的研究成果往往是将之前的研究成果作为基础，这些基础研究成果，就是背景知识产权（顾志恒等，2019）。很多地方政府在知识产权方面对揭榜者提出了要求，如海南省指出：揭榜者需要"对申请揭榜的产品或技术拥有自主知识产权、技术先进且应用前景良好"[①]。由此可以看出，"揭榜挂帅"

[①] 海南省工业和信息化厅. 2021-01-05. 海南省实施区块链应用示范揭榜工程方案[EB/OL]. http://iitb.hainan.gov.cn/iitb/xxcy/202101/51648acdc35943c4b96fbd0391b07afb.shtml.

项目的实施会涉及揭榜者的既有产权,这些背景知识产权应当归属于揭榜者,不能为其他主体共有或无偿使用,以此来保障揭榜者的合法权益。在后继知识产权的转移与转化方面,同样需要保护揭榜者的权利。多方共同参与并取得成果后,产权属于共同所有,如果后续需要对成果进行转化,则需要得到揭榜者的同意,如果在项目开始前就对产权归属做了规定,则应按照该规定处理。

五、享有揭榜者与需求方沟通的权利

要想实现"揭榜挂帅"项目的高效率、高质量完成,需要给予揭榜者与需求方之间进行沟通的权利。在发布榜单、表达技术难题诉求之前,企业已经进行了相关的研发活动,非常清楚研发过程中存在的困难。通过揭榜者与发榜方之间的交流及关键知识与技术的共享,可以使揭榜者少走弯路,减少重复劳动,节约成本。需求方可以将原来负责相关项目的技术人员编制成技术小组,做好与揭榜者科研团队的对接工作,各司其职,各负其责,井然有序。揭榜者在项目的实施过程中可能会遇到很多困难,有些困难可能在与需求方进行交流之后就能够很快解决,如果没有这一路径的话,很可能会耗费许多不必要的成本。但是需要指出的是,揭榜者与需求方之间的沟通要遵守一定的边界,即双方的沟通应仅限于与本项目相关的技术问题,切忌超越红线,避免双方"合谋"的可能性。就揭榜者的此项权利看,制定配套的监督制约机制非常重要。

六、享有揭榜者之间的交流与协作权利

揭榜者之间的交流与协作是集思广益、碰撞出创意火花的好方法,也是揭榜者应具备的一项权利。2021年《政府工作报告》中指出要"促进科技开放合作",揭榜者之间的交流与协作即是科技开放合作的一种形式,这符合国家意志与精神的要求。然而,"揭榜挂帅"制度本就涉及较多主体,成果归属问题较难理清,再加上揭榜者的协作攻关,就更难衡量成果归属了,制定科学合理的成果归属体系对于实现揭榜者之间的交流与协作至关重要。需要补充说明的一点是,此项权利针对的是"多对一"的揭榜形式,在"一对一"的揭榜项目中,只存在一个揭榜团队,也就没有所谓的揭榜者之间的交流与合作了。

但是,揭榜者在享有以上权利的同时,也应履行一定的责任与义务。首先也是最基础的,揭榜者应当遵守宪法、法律及相关规定,遵守当地产业政策的要求,

第七章 "揭榜挂帅"制度的选帅与挂帅

对于一些特殊的项目，还应当遵守国家的保密规定。例如，上海市的揭榜方案中就明确规定"所有揭榜单位和参与人应遵守中国知识产权法律、法规、规章、具有约束力的规范性文件及在中国适用的与知识产权有关的国际公约，所申报项目的知识产权明晰无争议"①。其次，揭榜者应当遵守科研诚信与道德，对申请上报材料的真实性负责。山西省就明确提出要杜绝"抄袭、剽窃他人科研成果或者伪造、篡改研究数据、研究结论"的行为②。最后，揭榜者必须要在指定期限内完成任务，规定可以延期的，也应在规定的延期时间内完成，并产生较大的经济与社会效益。例如，湖南省指出揭榜者要"能够在指定期限内（一般不超过12个月）完成任务，个别技术复杂、研究难度大的项目可酌情延长任务期限（最长不超过18个月）"③。

第四节 "挂帅"资金来源

揭榜实施过程中最重要的是充足的资金投入。"揭榜挂帅"制度针对的是"卡脖子"技术难题，这类技术项目往往需要大量资金投入，而"揭榜挂帅"本身的制度安排需要揭榜者在前期自行承担一定的攻关费用，那么对于揭榜者而言，资金压力和研发失败的沉没成本风险将会影响其项目开展。因此，需要明确揭榜项目的资金来源，优化资金支持环境（曾婧婧，2020a）。总体来看，要坚持资金筹集主体多元化原则，以需求方提供配套资金为主，政府财政资金支持为辅，引导金融资本、社会资金等方面多渠道投入④。资金筹集主体坚持多元化原则体现的是风险的分担机制，也能够提高各主体对项目进行投资的积极性与信心，形成人人支持创新的良好社会氛围（表7-4）。

---

① 上海市科学技术委员会. 2020-09-29. 关于发布2020年度科技攻关"揭榜挂帅"项目指南的通知[EB/OL]. http://stcsm.sh.gov.cn/zwgk/kyjhxm/xmsb/20200929/33ae20863ec9485ba73add60b7907b38.html.

② 大同市人民政府. 2020-03-31. 关于转发山西省科技厅《关于2020年度山西省科技计划揭榜招标项目张榜的通知》的通知[EB/OL]. http://www.dt.gov.cn/dtzww/zxgb/202003/31bd23f9f7d44ad9b5f5517e02822771.shtml.

③ 湖南省工业和信息化厅、湖南省应急管理厅、湖南省财政厅. 2020-09-27. 关于印发《湖南省自然灾害防治技术装备重点任务工程化攻关"揭榜挂帅"工作方案》的通知[EB/OL]. http://gxt.hunan.gov.cn/gxt/xxgk_71033/tzgg/202009/t20200927_13760975.html.

④ 辽宁省科学技术厅. 2021-03-02. 关于发布2021年辽宁省首批"揭榜挂帅"科技攻关项目榜单的通知[EB/OL]. http://kjt.ln.gov.cn/tztg/gztz/202103/t20210303_4092440.html.

表7-4 "挂帅"资金的筹措方式

资金筹措方式	具体内容
以需求方提供配套资金为主	技术攻关类项目：出资者主要为需求方 成果转化类项目：出资者主要为揭榜方，政府主要补贴揭榜方
以政府财政资金支持为辅	三种方式：浙江省将"揭榜挂帅"项目分成竞争性项目与择优委托项目两类、广西壮族自治区采用阶梯式算法、陕西省采取"里程碑"式拨付方式
引导金融资本、社会资金等多渠道投入	适用范围：可商业化的、市场导向的科技成果以及本身是成果转化类的"揭榜挂帅"项目

一、以需求方提供配套资金为主

依据"谁受益谁出资"的原则，需求方作为"揭榜挂帅"项目最大的受益者，理应承担出资的主要责任。从技术攻关类项目看，需求方是本省内或者本市内有技术难题或重大需求的具有独立法人资格的行业龙头、骨干企业，其运行状况、财务状况较好，财务管理规范，具有支付大量创新成本的能力。从各省目前已经发布的"揭榜挂帅"方案来看，很多直接从资金供给规定了需求方的准入条件。例如，广东省提出需求方"须承诺并有能力保障揭榜制项目科研投入，且能够提供项目研发实施的支持和配套条件，在项目攻关成功后能率先在本企业推广应用"[1]；湖北省指出，需求方要有"具有保障项目实施的资金投入，能够提供项目实施的配套条件"[2]。

成果转化类项目的需求方一般是省内外的高校、科研院所、科技型企业，在关键核心技术攻关中已取得重大突破，揭榜者需要提供一个"应用场景"，具备自主知识产权及支持成果转化的人才队伍。与技术攻关类项目不同，成果转化类项目的主要出资者是揭榜者，且政府也主要是为揭榜者提供补贴。

还有一点需要指出，为了从资金上给予企业一定的发榜信心，尽可能降低其存在的风险，除了倡导多元筹资渠道、政府财政支持、吸收金融与社会资本外，还应防范揭榜项目失败的风险，即探索保障机制来降低需求方的沉没成本风险。

---

[1] 广东省科学技术厅. 2018-09-21. 广东省科学技术厅关于征集适合揭榜制的重大科技项目需求的通知[EB/OL]. http://gdstc.gd.gov.cn/zwgk_n/zdly/sbzn/content/post_2684308.html.

[2] 湖北省科技厅. 2019-07-02. 省科技厅关于印发《湖北省科技项目揭榜制工作实施方案》的通知[EB/OL]. http://kjt.hubei.gov.cn/kjdt/tzgg/201911/t20191102_327165.shtml.

二、以政府财政资金支持为辅

政府作为"揭榜挂帅"的组织方,需要以财政资金来支持"揭榜挂帅"项目落地。财政资金支持既体现了政府对"揭榜挂帅"政策的重视与支持,更重要的是释放了"项目投资可行"的信号,可以给予金融、社会资本投资信心,在全社会范围内形成支持创新的良好氛围。

政府财政资金支持作为辅助手段往往需要采取合理的方式,目前实践中政府财政资金支持方式主要有三种。一是浙江省将"揭榜挂帅"项目分为两类,即竞争性项目与择优委托项目。在竞争性项目中,由企业牵头申报的,财政资金给予不超过项目总经费20%的补助;由高校、院所和其他事业单位牵头联合企业共同申报的,财政资金给予不超过项目总经费50%的补助;由高校、院所和其他事业单位独立承担的,可给予100%的财政资金补助。在择优委托项目中,政府每项补助不超过1 000万元[①]。二是广西壮族自治区政府根据研发总投入的不同规定了政府的相应出资比例,采用了阶梯式算法,"研发总投入500万以下的部分不超过40%,500万(含)以上至1 000万以下的部分不超过35%,1 000万(含)以上至1 500万以下的部分不超过30%,1 500万(含)以上至2 000万以下的部分不超过25%,2 000万(含)以上的部分不超过20%,最高补助不超过1 000万"[②]。三是陕西省采取"里程碑"拨付方式,依据合同约定的"里程碑"完成时间、交付物、考核指标、考核方式,省科技厅委托专业机构进行阶段性绩效评估,并根据评估结论,分年度拨付财政资金[③]。

三、引导金融资本、社会资本等多渠道投入

需求方自筹资金与政府财政资金支持非常必要,但容易使需求方与政府承担巨大的揭榜失败风险。不仅如此,资金筹措主体的单一化倾向还容易形成一种错误导向,即"揭榜挂帅"制度的实施是"政府、需求方与揭榜方之间的事,与他

---

① 浙江省科学技术厅. 2020-07-08. 浙江省科学技术厅关于印发2021年度省重点研发计划项目申报指南的通知[EB/OL]. http://kjt.zj.gov.cn/art/2020/7/8/art_1229225203_1886421.html.
② 广西壮族自治区科学技术厅. 2020-06-23. 广西壮族自治区科学技术厅关于印发广西科技项目揭榜制工作实施办法(试行)的通知[EB/OL]. http://kjt.gxzf.gov.cn/xxgk/zfxxgk/zfxxgkml/tzgg_84687/bbmwj/t5671660.shtml.
③ 陕西省科学技术厅. 2021-03-11. 陕西省科学技术厅关于印发《实施科技项目"揭榜挂帅"工作指引》的通知[EB/OL]. https://kjt.shaanxi.gov.cn/zcwj/qtzc/219543.html.

者无关",不利于吸引社会其他主体的投资,也不能引起各社会主体对创新重要性的认识。因此,为了实现风险共担、促进全社会支持创新,引导金融资本、社会资本等多渠道投入非常必要。

一般说来,金融资本与社会资本适用于可商业化的、市场导向的科技成果领域及本身是成果转化类的"揭榜挂帅"项目。丰厚的物质收益可以激发市场主体的投资意愿,吸引资金的多渠道投入,因此金融资本与社会资本一般适合于可商业化的技术领域。此外,还需要给予投资者一定的其他收益,如一些税收优惠、优先申请国家项目的机会、公开的荣誉表彰、后期拥有项目成果的优先使用权等,尤其是对于一些规模较小、成立时间较晚、相对不那么"有名"的投资方来说,一些曝光度、公开表彰非常重要。此外,为了消除投资方对于风险的疑虑,还需要制订风险应对方案,拟定利益补偿机制,产生更多激励效果。

就目前各地方政府提出的资助方式来看,对揭榜者一般分成三个阶段资助,即项目开始时、项目进行过程中及项目结束验收时。例如,深圳市在《关于以"悬赏制"方式组织开展"新型冠状病毒感染的肺炎疫情应急防治"应急科研攻关项目的工作方案》中规定了"赛马式"资助方式:项目立项后,先给予每个牵头单位资助金额20%(最高不超过500万元)的首笔经费;中期考核合格的,给予第二笔资助经费;项目验收前,达到付款条件的,给予剩余经费支持,未达到条件的,按项目中止规定处理[①]。因此,考虑在哪个阶段引入金融与社会资本非常重要,因为项目类型不一、规模不同、性质不同,投资者对在哪个阶段进行投资的意愿也不同。例如,对于风险非常高的项目来说,投资者可能更倾向于在中期甚至项目结束验收时进行投资。基于此,政府可以委托第三方机构对投资者意愿进行调查,从而更好地吸引社会与金融资本进入。

需要注意的是,在引入金融资本与社会资本时,一定要确定好出资比例,以防止后续可能出现的知识产权纠纷问题,为产权确权提供一定的标准。对于一些政府委托的、涉密的项目,可能不适合引入金融资本与社会资本,因此,根据项目的内容确定好金融、社会资本的参与边界非常重要。

揭榜方作为"揭榜挂帅"项目的主体之一,承担着进行科研攻关、成果转化的重任,其重要性不言而喻。通过上述分析,希望可以帮助需求方找到最优秀的项目承接者,并根据项目的实际情况,确定一种最为有效的揭榜形式,提高揭榜的效率与质量,在此基础上激发揭榜者的参与意愿与创新热情。同时,还要优化"揭榜挂帅"制度的资金筹措渠道,缓解资金压力,为"揭榜挂帅"制度的实施提供动力。

---

① 深圳市科技创新委员会. 2020-02-12. 关于以"悬赏制"方式组织开展"新型冠状病毒感染的肺炎疫情应急防治"应急科研攻关项目的工作方案[EB/OL]. http://stic.sz.gov.cn/xxgk/zcfg/szkjcxzcfg/content/post_6759087.html.

第八章 "揭榜挂帅"制度的评榜与奖榜

"揭榜挂帅"制度实施过程中,为保证揭榜项目科研成果的质量,涉及项目管理与监督。有效的管理与监督,能够节约制度实施过程中的各种交易成本,促进揭榜项目的完成效率和科研成果的转化。因此,"揭榜挂帅"政府主管部门应该重视揭榜项目进行过程中的管理与监督工作,建立管理与监督的相关制度。另外,揭榜项目的成果评比与奖励对调动揭榜方积极性、激发揭榜方的荣誉感和竞争意识、促进社会科学技术的进步、改善人民生活质量起到重要的作用。评比与奖励涉及如何评、怎么评、谁来评、奖什么等一系列问题,只有公平合理地评比,边际效用最大化的奖励才能激励揭榜方努力攻克技术难关。

第一节 项目管理与监督

揭榜项目在完成揭榜后,需要对项目实施管理与监督,保证揭榜目标得以实现。项目管理与监督分为三个部分,分别为过程管理、资金管理和监督管理(表8-1)。

表8-1 "揭榜挂帅"项目管理与监督内容

管理类型	具体机制	主要内容
过程管理	"周报月访"联系机制	定时联系揭榜方,了解揭榜项目攻关情况,并提供相应政策支持
	"一对一"服务机制	政府部门人员入驻揭榜方单位,为揭榜方提供揭榜攻关全过程的"一对一"服务
资金管理	"赛马式"资助	阶段式择优资助,以阶段目标完成情况作为资金拨付条件,在揭榜过程中不断筛选出最满意的榜单解决方案
	"里程碑式"资助	阶段式资助,以阶段目标考核合格作为资金拨付条件
	事后资助	揭榜项目完成并验收通过后一次性拨付资金

续表

管理类型	具体机制	主要内容
资金管理	揭榜奖励制	在规定的揭榜期限内，对于第一个完成揭榜攻关的揭榜者给予奖励性资金
	经费包干制	在总经费资助范围内，允许揭榜方自主支配使用经费，不设开支科目比例要求
	统一采购	按照"集中采购、统一结算"的原则采购物资并分发给揭榜方
监督管理	专项督察通报机制	明确揭榜项目分管领导和项目负责人，定期开展督查活动，通报揭榜过程中的失范行为
	风险和利益补偿机制	按照揭榜项目类型和失败阶段，对揭榜项目失败进行分类补偿，对技术攻关失败项目优先选择政府资金直接补偿；对成果转化失败项目优先选择税收优惠补偿
	容错纠错机制	在可控范围内允许揭榜方科学探索，设立容错正面和负面清单，明确项目实施过程中可以免责和必须追究责任的行为
	民意表达反馈监督机制	民众可通过政府网站、政务微博、政府微信公众号等渠道对揭榜过程提出民意诉求，并由"揭榜挂帅"主管部门组织专家论证后做出裁决

一、过程管理

"揭榜挂帅"制度广义的过程管理涵盖科研项目的寻榜、定榜、发榜、揭榜、评榜与奖榜的全过程，而狭义的过程管理一般主要指揭榜项目实施过程中的中期日常管理。本部分采用狭义的过程管理，主要从两个机制进行论述。

（一）建立"周报月访"联系机制

"揭榜挂帅"分管部门（一般为"揭榜挂帅"主管部门的下一层级政府部门）每周需向"揭榜挂帅"主管部门报送项目揭榜情况。周报的受众是需求方，目的是让需求方能够及时了解揭榜项目实施情况及项目负责人的行动表现。周报编制突出体现简明性和综合性的特点。周报包括的内容有项目目标的完成情况、资金用途、组织安排、人员活动、重点事件等。"揭榜挂帅"主管部门每月深入走访揭榜方的工作单位，要求做到摸清情况和听取意见。分管部门需了解揭榜项目实施中存在的问题、难点，积极帮助筹谋划策，及时协调解决存在的困难和问题[①]；听取揭榜单位科研人员对"揭榜挂帅"制度实施工作的意见和建议，从而完善"揭榜挂帅"制度的顶层设计。

---

① 绍兴市科学技术局. 2020-06-09. 关于印发《绍兴市重点项目攻关"揭榜挂帅"实施方案》的通知[EB/OL]. http://kjj.sx.gov.cn/art/2020/6/15/art_1229333258_3270952.html.

（二）建立"一对一"服务机制

"揭榜挂帅"主管部门抽调多名工作人员进驻揭榜方工作单位，在常态化需求摸排、人才与企业对接洽谈、后续政策兑现等全流程中提供"一对一"服务。建立"揭榜挂帅"制度的项目服务员制度，畅通揭榜方与政府的沟通渠道，改变揭榜方与政府信息不对称的现状，为揭榜方提供"保姆式"服务。"揭榜挂帅"项目服务员的任务是全面了解揭榜项目进展情况，及时收集报送揭榜方面临的困难和发展需求，有效协助解决揭榜方存在的难点、痛点、堵点问题；及时对接传达需求方调整关于技术、安全、环保等方面的要求，强化揭榜方主体责任，增强揭榜方科研诚信、科技伦理、项目保密等道德法律意识[①]。

二、资金管理

针对不同的"揭榜挂帅"项目，采用灵活的资金管理方式，可实现资金的高效利用。系统梳理当前各省区市"揭榜挂帅"制度政策文件中出现的资金管理方式，可总结归纳为："赛马式"资助、"里程碑式"资助、事后资助、揭榜奖励制、经费包干制[②]和统一采购（邹轶君和郝加全，2020）。这六种资金管理方式的不同点如表8-2所示。

表8-2 "揭榜挂帅"项目的六种资金管理方式

资金管理方式	适用范围	适用对象	揭榜方数量	考核方式	获奖者/奖励方式	管理特点	实施周期
"赛马式"资助	风险性大、难度大、学科交叉性强项目	不限	2~3个	阶段性考核和综合性考核	达到项目目标，根据综合评价按比例分配奖励	项目承担者获得第一笔经费开展研究，项目中期考核通过给予第二笔经费，综合性考核通过给予剩余经费	≤3年

---

① 中共越城区委、越城区人民政府. 2020-07-20. 关于深入开展"三驻三服务"工作建立相关工作机制的通知[EB/OL]. http://www.sxyc.gov.cn/art/2020/7/20/art_1229445155_1719709.html.

② 深圳市科技创新委员会. 2020-02-12. 关于以"悬赏制"方式组织开展"新型冠状病毒感染的肺炎疫情应急防治"应急科研攻关项目的工作方案[EB/OL]. http://stic.sz.gov.cn/xxgk/zcfg/szkjcxzcfg/content/post_6759087.html；上海市科学技术委员会. 2020-02-18. 关于强化科技应急响应机制实现科技支撑疫情防控的通知[EB/OL]. http://stcsm.sh.gov.cn/zwgk/tzgs/zhtz/20200218/0016-163398.html.

续表

资金管理方式	适用范围	适用对象	揭榜方数量	考核方式	获奖者/奖励方式	管理特点	实施周期
"里程碑式"资助	一般项目	不限	1个	阶段性考核和综合性考核	达到项目目标者	经费分三次拨付给项目承担者，第一笔经费用于资助项目开始研究，项目中期考核通过给予第二笔经费，综合性考核通过后才能获得第三笔经费	≤3年
事后资助	一般项目	自筹资金充裕的揭榜方	1个	综合性考核	达到项目目标者	综合性考核通过后一次性拨付经费	≤3年
揭榜奖励制	应急项目	不限	不限	综合性考核	第一个实现项目目标者	综合性考核通过后一次性拨付经费	灵活时间设定
经费包干制	不限	不限	不限	综合性考核	达到项目目标者	不设开支科目比例要求，允许项目承担者自主使用	≤3年
统一采购	不限	不限	不限	无考核	无获奖者	对榜单内事项实行部分费用的直接集中管理	无时间规定

（一）"赛马式"资助

"赛马式"资助的本质是择优资助。在同一项目有多个揭榜方平行研究的情形下，在攻关前先给予每位揭榜方一定的事前资助经费。这种资助方式主要是适用于风险性大、难度大、学科交叉性强的重点攻关项目，对多个揭榜方实施阶段性资助，既可以规避项目研发失败的风险，也可以减少科研经费的浪费（任晓刚等，2020）。揭榜合同中明确阶段性和综合性的考核目标、考核时间等事项。项目中期对考核目标进行考核，从而决定是否继续资助。最后的综合性考核，若多个揭榜方都通过验收，则可根据项目成果评分高低按比例分配剩余经费。

（二）"里程碑式"资助

"里程碑式"资助不同于"赛马式"资助，针对揭榜项目，经榜单论证和专家论证环节后仅有一个揭榜方获得资格。"里程碑式"资助项目设置"里程碑"阶段性考核目标。揭榜方在项目初期可获得一定额度的经费作为初始研发资金。根据项目进展，"揭榜挂帅"主管部门组织专家进行阶段性考核，考核通过，可给予下一阶段的经费资助；若考核不通过，可申请延期考核，延期考核仍未通过，则终止项目。揭榜方只有达到揭榜合同要求，才能获得剩余经费支持。

（三）事后资助

事后资助只有一个揭榜方，但与"里程碑式"资助的不同点在于，事后资助的揭榜方自筹资金充裕。这种资助方式的特点是"事前揭榜、事后资助"。揭榜方利用金融资本、社会资本等多方面渠道自筹资金开展研究。项目完成后，向"揭榜挂帅"主管部门申请验收，验收通过后可获得一次性拨付经费支持。揭榜方可根据自身资金的实际情况，自主选择"里程碑式"资助或事后资助。

（四）揭榜奖励制

揭榜奖励制的资金管理方式适用于应急攻关类项目。"揭榜挂帅"主管部门张贴应急技术需求榜单，面向全球招募揭榜者，有意向的揭榜者直接向政府备案，无须经过专家论证是否具备揭榜资格。政府可灵活设置技术攻关的时间，在规定时间内，第一个达到榜单技术要求的揭榜者可获得最终奖励。2020年新型冠状病毒肺炎疫情期间，深圳和上海曾采用揭榜奖励制促进新型冠状病毒肺炎疫情应急防治的科研攻关。

（五）经费包干制

对应急攻关揭榜项目的经费可实施总额包干，即对经费用途、经费使用和项目实施包干，在总经费资助范围内，不设开支科目比例要求，允许揭榜方自主支配使用。揭榜方与需求方签订揭榜合同和有关诚信承诺书，承诺恪守职业规范和科学道德，全部经费只用于与项目有关的支出。项目完成后，揭榜方需将资金实际使用情况报编制项目经费决算报告，并交由"揭榜挂帅"主管部门和需求方审核（夏友全，2020）。审核通过后，若有资金结余，揭榜方可自主分配剩余资金。

（六）统一采购

这是一种辅助形式的资金管理方式，即需求方或"揭榜挂帅"主管部门直接对榜单内事项实行部分费用的直接集中管理（邹轶君和郝加全，2020）。建立"揭榜挂帅"制度集中采购总目录，根据项目不同类型、内容，建立每个"揭榜挂帅"项目集中采购的定制目录，确定揭榜的采购需求、选择采购方式、确定供应商。按照"集中采购、统一结算"的原则采购物资并分发给揭榜方。揭榜方、需求方和"揭榜挂帅"主管部门签订揭榜合同时，必须明确甲方和乙方在采购方面的权利与义务，减少双方矛盾纠纷，提高资金的使用效率。

三、监督管理

"揭榜挂帅"制度能否实施成功，将直接影响到国家和地区科技目标的实现，对社会经济发展产生重要影响。因此，"揭榜挂帅"主管部门必须树立科技投入的风险意识，适时对揭榜项目进行监督管理，及时发现和纠正各种偏离科技目标的行为，保证预定目标得以实现。

（一）建立专项督查通报机制

对"揭榜挂帅"制度重点项目工作，各部门各单位必须高度重视，明确分管领导和项目负责人，加强经常性的联系服务，特别是要确保政策兑现及时到位[①]。"揭榜挂帅"主管部门将每月定时或不定时地开展督查活动。"揭榜挂帅"制度中督查的形式主要包括：随机督查、媒体协同督查、"杀回马枪"巡回督查等[②]。督查的主要内容包括：项目的实施进度、需求方和揭榜方对项目协调确定事项的落实情况、项目负责人履行职责情况、揭榜方履行义务情况等。每次督查完成后进行整理汇总报"揭榜挂帅"主管部门审阅，对联系不紧密、服务不到位、政策兑现不及时、虚报项目进度、项目进展缓慢甚至是长期停滞不前等情况通报给各级各有关部门。

（二）建立风险和利益补偿机制

为防范科技创新项目的高风险性和不确定性，积极稳妥推进项目实施，防患于未然，"揭榜挂帅"主管部门按照揭榜项目类型和失败阶段，对揭榜项目失败方进行分类补偿。凡是参与"揭榜挂帅"项目的企业、高校、科研机构，在揭榜失败后，为弥补参与者的项目前期成本，政府可通过补贴、科研项目支持等方式进行补偿。揭榜项目研发或成果转化失败，未能完成预期目标，揭榜方可向"揭榜挂帅"主管部门提出项目失败补偿申请，政府邀请相应的项目损失评估机构对揭

---

① 绍兴市科学技术局.2020-06-09.关于印发《绍兴市重点项目攻关"揭榜挂帅"实施方案》的通知[EB/OL].http://kjj.sx.gov.cn/art/2020/6/15/art_1229333258_3270952.html.

② 南昌市行政审批局.2020-01-04.南昌市人民政府办公厅关于印发全市重大重点项目调度督查机制的通知[EB/OL].http://xzspj.nc.gov.cn/ncspj/zcfg/202001/7ef90a687ee94389ade7127cc0dfb519.shtml.

榜方损失价值进行判断，根据评估结果，为揭榜方提供资金、税收优惠或其他政策等补偿（王朋举，2015）。对技术攻关失败项目优先选择政府资金直接补偿；对成果转化失败项目优先选择税收优惠补偿（王朋举，2016）。

（三）建立容错纠错机制

科技创新是一种科学探索，探索的不确定性意味着科研失败和成功都有可能发生。事实上，由于事物之间内在的复杂性和相关性，科学研究者常常面临较大的失败风险。"揭榜挂帅"容错纠错机制的本质是在可控范围内允许揭榜方科学探索的试错免责制度（刘鑫，2020）。"揭榜挂帅"主管部门科学制定容错制度规范，确定容错标准，根据容错标准加快界定"揭榜挂帅"项目容错范围，设立容错正面和负面清单，明确项目实施过程中可以免责和必须追究责任的行为（南宁市青秀区人民法院课题组和林中材，2019）。建立科学、规范的纠错免责办理程序，包括提出申请、调查核实、组织决定等步骤。免责结果经认定后，启动纠错程序，督促揭榜方整顿改进，做到早发现、早纠正、早杜绝[1]。

（四）建立民意表达反馈监督机制

"揭榜挂帅"主管部门拓宽揭榜项目的民意表达反馈渠道，利用互联网即时性和开放性的特点，加强政府与民众的双向互动，充分听取民众意见。民众作为最广泛的监督主体，在弥补政府对揭榜方监督不足的同时，实现有效监管揭榜方进行规范性科研。针对某些引起社会强烈反对的科技项目，如环境污染、生态破坏、人类生命健康威胁等，民众可通过政府网站、政务微博、政府微信公众号等渠道提出民意诉求，"揭榜挂帅"主管部门受理后组织专家进行考核，做出对揭榜方进行警告、揭榜项目终止、揭榜项目继续实施等决定。

第二节 揭榜成果的验收与考核

公平公正、规范严谨、廉洁高效的"揭榜挂帅"考核制度，能规范、约束揭

---

[1] 舟山市科学技术局. 2019-08-21. 舟山市科学技术局关于印发《营造鼓励科技创新宽容失败氛围建立容错纠错尽职免责机制的实施意见（试行）》的通知[EB/OL]. http://zskjj.zhoushan.gov.cn/art/2019/9/12/art_1229325103_1448051.html.

榜方行为，提高揭榜科研成果的质量、推动科学技术发展和科研成果转化，实现国家和地区社会经济的发展。揭榜成果的考核主要涵盖考核原则、考核标准、考核方式、考核主体四个方面的内容（图 8-1）。

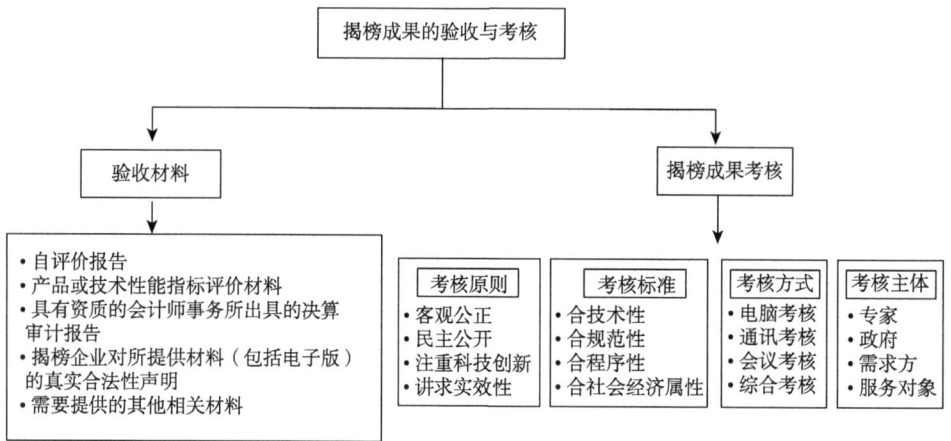

图 8-1 揭榜成果的验收与考核主要内容

一、验收材料

揭榜方完成年度建设任务后，可向"揭榜挂帅"主管部门申请验收。通常的要求是揭榜企业需在项目到期后 1 个月内完成验收准备，提交验收申请和书面验收材料。验收材料主要包括：①自评价报告，主要包括项目概况、实施情况、技术和工艺、任务目标和绩效目标完成情况、成果应用及其经济社会效益、资金使用和管理情况、存在问题及建议等；②产品或技术性能指标评价材料，包括具备资质的第三方专业检测机构出具的成果测试报告或检测报告、销售合同、发票等相关证明材料；③具有资质的会计师事务所出具的决算审计报告；④揭榜企业对所提供材料（包括电子版）的真实合法性声明；⑤需要提供的其他相关材料[①]。

收到揭榜方的验收材料，"揭榜挂帅"主管部门应组织开展项目考核前的审查工作，根据《国家重点研发计划项目综合绩效评价工作规范（试行）》的相关要求，审查工作可委托第三方评估机构开展。评估机构应具备省区市相关科技计划项目和课题的资金审核工作经验，熟悉科技计划和资金管理政策，建立了相关领域的科技专家队伍，拥有专业的人才队伍等。审查的内容包括：①资料的完整性、合

---

① 宁夏回族自治区工业和信息化厅办公室. 2020-01-02. 自治区工业和信息化厅财政厅关于印发《宁夏回族自治区产业创新重点任务揭榜项目及资金管理暂行办法》的通知[EB/OL]. https://gxt.nx.gov.cn/info/1050/7659.htm.

规性；②审计报告反映的问题是否准确、客观、全面，并填写《审计报告质量评价表》；③对资金管理存在的问题组织进行整改，要求项目牵头单位组织各课题承担单位于15个工作日内提交整改材料，如未按时提交整改材料，且无正当理由的，按相关支出不合理认定；④对整改后各课题专项资金的收支及结余情况进行调整并出具审查意见。

此外，"揭榜挂帅"主管部门还需规定审查工作应在收到揭榜方的验收材料后多少个工作日内完成。同时还需注意，受理验收申请时，项目管理机构根据项目实际情况，研究确定是否需要进行现场查定。例如，《广西科技计划项目结题管理办法（试行）》中规定：科技示范和产业化项目原则上应当在试验示范、产业化现场进行验收，或由验收组织机构委派技术专家现场考察或查定，核实试验示范、产业化情况后，再组织会议验收；现场考察也可以委托属地科技部门进行；在国外实施的项目，可委托中国驻外同行专家，或由所在国专家（地区）进行现场考察或查定[①]。

二、考核原则

揭榜科研成果的考核原则是客观公正、民主公开、注重科技创新和讲求实效性。考核原则是对"揭榜挂帅"主办方和考核主体提出的必须遵循的基本要求。

一是客观公正原则。客观公正是揭榜科研成果考核中必须遵循的根本原则。客观公正是指必须以事实为依据，减少个人的主观臆断，做出公平合理科学的评价。做到客观公正，可从三方面出发：一是选拔素质优秀的人才作为考核主体，个体素质包括思想、知识水平、能力、年龄、心理五大方面；二是优化考核组织的素质结构，在专业、能力、智能、年龄和性格气质结构上进行合理搭配；三是建立严格的考核制度，用制度减少考核主体因主观情感判断而带来的误差。

二是民主公开原则。所谓民主，是指揭榜方提出验收申请后，"揭榜挂帅"主管部门组织人员对"揭榜挂帅"项目进行考核，考核组织应包括专家、政府、需求方和服务对象等考核主体。不同的考核主体代表不同的价值取向和工作导向，多元考核主体可以保证考核结果的客观公正。所谓公开，表现为"揭榜挂帅"项目考核过程中的高度透明和公开，即考核过程中将考核项目、考核标准、考核方

---

① 广西壮族自治区科学技术厅. 2017-01-10. 广西科技计划项目结题管理办法（试行）[EB/OL]. http://kjt.gxzf.gov.cn/zwfw/bsxx/xmglbf/t3205423.shtml.

式、考核主体等事关考核的重要事项公之于众，不搞暗箱操作，避免人情关系和利益捆绑，实现整个考核过程"阳光操作"。

三是注重科技创新原则。"揭榜挂帅"制度注重技术创新，技术创新主要有两种方式，一种是科技导向的创新（science and technology based innovation，STI），源于知识创新，基于对基础学科的研究；另一种是以市场为导向的创新（doing and using innovation，DUI），这种方式的创新是当前拉动社会经济发展的主要政策手段（黄元元和李敏，2017）。"揭榜挂帅"制度的技术攻关类项目和成果转化类项目追求兼顾科技导向和市场导向的创新，运用市场化的运作机制促使科研成果迈出"实验室"，走向"市场"。因此，揭榜科研成果考核需注重对知识创新、技术创新和技术转移方面的评估，从而更好实现"卡脖子"关键核心技术的突破，提高科研资源的高效配置和财政资金的使用效率，减少资源浪费。

四是讲求实效性原则。实效性，即效率、效果。不同类型"揭榜挂帅"项目因资金资助方式的不同对实效性的要求也不尽相同。揭榜奖励制的资助方式实效性原则要求揭榜方以尽可能短的时间保质保量地完成揭榜项目目标，第一个达到榜单要求的揭榜者可获得奖励。其他的资金资助方式，实效性原则要求在规定时间达到项目目标，若存在多个揭榜方同时达到榜单要求，根据绩效的综合评价按比例分配奖励。揭榜方在规定期限内出现未经核准擅自调整项目考核内容、考核不过关、项目到期后不申请验收、无法完成目标的情况，停止后续资助金额下拨，甚至收回前期已拨付的资金[①]。

三、考核标准

"揭榜挂帅"主管部门组织人员对揭榜科研成果实施考核，考核的标准包括合技术性、合规范性、合程序性、合社会经济属性。只有考核标准明确，揭榜方在项目实施时才有清晰的努力方向，实现榜单技术要求。

一是合技术性。技术性考核可以从关键技术、产品性能参数等方面进行考核。关键技术分为三类，分别为产业短缺技术、替代进口技术和"卡脖子"技术。产品性能参数包括口径、厚度、抗压性、寿命等。例如，2019年山西省开展农村用煤清洁取暖揭榜攻关技术的发榜，为农村解决用煤清洁取暖问题，对项目的技术要求是：研发可推广、可产业化的民用煤生产技术及工艺；

---

① 宁夏回族自治区工业和信息化厅办公室.2020-01-02.自治区工业和信息化厅财政厅关于印发《宁夏回族自治区产业创新重点任务揭榜项目及资金管理暂行办法》的通知[EB/OL].https://gxt.nx.gov.cn/info/1050/7659.htm.

设计与民用煤适配、符合排放标准的清洁采暖炉具；构建农户民用煤采暖示范工程评估体系及模型；形成可复制、可推广的适合农村（农户）的民用煤燃烧取暖先进技术集成，炉具产品符合GB16154-2005《民用水暖煤炉通用技术条件》标准，炉具适用清洁煤应符合GB34170-2017《商品煤质量民用型煤标准》[①]。

二是合规范性。"揭榜挂帅"项目规范性考核涉及科研诚信、项目保密性、揭榜合同、科技伦理等方面。根据目前实施的"揭榜挂帅"政策，将规范性考核内容归纳为：项目揭榜方要求申报和验收的材料内容真实和完整，不存在违背科研诚信要求的行为；严格遵守《中华人民共和国保守国家秘密法》和《科学技术保密规定》等相关法律法规；在签订揭榜合同时明确双方的知识产权及所拥有的所有权或使用权，避免知识产权权属纠纷；项目实施过程中凡涉及人体被试和人类遗传资源、实验动物的科学研究，须严格执行《涉及人的生物医学研究伦理审查办法》《中华人民共和国人类遗传资源管理条例》等相关规定[②]。

三是合程序性。对"揭榜挂帅"项目的程序性考核涉及发榜、揭榜、评榜的过程，揭榜方在参与揭榜、评审和实施活动的全过程中，愿意提供有关项目的技术路线、技术解决方案等；同意相关部门和项目管理机构委托专家进行评审、答辩、现场考察；揭榜成功后，及时准确汇报项目进展，主动配合相关部门和项目管理机构开展项目管理、阶段性评估、绩效评价、审计检查和结题验收等工作；严格项目经费管理，保证资金独立核算、专款专用；严格执行重大情况报告制度，项目重大事项变更及时报告或报备；遵守有关规定和工作纪律[③]。

四是合社会经济属性。"揭榜挂帅"项目无论是技术导向的科技创新，还是市场导向的科技创新，进行项目成果考核时都需要注重考察科研成果运用后满足服务对象要求、实现社会效益和经济效益。服务对象对科研成果的要求包括经济低成本、简便易操作、符合生活习惯、好用耐用、安全性高等。社会效益包括合理利用资源、节约能源、环境保护、生态效益、新增就业、提供社会发展服务、培养人才等。经济效益则主要体现为技术市场分析、新增产值、新增利税、带动产值、创收外汇、节约资金等[④]。

---

① 山西省科学技术厅. 2019-11-26. 关于开展农村（农户）用煤清洁取暖技术揭榜的公告[EB/OL]. http://kjt.shanxi.gov.cn/sfc/49324.jhtml.

② 浙江省科学技术厅. 2020-07-08. 浙江省科学技术厅关于印发2021年度省重点研发计划项目申报指南的通知[EB/OL]. http://kjt.zj.gov.cn/art/2020/7/8/art_1229225203_1886421.html.

③ 山东省科学技术厅 2020 年制申报单位承诺书。

④ 山西省科学技术厅. 2020-03-27. 山西省科学技术厅关于2020年度山西省科技计划揭榜招标项目张榜的通知[EB/OL]. http://kjt.shanxi.gov.cn/zxbgs/49668.jhtml.

四、考核方式

"揭榜挂帅"制度可采用电脑考核、通讯考核、会议考核、综合形式考核的方式对项目成果进行考核。不同的考核方式适用于不同的情况,所花费的时间和行政成本也不同。根据项目的不同类别,采取合理的考核方式,有利于提高考核结果的公正性和考核过程的有效性。

一是电脑考核。电脑考核适用于目标单一、规则简单明确、标准客观、可量化的项目评估。对于此类项目可通过在电脑上设计一套评分系统,揭榜方在线提交揭榜项目成果,电脑根据可量化的标准进行评分,最后通过电脑算法给出考核结果。例如,美国的 Netflix 公司在 2006 年公开征集电影推荐系统的最佳电脑算法,第一个能把现有推荐系统的准确率提高 10%的参赛者将获得 100 万美元的奖金。Netflix 公司所设立的"数据挖掘奖"目标清晰,评判标准是单一的。参赛者在线提交他们的解决方案,评审结果可以即时展示在自动排行榜上。

二是通讯考核。通讯考核是一种函审(或网评),主要是利用现代通信技术和信息管理系统,在后台数据系统的专家库中随机抽取专家,以及在系统上添加政府、需求方和服务对象等考核主体。以电子函的形式邀请考核人员,并明确告知考核的原则、标准、评分、系统操作流程等事项,考核人员在明确规则和程序后在规定期限内自行在系统上对揭榜项目进行打分(宋宇和冯煜,2016)。通讯考核作为一种"盲审"形式,考核人之间背对背评审,可避免门户之见和顺水人情的情况(王瑞,2012),不仅能提高项目评审的公正性和科学性、考核人员的自由度、项目评审质量,而且还节约了人力、物力、财力资源(宋宇和冯煜,2016)。

三是会议考核。会议考核是指安排好必要的会前事宜准备工作,规定时间和地点,考核组织通过听取项目执行情况介绍、观察视频或 PPT 文案演示、质询答辩等程序,根据需要进行现场查定[①]。针对项目的科学价值、创新性、社会经济效益、技术性、应用性、产业化、安全环保等方面做出独立判断和评价,提出意见,给出最终考核结果(张国俊等,2020)。会议考核中考核人员之间在评分前可进行一定的交流沟通,确定一致的打分尺度和评判标准,避免出现评分离散度大的情况。

---

① 广西壮族自治区科学技术厅. 2017-01-10. 广西科技计划项目结题管理办法(试行)[EB/OL]. http://kjt.gxzf.gov.cn/zwfw/bsxx/xmglbf/t3205423.shtml.

此外，还可以采用上述三种方式的综合形式。目前，大多数项目采用"通讯考核+会议考核"的形式。例如，在《广西科技计划项目评审改革实施方案》中明确规定：杰出青年基金和创新团队项目采用网络评审与会议评审相结合的方式；江苏省印发《关于组织实施全省工业互联网解决方案应用推广工作的通知》，对揭榜项目的考核也是采取线上材料评审与线下现场答辩结合的方式。

最后，项目考核应实行全过程痕迹管理。推行视频评审、电话录音、考核结果反馈等措施，评审意见及考核结果等信息在电脑系统中如实记录保存，实现项目申报、揭榜和成果验收考核全过程可申诉、可查询、可追溯[1]。

五、考核主体

"揭榜挂帅"项目的考核主体主要包括专家、政府、需求方和服务对象。

一是专家作为考核主体。"揭榜挂帅"项目的考核专家主要由国内（含港澳）外具有高尚道德情操、精深学术造诣、热心科技奖励事业（徐顽强和熊小刚，2011）的高层次人才构成，主要包括技术专家、法律专家、管理专家、财务专家、经济专家等。专家考核的依据是揭榜合同，因此，专家的评估内容包括技术标准、资金配置与使用、组织管理、成果产出、知识产权、目标完成情况等方面。为保证考核专家的专业性，"揭榜挂帅"项目的考核专家可从国家或省区市科技项目评审专家库中进行遴选。"揭榜挂帅"主管部门和考核专家在组织和考核过程中必须遵循有关管理制度的规定，通过政府官方网站等各种渠道向全社会公开可以公开的信息，主动接受全社会监督[2]。

二是政府作为考核主体。一般来说，"揭榜挂帅"制度中政府考核是科技主管部门的职责。政府部门考核的主要内容是揭榜方行为是否符合规范，也就是揭榜方在科研诚信、项目保密性、揭榜合同、科技伦理等方面的遵守情况。政府、需求方和揭榜方在签订揭榜合同的同时，项目技术负责人、课题负责人及揭榜方也需签订揭榜项目诚信承诺书。诚信承诺书中明确相关的承诺、规定、纪律、禁止行为等内容。对揭榜方违反诚信承诺书的行为，视情节严重程度，"揭榜挂帅"主管部门采取相应措施进行惩罚，如停拨或核减经费、追回项目经费、取消一定期限科技计划项目申报资格、记入科研诚信严重失信行为数据

---

[1] 中华人民共和国中央人民政府. 2018-07-03. 中共中央办公厅国务院办公厅印发《关于深化项目评审、人才评价、机构评估改革的意见》[EB/OL]. http://www.gov.cn/zhengce/2018-07/03/content_5303251.htm.

[2] 深圳市委员会. 2018-06-09. 深圳市人民政府关于印发重大科技计划项目评审办法（试行）的通知[EB/OL]. https://www.mjsz.org.cn/news/735.html.

库等①。

三是需求方作为考核主体。"揭榜挂帅"制度中，需求方包括四类，分别为政府、企业、科研机构和高校。揭榜方和需求方是委托代理关系，在利益的驱动下，需求方有强烈的动机对揭榜方的项目实施进行监督，对最后的项目成果进行考核，换言之，需求方对项目成果具有一票否决权。因此，需求方是不可或缺的考核主体。需求方考核的出发点是利益导向或公益导向，政府的最终目的是实现社会公共利益，提高社会福利；企业的最终目的是实现经济利益最大化，抢占市场，赢得顾客；科研机构和高校在评估科技成果转化时兼顾公益性和市场化目的。值得注意的是，当政府作为需求方时，政府作为考核主体既要对揭榜方的合规范性进行考核，也要对揭榜合同的履行情况进行考核。

四是服务对象作为考核主体。服务对象与需求方利益相关性最大，与揭榜方利益相关性最小，对项目成果更能做出准确客观的评价。服务对象考核的出发点是满意度，从实用性、安全性、绿色环保、便利性等方面考核。在实践中，服务对象充当"揭榜挂帅"项目的考核主体具有一定的难度，这是由于服务对象这一群体的广泛性，难以选取有代表性的具体对象对揭榜项目进行考核，且囿于揭榜项目技术含量高，一般公众作为考核主体难以给出有实质意义的考核意见。因此，服务对象作为"揭榜挂帅"项目最终验收的考核主体仍需要在未来进一步研究，以及在实践上的进一步探索。

第三节 "揭榜挂帅"制度的政府资助策略

"揭榜挂帅"制度的理念是悬着一根萝卜，让智者们为它而竭尽所能地争夺（曾婧婧，2019）。因此，如何设计科研奖励或支持政策至关重要。在"揭榜挂帅"制度中设置合理的奖励或支持政策，满足项目参与者的物质需求和精神需求，能最大限度发挥参与者的主观能动性，努力寻求解决问题的方案。具体而言，对科技创新的个人、团队、组织可考虑给予如下奖励和支持政策：赏金、荣誉称号、免费宣传推广、人才政策、金融政策、财政政策和其他政策（表8-3）。

---

① 山西省揭榜招标项目诚信承诺书。

表8-3 "揭榜挂帅"制度的政府资助策略

支持政策	主要内容
赏金	"揭榜挂帅"科技奖励金额的设计需考虑现有社会经济水平，参与者所需的资源、奖项收益、获奖难度、参与者自身动机和期望的行为、其他利益相关者等因素。此外，还需考虑赏金的奖励对象，以个人还是项目为直接的奖励对象
荣誉称号	颁发荣誉称号的本质其实是一种科技认定、资质认定。"揭榜挂帅"制度中科技认定可分为四类。 （1）对揭榜项目的科研产品、技术和工艺的认定； （2）对揭榜的科技型企业的认定； （3）对揭榜高校、科研院所和科技型企业等研发机构等级的认定； （4）对揭榜单位科研人员的认定
免费宣传推广	"揭榜挂帅"的宣传机制主要有六个方面。 （1）挑选"揭榜挂帅"科技奖励合适的授奖日期； （2）强化"揭榜挂帅"科技奖励获奖者的荣誉感； （3）拓宽"揭榜挂帅"科技奖励传播渠道； （4）开展"揭榜挂帅"奖项的主题活动； （5）举办"揭榜挂帅"奖项的学术交流会议； （6）策划"揭榜挂帅"奖项成立的周年纪念活动
人才政策	"揭榜挂帅"人才奖励政策可从以下六个方面进行设计。 （1）人才引进政策，出台一系列国家乃至省市人才计划； （2）人才培养政策，提供到发达国家及港澳台地区交流学习的机会，或者是出资支持科研人员在国内外开展考察和调研； （3）人才评价政策，"揭榜挂帅"科研人员依据其品德、能力、业绩、个人技术总结、贡献等，在职称评审时给予适当比例的资格条件替换； （4）人才流动政策，政府为揭榜科研人员提供在高校、科研院所和企业之间双向流动和地区间职业资格互认的特殊政策； （5）人才保障政策，做好揭榜科研人员在住房安家补助、子女入学、社会保险、配偶工作等方面的工作； （6）人才激励政策，政府鼓励"揭榜挂帅"需求方企业建立研发成功奖励机制
金融政策	"揭榜挂帅"制度的配套金融政策可以从基金支持、政策性银行服务、政府担保等方面制定。 （1）在基金支持方面，以政府为主导，联合社会或市场其他主体成立"揭榜挂帅"专项基金； （2）在政策性银行服务方面，由政府牵头成立专门的政策性银行为揭榜方提供融资服务； （3）在政府担保方面，设立政府担保机构或者以政府为主体的联合担保体为揭榜方提供科技担保
财政政策	"揭榜挂帅"制度的配套财政政策可以从项目资助、贷款贴息、税收优惠、政府采购等方面设计。 （1）在项目资助方面，政府财政直接对揭榜项目提供资金支持； （2）在贷款贴息方面，揭榜方向非政策性银行和金融机构进行融资时，由政府替代揭榜方偿还全部或部分的贷款利息； （3）在税收优惠方面，"揭榜挂帅"制度的税收政策可按照地区和国家税收政策"带土移植"制定； （4）在政府采购方面，"揭榜挂帅"制度的政府采购需实现产品采购与技术购买并重
其他政策	"揭榜挂帅"制度中政府提供的政策优惠可依据省区市的实际情况进行设计，政策设计时需考虑创新的阶段、作用对象、支持方式、监督方式等方面

一、赏金

根据激励过程理论,奖励的效果由奖励强度和奖励频率决定,奖励强度越大,越是能产生轰动效应和广告效应(王婷等,2016)。"揭榜挂帅"科技奖励金额的多少,不仅体现国家和地方对科学技术的重视程度,而且反映国家和地区的经济发展水平(蒋景楠和雷纯,2010)。

"揭榜挂帅"主管部门和需求方在设计"揭榜挂帅"科技奖励金额时需考虑现有社会经济水平。地区社会经济和科技发展水平越好,"揭榜挂帅"科技奖励强度越大。2017 年国务院办公厅印发《关于深化科技奖励制度改革的方案》,国家科技奖励制度开启了新一轮重大改革调整。国家最高科技奖奖金额度从 500 万元/人提高到 800 万元/人,这是国家最高科学技术奖自设立近 20 年以来,对奖金额度进行首次调整。然而,"揭榜挂帅"科技奖励金额,并非越多越好,还需仔细考虑参与者所需的资源、奖项收益、获奖难度、参与者自身动机和期望的行为、其他利益相关者等因素。例如,美国国家航空航天局为百年挑战赛设置了相对较低的奖励金额,一个内在原因是百年挑战赛的目标是要寻找"民间发明家",而这种数额较小的奖金则可以避免大企业垄断竞争。与此相反,X 奖基金会在悬赏一种廉价、可大规模推广的结核病诊断药物时,其目标群体是现有的知名药品研发企业。所以他们相应地调整了奖金的规模和结构,奖励包括 5 000 万美元的奖金及帮助其推广药物的承诺(曾婧婧,2019)。

此外,值得思考的问题是,"揭榜挂帅"高额赏金虽然极具激励性,但需要考虑它的奖励对象,以个人还是项目为直接的奖励对象也会对科研人员的激励效果产生重大影响。以项目为奖励对象,可能使为项目做出突出贡献的科研人员只能获得间接性或与贡献不匹配的奖励,对科研人员起不到良好的激励作用(李春景,2012)。因此,"揭榜挂帅"主管部门和需求方在设计"揭榜挂帅"高额赏金的奖励对象时可同时兼顾项目和个人,克服荣誉平均主义,增强科技奖励的激励作用(阮冰琰,2009)。

二、荣誉称号

颁发荣誉称号的本质其实是一种科技认定,亦称资质认定。科技认定是一种行政确认行为(安志和路瑶,2019),属于精神荣誉性奖励。由于执行科技认定的主体是政府相关部门,具有权威性,故科技认定也具备相应的权威性。"揭榜挂帅"

制度中，科技认定的对象既可以是揭榜项目的科研产品、技术和工艺，也可以是揭榜方，包括高校、科研院所、科技型企业和科研人员等。

由此，"揭榜挂帅"制度中科技认定可分为以下四类：①对揭榜项目的科研产品、技术和工艺的认定，包括装备制造业重点领域首台（套）产品认定、创新产品目录、技术创新引导专项"杀手锏"产品认定清单等；②对揭榜的科技型企业的认定，如国家级省级市级的创新型企业、科技小巨人领军企业、"十强"产业集群领军企业、技术领先型企业、科技领军企业、领军培育企业等；③对揭榜的高校、科研院所和科技型企业等研发机构等级的认定，包括国家级省级市级的企业技术中心、院士工作站、工程技术研发中心、工程实验室（工程研究中心）等；④对揭榜的单位科研人员的认定，如四川的"百人计划"、广州的"珠江科技新星计划"和"羊城人才计划"、高层次人才计划等（安志，2019）。

对获奖项目的科研产品、技术和工艺优先入选国家或省市认定名单；对获奖科研人员优先推荐申报各国家级省级市级的人才计划和科研项目；对获奖项目的高校、科研院所和科技型企业优先入选为当年的企业或研发机构认定目录。虽然目前中央及各省区市政府部门针对科技认定对象已制定出台一系列优惠扶持政策，如科技项目扶持、职称评定、税收优惠、贷款免息等。但政府对科技认定对象的"认可"，还可通过新闻网络向社会传递积极的信号，获得社会广泛认可，其精神奖励远大于物质奖励。

三、免费宣传推广

"揭榜挂帅"主管部门成立专门的宣传组，加强对"揭榜挂帅"获奖项目和获奖人员、团队、高校、科研机构、企业的宣传。宣传组由专业人员构成，开展系统的"揭榜挂帅"科技奖励宣传工作，形成奖项品牌化，扩大奖励的社会效应。"揭榜挂帅"科技奖励的宣传机制主要有以下六个方面（王婷等，2016）。

第一，挑选"揭榜挂帅"科技奖励合适的授奖日期，如国庆、元旦、中秋前夕等特别的时间，也可以像我国"双十一"购物狂欢节一样，专门打造"揭榜挂帅"科技日，大力宣传通过眼球效应吸引民众的广泛关注。第二，强化"揭榜挂帅"科技奖励的获奖者荣誉感，"揭榜挂帅"科技奖励的奖项划分为市级、省级和国家级三个级别，每个级别中分别精心设计制作金奖、铜奖、银奖三个等级的奖章，根据获奖项目的质量和获奖者的贡献程度授予不同等级的证书和奖章，为获奖者举办隆重的颁奖典礼，邀请国家领导、国内外学术界权威学者、经济界知名人士、产业界重要组织领袖等人员为获奖者颁奖。第三，拓宽"揭榜挂帅"科技奖励传播渠道，宣传组加强与国内外新闻媒体的合作，积极利用政府网站、网络微博、微信公众号、期刊杂志等媒介对获奖项目和获奖者进行大量的、全方位的宣传，每年印刷介绍获奖者及其主要科学技术成就的出版物，出版获奖项目汇编的系列文献（陈志敏等，2011；徐顽强和熊小刚，2011；任志超等，2020）。第四，开展"揭榜挂帅"奖项的主题活动，通过建设"揭榜挂帅"创新成果展厅、开放获奖项目的科学实验室、举办与奖项获得者对话的座谈等活动，让科学研究者和科技业余爱好者了解各实验室和获奖者在科技创新、科研方法、科研成果等方面取得的成绩。第五，举办"揭榜挂帅"奖项的学术交流会议，宣传组以政府名义委托当地知名高校或科研机构举办宣讲会、研讨会、学术报告等，促进学术交流，获得学术共同体的认同（任志超等，2020）。第六，在"揭榜挂帅"奖项成立逢五周年或逢十周年，策划大型纪念活动，邀请历年获奖者进行学术探讨，赠送印刷"揭榜挂帅"字样或 logo 的水杯、手提包、雨伞、充电宝等纪念品。

四、人才政策

根据《中国人才发展报告》的分类标准，将科技人才政策分为六大类：人才引进、人才培养、人才评价、人才流动、人才保障、人才激励（易江格和黄涛，2019）。因此，在"揭榜挂帅"制度中，科技人才的奖励政策可从以下六个方面进行设计。

一是人才引进政策，针对地域范围外揭榜成功的单位，可实施科技创新人才和团队引进计划，出台一系列国家乃至省区市人才计划。例如，浙江绍兴市"揭榜挂帅"制度的实施方案中，对符合条件的揭榜人才和团队可优先参评绍兴"海内外英才计划"。此外，也可建立"揭榜挂帅"人才引进的"绿色通道"，加快地域范围外人才的引入。

二是人才培养政策，以政府或者是发榜企业的名义，为揭榜成功单位提供到发达国家及港澳台地区交流学习的机会，或者是出资支持科研人员在国内外开展考察和调研，进一步深入对揭榜领域的研究。

三是人才评价政策，对揭榜科研人员，可依据其品德、能力和业绩表现，直接作为职称申报评审时的重要依据；适当放宽学历、资历、继续教育学时等条件，"揭榜挂帅"制度任务实施中的个人技术总结可以替代论文指标；做出重要科研贡献或表现突出的科研人员，在职称评审时给予重点推荐[①]。

四是人才流动政策，政府为揭榜科研人员提供在高校、科研院所和企业之间双向流动和地区间职业资格互认的特殊政策，提高产学研的技术人员兼职取酬的

---

① 上海市科学技术委员会. 2020-02-18. 关于强化科技应急响应机制实现科技支撑疫情防控的通知[EB/OL]. http://stcsm.sh.gov.cn/zwgk/tzgs/zhtz/20200218/0016-163398.html.

五是人才保障政策，地方人才引进和人才流动的实现需要制定相应的配套政策，做好揭榜科研人员在住房安家补助、子女入学、社会保险、配偶工作等方面的工作。浙江绍兴市的规定是，经认定后的揭榜项目负责人可申领高层次人才服务"一卡通"（不受是否评定为市级科技专项或人才项目的限制），凭卡享受医疗保健、文体休闲、交通出行、出入境签证、车驾管理等十方面优惠政策和便捷服务。

六是人才激励政策，政府鼓励"揭榜挂帅"需求方企业建立研发成功奖励机制。对揭榜项目中做出重要贡献的科研人员，企业可以通过新产品销售提成或者股权、期权等形式予以奖励[1]。

五、金融政策

俗话说"巧妇难为无米之炊"，对于自筹资金并不充裕的揭榜方来说，项目科研启动经费从何而来？即使需求方或政府可能会拟给予项目投入总额的20%或30%作为启动经费，但揭榜方也难以应对科研经费入不敷出的窘境。金融的本质是提供资金融通（陆园园，2021）。"揭榜挂帅"制度的配套金融政策可以从基金支持、政策性银行服务、政府担保等方面制定。

在基金支持方面，以政府为主导，联合社会或市场其他主体成立"揭榜挂帅"专项基金。专项基金与专项资金不同，专项基金是投资行为，具有风险性；而专项资金是资助行为，具有补贴性（"创新型国家支持科技创新的财政政策"课题组和丁学东，2007）。专项基金可为揭榜方提供资金支持。浙江省台州市在实施"揭榜挂帅"制度时也制定了相关的金融支持政策，"台州科创基金"将优先支持符合条件的"揭榜挂帅"项目。

在政策性银行服务方面，由政府牵头成立专门的政策性银行为揭榜方提供融资服务。科技政策性银行资金主要来源于政府，但按照商业银行的模式运作。与商业银行不同的是，科技政策性银行不以营利为目的（李海申和苗绘，2013）。美国科技金融的典型代表——硅谷银行，其在建立创投基金合作体系、为科技企业提供分级服务、应用多种专业方式进行风险控制、各类融资方式的有机组合四个方面为科技创新企业提供支持（罗文波和陶媛婷，2020）。我国尚未成立专门的科技性银行，硅谷银行的发展经验值得我国参考借鉴（陈宾，2017）。

---

[1] 广东省人民政府. 2019-12-18. 广东省促进科技成果转化条例[EB/OL]. http://www.gd.gov.cn/zwgk/wjk/zcfgk/content/ post_2722516.html.

在政府担保方面，设立政府担保机构或者以政府为主体的联合担保体为揭榜方提供科技担保。商业性担保的特点是担保费用高，这不仅增加揭榜方的融资成本，而且加重了揭榜方负担（李海申等，2016）。杭州"天使担保"是我国首个政府担保模式，此外，杭州市还推出"联合天使担保"（钱野等，2012），即建立政府、银行及担保机构之间的有机结合体。杭州市高科技担保公司是由杭州市科技委注册成立的，资金来源于杭州市政府专门设立的创投基金。杭州市政府、担保机构及银行按照4∶4∶2的风险承担比例设立联合基金，从而解决科技型中小企业融资困难的问题（罗文波和陶媛婷，2020）。

六、财政政策

目前，我国许多中小科技型企业由于规模小等原因，在融资过程中容易被排除在市场之外，即出现市场失灵。创新领域中存在大量市场失灵的领域，仅依靠市场自身的力量无法实现社会资源的合理配置，需要国家财政支持（薛薇，2015），以矫正和弥补市场失灵，促进科技创新。国家财政从支出和收入两方面引导社会资源的分配，"揭榜挂帅"制度的配套财政政策可以从项目资助、贷款贴息、税收优惠、政府采购等方面设计。

在项目资助方面，政府财政直接对揭榜项目提供资金支持。项目资助的方式有多种，如上海市地方政府出台项目资助方式有：招标资助、研发投入扶持、技术转移机构补助、专项资金扶持、科技创新券等（孙龙和雷良海，2019）。《云南省科技揭榜制实施管理办法》中，也明确在签订技术合同后给予需求方（技术攻关类）、揭榜方（成果转化类）省级财政资金支持。浙江台州市的项目资助政策是，对于"揭榜挂帅"项目，优先列入市级科技计划项目，优先推荐申报省级科技项目，优先给予企业最高20万元的创新券支持。

在贷款贴息方面，揭榜方向非政策性银行和金融机构进行融资时，由政府替代揭榜方偿还全部或部分的贷款利息。这种方式实现了政府、揭榜方、非政策性银行和金融机构三者共赢的局面，它能弥补政府财政资金的不足，降低揭榜方面临的市场风险，实现非政策性银行和金融机构的盈利目标。信贷资金将市场和政府行为结合在一起，通过发挥各自的比较优势，促进资源的高效配置（龚锋和曾爱玲，2014）。

在税收优惠方面，各省区市政府已出台制定一系列科技创新的税收政策，包括减免退税、加计扣除、递延纳税、加速折旧等（孙龙和雷良海，2019）。"揭榜挂帅"制度的税收政策可按照地区和国家税收政策"带土移植"制定。

在政府采购方面，所谓政府采购是指政府直接对市场的商品或劳务进行购买，表现为对市场资源和要素的需求。"揭榜挂帅"制度的政府采购需实现产品采购与技术购买并重（刘伟等，2009）。新产品进入市场初期，政府产品采购可为新产品上市面临需求不足等问题提供政策性支持，为揭榜方创造市场空间，引领新产品的社会导向，缩短新产品进入市场的周期（袁永等，2017）。本质上，政府产品采购对成果转化类项目而言，相当于是一种事前资助；对于技术攻关类项目而言，是一种事后奖励，政府在初期购买一定数量的产品，可助力新产品走向市场。此外，若有无人揭榜的项目，且项目具备重大的地区和国家战略意义，涉及航空航天、生物制药、国防信息技术等领域，可通过政府科研订单的方式维持项目的正常运行，从而促进地区和国家科技的发展。

七、其他政策

"揭榜挂帅"制度中政府提供的政策优惠可依据省区市的实际情况进行设计。政策设计时需考虑创新的阶段、作用对象、支持方式、监督方式等方面。科技探索犹如在沙漠中寻找水源，面临着未知的概率，政府无法为科研者提供方向，研发失败，政府科技支持政策能最大限度减少科研者承担的风险；研发成功，政府科技奖励政策能鼓励科研者砥砺前行，勇攀巅峰。

第九章 "揭榜挂帅"制度的成果推广与后期管理

"揭榜挂帅"制度的生命周期并不终止于"评榜"与"奖榜",后期的成果推广应用,以及宣传、管理工作也是该制度重要的一部分。在对揭榜成果转化之前,必须要明确成果的知识产权归属,随后才能制订成果的推广应用方案。在"揭榜挂帅"后期管理中,除了要制定揭榜成果的退出与对接机制外,还要对资金、人才的退出与对接提供方案。最后,"揭榜挂帅"制度要以自我评估和改进收尾,不断完善这一制度,并打造"揭榜挂帅"品牌效应。

第一节 揭榜成果的知识产权归属

科研成果知识产权归属不明晰会影响科研人员的创新积极性和主动性,不利于科技项目的攻关,以及科技成果的转化(杨敏和陈海秋,2007)。明晰的知识产权权属的确定,既能减少国家与研发者个人的矛盾,也会提高该知识产权的利用率,促使其产业化,有利于推动新技术的研发(李恒,2009)。在国家投资科研项目成果的知识产权归属问题上,我国经历了收权—放权—分权—有限分权四个阶段(马波和何迎春,2020),总体来看由国家资助的科研项目其成果的知识产权主要归国家所有,但也在不断"放权让利"(杨敏和陈海秋,2007)。然而,在"揭榜挂帅"制度中,政府并不是唯一的出资方,榜单需求方或揭榜方对项目的投入更大。因此,"揭榜挂帅"制度下的科研成果知识产权归属与已有的国家投资科研项目并不相同。

从目前各地开展的"揭榜挂帅"实践来看,揭榜成果的知识产权归属在揭榜任务书或技术合同等相关协议中进行了明确规定。具体而言,涉及两种情形:一是需求方与揭榜方之间的协商;二是"揭榜挂帅"政府主管部门与揭榜方之间的协商。首先,当榜单是从公开征集的渠道遴选出来的,那么榜单项目主要是需求方或揭榜方出资攻关,政府财政资金只给予部分补助。在这一情形下,对于技术攻关类榜单,主要出资方为榜单需求方,因此最终协商后成果的知识产权更有可能归于需求方。例如,在陕西发布的榜单中,基本每项榜单任务书中都规定,项目执行期间产生的成果及知识产权归需求方所有[①]。而对于成果转化类榜单,榜单揭榜方才是项目攻关的主要出资方,但拟转化成果属于需求方,因此揭榜过程中产生的成果知识产权最终归谁所有主要看双方协商结果。其次,在第二种协商情形下,主要是政府定制或社会海荐的榜单,不存在具体的榜单需求方。具体又可分为两种类型,一是对于重大应急攻关技术榜单,政府一般采取全额出资的方式对揭榜方进行资助,同时在发榜文件中明确提出成果的知识产权归于政府。例如,深圳市在2020年发布的新型冠状病毒肺炎疫情榜单,就明确提出了有关悬赏标的产品的知识产权归深圳市科技主管部门所有[②]。二是对于一般关键核心技术,项目攻关的主要出资方为揭榜方,因此揭榜成果的最终知识产权可能归于揭榜方。表9-1总结了以上分析。

表9-1 不同榜单类别下揭榜成果知识产权归属

榜单类别	知识产权归属确定方式	揭榜成果知识产权归属
公开征集榜单	需求方与揭榜方协商	—
技术攻关类	需求方与揭榜方协商	需求方
成果转化类	需求方与揭榜方协商	需求方/揭榜方
政府定制/社会海荐榜单	政府与揭榜方协商	
重大应急攻关技术	发榜文件中直接规定	"揭榜挂帅"政府主管部门
一般关键核心技术	政府与揭榜方协商	揭榜方

第二节 揭榜成果的推广方案

揭榜成果如何转化应用关系到成果最终以何种形式市场化和社会化,在制订揭榜成果的推广方案时,应首先梳理揭榜成果的形式,再针对不同形式的揭榜成

---

① 陕西省科学技术厅. 2021-06-07. 关于发布陕西省"两链"融合重点专项第一批揭榜挂帅课题榜单的公告[EB/OL]. https://kjt.shaanxi.gov.cn/kjzx/tzgg/228795.html.

② 深圳市新闻网. 2020-02-29. 深圳市科创委发布第一批"新型冠状病毒肺炎疫情应急防治"科研攻关项目悬赏指南[EB/OL]. http://www.sznews.com/news/content/2020-02/29/content_22914498.htm.

果提出退出与对接机制。

一、揭榜成果形式

依据《科技成果登记办法》，科技成果分为三类：应用技术成果、基础理论成果和软科学研究成果。应用技术成果表现为技术方案，基础理论成果表现为学术专著或论文，软科学研究成果表现为研究报告[①]。根据"揭榜挂帅"制度来看，可以从技术攻关类榜单与成果转化类榜单来具体分析两者的成果形式。

对于技术攻关类揭榜项目，其成果形式主要包括揭榜项目完成后所得到的技术专利、技术方法、实验室技术和其他关键技术，以及相应形成的学术论文或专著、研究报告等。对于成果转化类揭榜项目，其成果形式主要包括揭榜过程中对拟转化成果的改进技术或工艺，在产品工程化中获得的扩散技术，转化过程中的技巧或方法，以及其他根据成果转化过程形成的学术专著或论文、研究报告等。技术攻关类榜单的成果形式更加具体、明晰，主要为揭榜任务书中呈现的技术目标；而成果转化类榜单是对已有成果的转化应用，其主要成果体现为成果的工程化与小范围的技术扩散，或者更进一步实现产业化，具体明晰的揭榜成果较少。因此，在"揭榜挂帅"的后期成果推广应用阶段，主要针对技术攻关类榜单，本书后文在阐述揭榜成果的转化和应用时也只针对技术攻关类榜单。

二、揭榜成果的退出与对接机制

揭榜成果转化或退出有两种方式：社会化和商业化（刘书庆等，2011）。社会化适用于社会海荐的榜单或者是重大应急攻关中的技术榜单；商业化适用于公开征集和政府定制的一般关键核心技术榜单。揭榜成果的退出与对接主要依赖三个主体——企业、政府和科学基金，形成三个主要途径——企业购买、政府购买与科学基金资助。

首先，以企业为主导的揭榜成果退出与对接，主要针对公开征集的揭榜项目成果，需求方企业与揭榜方在已签订的揭榜协议基础上，对揭榜成果进行后续的转化与产业化；企业还可申请购买或者与其他部门协作购买政府定制的揭榜项目成果，对揭榜成果进行后期的转化应用。其次，以政府为主导的揭榜成果退出与

---

① 中华人民共和国中央人民政府. 2000-12-07. 关于印发《科技成果登记办法》的通知[EB/OL]. http://www.gov.cn/gongbao/ content/2001/content_61051.htm.

对接,主要针对政府定制的揭榜项目成果,以及揭榜失败的部分项目成果,政府可利用科技拨款继续资助其中优质的项目进行转化应用,提供渠道和平台进行进一步的技术开发。最后,科学基金主要针对基础或应用基础研究类,且研究成果还未达到产业化应用标准的揭榜成果,这一类揭榜成果主要来自政府定制的揭榜项目,以科学基金的形式继续支持揭榜成果的开发。表9-2总结了以上分析。

表9-2 揭榜成果退出与对接的三种机制

退出与对接机制		条件	具体对接方式
企业购买	定制购买	企业作为榜单需求方	企业为榜单攻关提供主要资金,作为揭榜成果的所有者
	申请购买	榜单无具体需求方	企业买断揭榜成果的所有权
	协作购买	榜单无具体需求方	企业购买成果的使用权
政府购买	直接购买	榜单无具体需求方	政府与揭榜方签订购买协议,买断成果的所有权
	资金入股	榜单无具体需求方	政府与揭榜方签订合作协议,为揭榜成果投资并入股
科学基金资助	直选	基础或应用基础揭榜成果	科学基金评审专家直接挑选揭榜成果作为资助对象
	申请合作	基础或应用基础揭榜成果	"揭榜挂帅"政府主管部门推荐合适的揭榜成果进行科学基金资助

(一)企业购买揭榜成果的"退出—对接"机制

1. 揭榜成果与企业购买对接可行性

企业购买的揭榜成果主要有两个来源:一是公开征集榜单的成果;二是政府定制榜单的成果。

公开征集榜单的成果是由企业提出具体的技术难题,由政府发榜接受其他创新主体揭榜,从而实现研发攻关的成果。购买企业本身作为榜单的需求方,以提供揭榜攻关过程中大部分的费用来实现技术成果的购买,而"揭榜挂帅"政府主管部门只提供适当的政策优惠或财政补贴。这一退出与对接方式不需要特定的程序,在榜单需求方与揭榜方实现对接时就已形成。

政府定制榜单的成果是由政府集中发布榜单、接受揭榜方申请,通过攻关获得的技术成果。对于这类揭榜成果,没有特定的技术需求方,因此在后期的退出与对接中需要额外的程序。针对有较大市场潜力的揭榜成果,企业可以通过向揭榜方购买或者向政府购买来获得该成果的所有权,继续开展创新与开发以实现更大的技术价值。企业向政府购买该类揭榜成果主要是针对重大应急攻关技术,因为该类技术的知识产权一般归属于政府;向揭榜方购买的主要是一般关键核心技术,该类技术由揭榜方支付大部分研发费用,从而知识产权归属于揭榜方。

2. 企业购买具体方式

企业购买的具体方式包括定制购买、申请购买和协作购买。在这一对接方式中,政府在揭榜方与企业之间充当中介。

1) 定制购买

定制购买是指企业出于解决技术难题的需要,向"揭榜挂帅"政府主管部门提出技术需求,形成榜单,再由企业提供大部分研发费用来购买揭榜成果。这是一种最直接、最高效的购买方式。企业可以采用揭榜成果资本化的方式,即企业通过分析和评估该项成果的市场价值及潜在收益,将其转换为资本,以股权形式反馈给该项成果的持有者,通过合同明确双方权利及义务,从而形成一种利益共享和风险共担机制。在这种机制的约束下,可以督促成果持有者在成果后续试验、推广和应用过程中积极建言献策,解决成果运用中的问题。

2) 申请购买

申请购买是指某项揭榜项目由政府设立,但企业认为该项目的成果具备商业开发价值和潜力,向设立该项目的政府提出申请,购买该项成果的所有权。通过"揭榜挂帅"挑选出来的人才所实现的成果质量必然有所保证,具备科学性和可行性,有望在较短时间内将无形成果转化为有形产品。基于此项前提,政府对提出申请购买的企业进行审查,在确认其具备一定的创新能力和条件的情况下,政府以中间人的身份,将该项成果交由入选企业实行转化。在这种购买方式下,企业适用买断的形式,即以一定数量的资金买断该成果,对其实行独占,实际占有其所有权和使用权。这样可以使企业自由制定开发战略,避免不必要的纠纷。

3) 协作购买

协作购买是指政府出于某种目的设立某个榜单,为实现揭榜成果的后期转化,与有一定市场地位与创新能力的科技企业进行洽谈协作。通过转让合同授予企业使用该项成果的权利,这种购买方式类似于许可证贸易,即技术许可方将其交易标的使用权通过许可证协议或合同转让给技术接受方的一种交易行为。企业支付一定数额资金购买揭榜成果的使用权,按照所签合同约定对该项成果进行开发,而揭榜成果的所有权仍由研发者享有,此种购买方式适用于专利或专有技术的揭榜成果。

（二）政府购买揭榜成果的"退出—对接"机制

1. 揭榜成果与政府购买对接可行性

政府定制的揭榜成果和揭榜失败的部分成果适用于科技拨款购买对接。政府定制榜单的"揭榜挂帅"主要是指政府根据科技发展计划或目标的要求集中发布一批榜单，以奖金激励，向全社会征集解决方案。从国外科技悬赏奖发展历程来看，政府定制科技悬赏奖的组织主体一直由政府担当，而资助者由政府为主转向政府、个人、NGO（non-governmental organization，非政府组织）等多元化主体发展，但政府仍是其中主要资助力量。由于政府定制榜单所具有的公益性和服务价值，其后期成果转化适用于与科技拨款对接。科技拨款制是政府依照国家政策及科技发展目标要求对科学技术活动给予直接资金支持的资助方式，科技拨款制按照计划目标进行拨款，与现有科技计划有机衔接，作为科技投入的重要组成部分，集中资金解决重大科技问题。将政府定制榜单成果与科技拨款购买对接，既保证了揭榜成果后期转化的资金来源，又提高了科技拨款的使用效率，二者相得益彰，不失为一种合理的尝试。

2. 科技拨款购买具体方式

拨款购买这一方式主要涉及政府定制的揭榜成果，通常是涉及民生的重大公共建设项目。例如，交通、环保、地震等相关事业，其具体的方式主要有直接购买和资金入股两种。

1）直接购买

直接购买是指政府在确认某项揭榜成果实践可行的前提下，通过与该成果研发者（即揭榜方）签订购买协议，用科技拨款资金直接买断揭榜成果的所有权，从而成为该项成果的所有者，拥有对其处理的自由使用权。这种方式适用于揭榜方是个人或团体，以及中小型科技企业，他们具备优秀的研发能力，但缺乏充足资源和条件对研发成果进行继续开发和推广；而政府作为值得信赖的主体，将通过制度安排将该项成果交由具备开发能力的合作企业或组织机构承担该项成果的后续试验和应用工作。此外，这种方式还适用于揭榜失败的部分成果，尽管最终揭榜失败，但在揭榜过程中形成的有用技术成果仍然可以通过科技拨款直接购买的方式进行后续推进和转化。科技拨款直接购买的方式既充分调动了科研工作者的创新激情，又满足了政府科技攻关的需要，促使科技成果快速转化为现实生产力。

2）资金入股

资金入股方式适用于揭榜方已经注册企业，具备一定创新能力和科技资源，拥有成果转化所需的技术条件。揭榜方既拥有较强的研发能力，又有将研发成果产业化的决心,对于这类科技型创新企业,要完成科技成果转化需要大量资金支持,而政府科技拨款为其提供了资金保障。与现有科技拨款支持企业科技创新活动的形式不同,资金入股是政府与揭榜方所在企业签订合作协议,政府以投资的形式拨款给该企业,企业获得资金后必须出让相应部分的股权作为交换,等到揭榜成果到达推广应用阶段,通过股权转让方式再将政府资金退出。此种方式类似于风险投资(李玲娟和欧晓斌,2016),但是经过"揭榜挂帅"出口竞争脱颖而出,其成果质量及实践的科学性有所保证,降低了政府投资的风险性,也实现了国家科研资金的合理利用。然而,科技成果转化是一个漫长的过程,短时间内政府资金无法退出,因此,此种方式的实现需要国家大量的财政资金支持。

(三)科学基金资助揭榜成果的"退出—对接"机制

1. 揭榜成果与科学基金资助对接可行性

科学基金制是基础科学研究资助的主要形式,我国科学基金制始于1982年,是为支持我国基础类科学研究而建立起来的科研管理模式,依靠科学家建立评议审查制度,通过招标竞争择优支持而合理有效地使用科研经费,适应了我国科技体制变革的要求(胡明晖等,2006)。科学基金制面向全国,公平竞争的运行机制充分调动了科研工作者的研发激情;通过科技创新竞争活动,促进基础研究资源的合理配置和人才、资金、设备等要素组合优化;通过竞争择优支持的经费管理模式,促进基础研究经费合理利用。科学基金制既保证了基础研究活动与国家创新发展目标一致,又不违背科学自身发展规律。然而,科学基金制采用入口竞争的机制(姚玉鹏,2011),即在项目申报时严格评议审查,只要入选即可获得资助,但对项目实施过程及结题质量要求并不高。而"揭榜挂帅"制度需求导向创新、结果导向评审及出口竞争等优点恰可以弥补科学基金制的不足。因此,对于揭榜成果为基础或应用基础研究类,还未达到进一步转化条件的,可通过科学基金制的资助加快基础研究类揭榜成果的进一步开发,从而实现转化和产业化。

2. 科学基金资助具体方式

1)直选

直选是指科学基金专家评审组织在众多揭榜成果中直接挑选符合国家发展科学技术方针政策及该类学科领域要求的成果,使用科学基金进行资助,支持该成果进一步开发,并完成后期转化和产业化。在此种情况下,成功揭榜的揭榜方获得揭榜奖金和科学基金支持,可以选择自行转化或合作转化的方式,统筹规划利用资金,制定科技成果开发战略,并由政府安排专门人员监督科学基金使用情况。

2）申请合作

申请合作是指由"揭榜挂帅"的组织方——政府主管部门向科学基金推荐对基础研究具有重要价值的揭榜成果，申请其资金资助，双方合作完成后期开发和转化的形式。该成果通过科学基金委员会的评审后，科学基金委员会提供一定数额的资金，以资金入股，揭榜方以技术、设备及土地入股，按现代企业制度组建公司，双方签订协议按比例占有股份，共同合作完成该项成果的试验及开发工作。这种合作模式与科技企业孵化器类似（汪艳霞和钟书华，2014），而科学基金投入的社会效益将远大于其经济效益。因此，在完成该揭榜项目成果转化工作的同时，也可吸引相关科技企业合作，开展科技成果研发和转化工作，发挥科技资源的集聚效应，使其得到优化配置和充分利用。

第三节　人才的退出与对接

2021年5月11日李克强总理在政府特殊津贴制度高层次高技能人才座谈会上指出，"创新'揭榜挂帅'等新型科研项目组织管理方式，对能干事、干成事的人才给平台、给荣誉、给激励"[①]。"揭榜挂帅"制度作为一种新型重大科研项目资助方式，其目的不仅在于解决关键核心技术问题，对人才的选拔和引进也是其重要目标之一。在揭榜成果验收之后，揭榜人才的落地和引进也是"揭榜挂帅"制度后期的重要任务。一方面，可以建立"揭榜挂帅"专项人才计划；另一方面，可以与现有人才政策对接。

一、建立"揭榜挂帅"专项人才计划

目前我国的人才布局不尽合理，"头重脚轻"现象严重，人才评选出现过度竞争的局面，人才计划申请门槛高，过度看重职称和过去获得的资助情况等（王小凡，2017）。"揭榜挂帅"人才是真正做出成果的优秀科研人员，按照现有人才计划的评选规则难以获得相匹配的资助，同时烦琐的程序也会耗费揭榜帅才的精力，而不能全身心投入科研攻关中。因此，对于"揭榜挂帅"人才的资助应该与现有人才政策相区别，建立"揭榜挂帅"专项人才计划，直接从成功攻关的揭榜者中挑选。

---

① 中华人民共和国中央人民政府. 2021-05-12. 李克强：尊重科学、尊重知识，让更多人才脱颖而出[EB/OL]. http://www.gov.cn/premier/2021-05/12/content_5605997.htm.

"揭榜挂帅"专项人才计划面向的群体是"揭榜挂帅"参与者，主要是榜单的揭榜者。对于成功攻关的揭榜者或者揭榜团队，按照贡献程度将其主要成员纳入"揭榜挂帅"人才库中，并将该人才库作为"揭榜挂帅"专项人才计划资助的对象范围。此外，对于虽揭榜失败，但是受到不可抗力或其他外界不可控制的因素影响的揭榜者，仍然可以按照揭榜过程中的成果和表现考虑将其纳入库内。在库人才信息除了主要的个人资料外，最重要的是揭榜信息，包括揭榜过程中的主要贡献、揭榜成果的相关信息等，这些都是"揭榜挂帅"专项人才计划资助的依据。在首次录入揭榜人才信息后，要定期更新人才动向，做到对揭榜人才的跟踪管理，以便未来精确发挥人才优势。

　　目前我国的人才政策呈现出"人才帽子"的异化特征，政策工具范围从学术场域跨越扩大到社会场域，人才计划偏离了资助人才这一本质，演变成"人才大战""人才比拼"（梁帅和李正风，2020），不利于发挥人才对科技创新的作用。"揭榜挂帅"专项人才计划应该区别于现有人才政策的异化特征，回归到学术场域本身，应主要表现在三个方面。第一，资助对象范围明确。"揭榜挂帅"专项人才计划的资助对象为"揭榜挂帅"人才库中的成员，在库内成员中挑选资助对象有利于减少受助者之间的竞争，减少不必要的竞争成本。第二，资助标准直观明晰。人才库中的成员都是基于已经做出的成果划定的，这表明"揭榜挂帅"专项人才计划是以成果和能力为资助标准，而不是已有头衔等。库中包含了资助对象大量的信息，包括个人信息和重要的揭榜信息，专项人才计划可以直接基于这些信息挑选受资助者，同时也可以在系统中根据这些信息自动排序，根据排序情况挑选资助对象。第三，资助内容重点明确。"揭榜挂帅"专项人才计划对揭榜人才的资助应回归学术场域，根据揭榜人才的揭榜成果领域和难度，尽可能多地为其提供科研经费、研究和转化平台、场地。

二、与现有人才政策对接

　　对于揭榜人才的引进方式，如若不能建立"揭榜挂帅"专项人才计划，则可以采取与现有人才引进计划对接的方式。自从1995年11月人力资源和社会保障部、国家科学技术委员会、国家教育委员会、财政部联合发布了《"百千万人才工程"实施方案》，对中青年专业技术人才进行培养，我国高层次人才引进计划在国家和地区层面逐渐铺开，建立了多种类型的人才引进计划。将揭榜人才与现有人才政策对接有较好的实施基础，而如何对接则需要进一步探讨。

（一）现有人才政策的内容

改革开放以来，我国陆续提出了一系列科技人才政策措施，培养了大批优秀人才，促进了科技创新发展。按照人才对象来划分，可以将我国人才政策划分为海外人才政策和本土人才政策。海外人才政策主要以吸引海外留学人才回国就业和创业为主。在国家层面仅针对海外人才的政策，教育部于 1997 年实施的"春晖计划"，人力资源和社会保障部分别于 2002 年、2009 年实施的高层次留学人才回国资助计划、"赤子计划"等；在地方层面仅针对海外人才的政策有北京市的"海外人才聚集工程"、深圳市的"孔雀计划"等。本土人才政策主要以选拔、资助在国内已就职的优秀人才开展科学研究为主。在国家层面有教育部于 1998 年实施的"跨世纪优秀人才培养计划"，中共中央组织部于 2011 年实施的"青年拔尖人才支持计划"；地方层面的本土人才政策主要是以岗位聘任制的形式实施的"某某学者"（如湖北省的"楚天学者"、广东省的"珠江学者"）。此外，不区分海外和本土人才的人才政策有 1994 年中国科学院实施的"百人计划"，1998 年教育部开展的"长江学者奖励计划"、上海市的"浦江人才计划"、无锡市的"无锡千人计划"和"太湖人才计划"等。

从人才政策的具体内容来看，可以将其划分为激励性人才政策、发展性人才政策和保障性人才政策（吴帅，2014）。激励性人才政策主要是从物质和精神层面给予直接或间接的奖励，一般包括不限用途的资金补贴和项目经费。发展性人才政策是指从科技创新文化和环境建设，以及人才培育方面给予科技人才政策支持，如提供科学家工作室、提供研修访学资助、列入地方专家库等。保障性人才政策是从包括医疗、住房、家属就业、子女教育、社保等除了研究领域之外的其他方面给予科技人才政策支持。

（二）揭榜人才对接现有人才政策的方式

揭榜人才与现有人才政策对接应考虑到"揭榜挂帅"的层次与人才政策的层次，国家级"揭榜挂帅"人才应对接国家层面的人才政策，省市级"揭榜挂帅"人才应对接省市层面的人才政策。现有人才政策采取个人申请或单位推荐的方式实行，因此"揭榜挂帅"政府主管部门可以在获得揭榜人才同意的前提下，集中推荐至相关人才计划的评审中。同时，现有人才政策要求的部分硬性条件，可以对揭榜人才放宽约束，如单位性质、职称等级、获得项目资助情况等。这是因为"揭榜挂帅"本身就是不以身份、头衔论英雄，而是以实力、揭榜成果来评定，因此这些硬性条件对于框定揭榜人才没有意义，反而会将优秀揭榜人才排除在外。在各地已开展的"揭榜挂帅"实践中，部分省区市指出了对揭榜人才的引进方式。例如，辽宁省在 2021 年开展的"揭榜挂帅"中明确指出"'揭榜挂帅'实施过程中涉及引进关键科技人才及创新团队的，可参照'带土移植'政策有关规定执行"[①]；广西钦州市在"揭榜挂帅"政策文件中直接给出钦州市高层次人才政策待遇清单，并按全职引进和柔性引进分别罗列[②]。

第四节 资金的退出与对接

"揭榜挂帅"解决的是涉及国家发展和社会民生的重大关键技术难题，对此类难题的攻克需要投入大量资金，资金构成主要有财政资金、"揭榜挂帅"参与方（需求方和揭榜方）投入资金和社会资本。做好资金管理，尤其是揭榜结束后的资金管理，不仅是对出资方的尊重，也是有效利用社会资源的表现。揭榜后期资金如何退出与对接涉及资金类型、资金用途和揭榜结果，主要从揭榜项目攻关资金和"揭榜挂帅"行政费用两项用途来分析。

一、揭榜项目攻关资金

我们将从揭榜成果验收未通过和揭榜成果验收通过两种结果，对揭榜项目攻关资金的后期退出与对接方式进行分析。

揭榜成果验收未通过的项目攻关资金分为三部分：一是已经投入使用的资金；二是未使用的资金；三是未拨付的资金。对项目经费支出情况进行审计，根据审计结果整理出已使用资金数额与未使用资金数额。对于已经投入使用的资金不再加以追回，对于未使用的资金及其利息全额收回，并按照资金原始构成比例退回至相应出资方，而未拨付资金不再拨付。

揭榜成果验收通过的项目攻关资金同样可分为三部分：一是已投入使用的资金，按照项目经费支出审计结果判断是否符合经费使用规定；二是剩余资金，按照需求方与揭榜方签订的揭榜协议分配剩余资金；三是未拨付资金，

---

① 辽宁省科学技术厅. 2021-03-02. 关于发布 2021 年辽宁省首批"揭榜挂帅"科技攻关项目榜单的通知[EB/OL]. http://kjt.ln.gov.cn/tztg/gztz/202103/t20210303_4092440.html.

② 钦州党建网. 2020-12-17. 广西钦州市关于诚邀各方英才对重点产业关键技术攻关"揭榜挂帅"的公告[EB/OL]. http://www.gxqzdj.gov.cn/cp0500/202012/t20201218_3440640.html.

主要是政府财政补贴资金,继续拨付给揭榜方或需求方,双方按照协议落实分配。

二、"揭榜挂帅"行政费用

政府财政资金对"揭榜挂帅"的投入除了直接的项目补贴,还有组织、管理"揭榜挂帅"的费用,统称"揭榜挂帅"行政费用。"揭榜挂帅"行政费用是按照财政预算的规定使用,因此,对于预算内未使用的资金将按照相关规定收回或流转到下一次"揭榜挂帅"中;对于预算内已使用的资金,按照预算规定进行费用支出审计。

第五节 评估与改进

绩效评估是政府组织管理过程中一个不可或缺的环节,可以发挥强大的功效(张定安和谭功荣,2004)。对于"揭榜挂帅"而言,评估工作也是认识、改进与宣传该制度的重要基础。在评估"揭榜挂帅"制度本身的基础上,应对其进行改进,再有针对性地宣传"揭榜挂帅"制度,以打造品牌效应,为科技创新助力。

一、评估"揭榜挂帅"

"揭榜挂帅"的评估工作并不仅限于后期总结阶段,在实施过程中也可以对"揭榜挂帅"的效果进行评估。尤其是在每个关键节点,如可以在榜单征集后对"揭榜挂帅"的影响力进行评估,从而改进榜单发布阶段的实施方式,以纠正过程中的偏差,避免最终不理想的揭榜效果。对"揭榜挂帅"流程进行动态调整是保证"揭榜挂帅"最终成效的有效方式。

本节的重点是分析"揭榜挂帅"后期管理中的评估工作,后期评估其实是一项长期工作,这是因为揭榜成果的推广应用也是评估"揭榜挂帅"的重要内容之一,而成果的推广应用是一个长期的过程。对"揭榜挂帅"评估的关键在于明确"揭榜挂帅"实施的目标,从目标出发确定评估内容、评估具体指标才是有效的评估工作,具体见表9-3。除此之外,还可对揭榜过程中的管理工作进行评估,包括评估"揭榜挂帅"制度的战略、设计和实施流程，以及对社会的影响力、调动社会资本投资等。

表9-3 "揭榜挂帅"项目的评估及其指标

"揭榜挂帅"目标	关键问题	具体指标
解决关键核心技术难题	是否识别出了关键核心技术难题	有揭榜能力的揭榜者数量；揭榜攻关投入的资金；揭榜攻关投入的时间
	是否获得了解决关键核心技术难题的最佳方案	揭榜成果完成度；同行业对揭榜成果的满意度；揭榜成果获得后续投资的数量；揭榜成果转化应用情况
提升重点产业的实力	是否吸引了重点产业中企业的参与	项目需求申请数量；项目需求申请的企业数量
	榜单是否代表了重点产业的发展瓶颈	项目需求方对揭榜攻关愿意投资的金额；重点产业中其他企业对榜单的态度；投资者对榜单的态度
	揭榜成果是否提升了重点产业的实力	揭榜成果的应用给需求方带来的实际价值；揭榜成果在重点产业中的使用情况
识别和吸引创新人才	是否识别出了创新人才	揭榜结果的成功率
	是否吸引了创新人才	申请揭榜者的数量；揭榜者对"揭榜挂帅"支持政策的满意度；揭榜者在揭榜地区的落户率

二、打造品牌效应

"揭榜挂帅"的重要功能之一就是激发全社会科技创新的积极性，为实现这一功能，需要提高"揭榜挂帅"的影响力，打造"揭榜挂帅"品牌效应。打造品牌效应可以从两个方面入手：一是从"揭榜挂帅"制度方面；二是从揭榜成果方面。在"揭榜挂帅"制度方面，要力求选出的揭榜者具有说服力，这就需要做好评审专家和评审标准的工作。此外，还可通过充分运用揭榜者名单，发挥"揭榜挂帅"的遗留财富，如建立揭榜人才库，作为其他"揭榜挂帅"或者其他科技创新活动的人才储备。在揭榜成果方面，要对揭榜成果的质量进行严格把关，大力促进揭榜成果的转化应用，提高揭榜成果对经济和社会的影响和作用。此外，还可加强科研成果的集成和宣传，建立成果展示与利用平台，促进基础研究技术成果的资源共享和市场应用（朱艳，2020）。

第十章 "揭榜挂帅"制度运行中的问题

近几年,"揭榜挂帅"制度在各地的实践运用中不断得到了丰富和完善,而各地在实际运行中仍存在一些问题,如榜单设置不当、资源重复浪费、管理成本较高及商业化激励不足等。为了更好地完善现行的"揭榜挂帅"制度,也为了更充分地发挥"揭榜挂帅"制度在激励科技创新、增加社会效益等方面的作用,对我国现阶段"揭榜挂帅"制度可能存在的问题及注意事项做出更为深入的分析与探究是十分必要的,这也有助于"揭榜挂帅"制度的不断深化与持续发展。

第一节 榜单设置不当

榜单的设置是"揭榜挂帅"制度的核心。一份科学、合理的榜单,是"揭榜挂帅"制度顺利施行的基础,是实现攻克重大核心技术难题目标的基本保证之一,也是促进我国全面创新改革的一个重要起点。一份完善的榜单必须具备明确的科研目标、恰当的揭榜方范围,以及适当的资助奖金等基本要素。

一、问题表现

榜单设置不当这一问题主要表现在三个方面。首先,技术目标问题。"揭榜挂帅"榜单的技术类目标主要针对亟待解决的重大项目难关、关键性技术难题或者社会突发的紧急性困难。榜单目标以科研成果为导向,对科研成果的衡量却是榜单设置的一大问题,这要求科研项目的目标必须是具体的、可量化的(曾婧婧和黄桂花，2021a）。只有这样，才具备实施"揭榜挂帅"制度的前提。然而，部分榜单存在目标界定不够清晰、评估要求不够准确等问题，这无疑为后续的揭榜和成果评定过程埋下了不稳定因素。

其次，研发时效问题。无论是科技攻关类技术、成果转化类技术、平台建设类技术；还是基于社会应急性或一般日常性的科研需求导向，"揭榜挂帅"的项目都应该具有较强的时效性。在榜单设置中，时间情况也是需要引起注意的一个问题。不难理解，尽可能地缩减科技成果研发的时间成本，使榜单目标尽早得以实现，有助于科研成果的转化和进一步发展。不过，定榜方案中对研发时间的限定有较大难度，若设定时间过短，则可能导致揭榜方的研究不成功，影响其实际科研创新水平和对研究成果的评价及奖励；若设定时间过长，则不能体现"揭榜挂帅"项目的时效性，不利于成果的后续转化和使用。

最后，资金设置问题。资金的设定是否合理是榜单设置的又一个关键问题。资金来源主要是政府财政支持和榜单的需求方提供，如何在可商业化的技术领域尝试引入社会资本？如何健全社会资本的准入机制？"揭榜挂帅"的资金奖励是揭榜方进行研究的主要财力支持和科研创新的重要物质奖励，如何在研发的前、中、后期各阶段合理分配资金？奖金设置的高低也是其中一项不容忽视的难题。由于揭榜项目大多蕴含着一定的社会效应，奖金不仅要体现科技成果本身的价值，还要体现其中包含的社会价值，而这又是较难衡量的。所以奖金的设定可能偏高或者偏低，假若奖金设置过高，则出现资金浪费，还会因道德风险等原因影响其激励作用的发挥；如若奖金设置过低，则"揭榜挂帅"制度将不足以激励揭榜方。诸如此类的问题都需要结合不同的榜单目标做出符合实际的判断和决策。

二、原因

榜单设置不当问题主要是因为榜单需求者与揭榜参与者之间的信息不对称。一方面，需求方对于待解决的核心技术和项目难题会有更清晰、具体的认识与要求，对关键技术的时效性具有较为明确的把握，对科研奖励的资金总额及拨发进度也有相对准确的把控，发榜方对榜单的设定和"揭榜挂帅"制度的整体运行可以从宏观层面进行规划和调整。另一方面，作为榜单的潜在揭榜方，他们对自身的真实研发水平、研发进度估计、研发成本预计和风险管理能力等拥有更多更精准的信息，对相关行业领域的市场状况也相对更为了解。由于双方在对榜单相关信息的掌握程度上存在差异，为提高自身成功揭榜的概率，榜单参与者可能存在隐瞒部分重要信息的现象；为了获得更大的奖金激励，揭榜方甚至会虚报研发成本，出现道德风险引起的资金过度浪费问题。在对自身成本收益的考量下，这些将对科技成果的研发进度产生一定的干扰，进而还将影响"揭榜挂帅"制度对营造社会整体科技创新氛围的推动。

三、案例

以药物研发的"揭榜挂帅"项目为例，药物通常具有广泛而持久的社会效益，因此其社会效益很难衡量，而制药公司对此研究也相对较少（曾婧婧，2019）。在这样的背景下，一旦榜单需求方低估了药物的社会价值，并对奖励额度设置过低，制药公司就可能在成本和奖励的考量中放弃参与"揭榜"，最终导致很多制药类的榜单无法达到实现社会效益的目的。

2020年7月，广东省深圳市科技创新委员会发布了《关于第二批"新型冠状病毒肺炎疫情应急防治"科研攻关项目》的榜单，聚焦新冠肺炎临床治疗和预防的应急需求，发挥新一代信息技术在新冠肺炎防控及辅助诊疗方面的作用[①]。榜单的申报条件中对揭榜方的身份和资格做出了一定的限制，如要求潜在揭榜方具有承担重大科研项目的能力，且申报单位中至少有一家企业具备药物或疫苗研发的基础等。同时，榜单对各项关键性科研项目的药物应用场景、考核指标、实施期限、资助方式和强度等也分别提出了较为具体、清晰的要求。完善的药物类研发榜单有助于激励有潜力的企业、高校研究所等的研发团队广泛参与揭榜，加大科研攻关力度，推动实现关键技术攻关。

值得注意的是，榜单设置中的资助金额要考虑到应急防治对提高社会福利水平带来的总体收益，适度加大对揭榜方的奖金激励，深圳市发布的榜单内容也体现了对社会福利产生的积极影响。

四、建议

为了设置更为合适、恰当的榜单内容，尽可能解决榜单设定不当的诸多问题，发榜方在放榜前需要确认榜单技术类目标设定的准确性，时间和资金管理结构的科学性；也需要足够了解榜单利益相关者尤其是潜在揭榜方的兴趣、动机、背景、工作方式、激励和竞争等多方面的信息。为此，第一，在拟定榜单内容时与相关

[①] 深圳市新闻网. 2020-07-07. 深圳市科技创新委员会关于发布第二批"新型冠状病毒肺炎疫情应急防治"科研攻关项目悬赏指南的通知[EB/OL]. http://www.sznews.com/news/content/2020-07-07/content_23322429.htm.

技术专家和专业团队进行研究论证，初步明确"揭榜挂帅"的榜单具体目标，即待实现的关键技术、难点项目的具体要求，规划好发榜、揭榜、评榜等过程的资金运行，揭榜方进行研发的总体进展，以及研发项目所需的奖金总量和拨发进度。第二，可以与代表性的个体进行交流或观察其在类似情况下的行为，深入了解潜在揭榜方的基本背景和发展水平，强化榜单设置的科学性，避免道德风险。第三，榜单的发起方还可以与专业的第三方科技管理公司进行合作，汲取类似"揭榜挂帅"项目中榜单设置方面的经验教训，或进行小规模的模拟实验，以设置出能够有效发挥激励作用、推动重大技术难点突破的榜单。

为减轻政府的财政资金压力，可以尝试在适当的科研领域引入社会金融资本，促进"揭榜挂帅"的项目资金资助者多元化，既包括传统的政府投资主体，又尝试吸引产业界、慈善机构、风投机构等非传统的投资主体。这些多元化的赞助者将进一步扩大"揭榜挂帅"的应用范围，推动科技发展，提升社会利益。一般而言，资助商增加资助奖金的意愿将随着参与者数量的增多而增强。所以，扩大"揭榜挂帅"项目的宣传和推广，以鼓励广泛的社会团队和个人参与到对榜单重大技术项目的研究创新中，同时还可以吸引赞助者加大投资力度，更有利于强化对潜在揭榜方技术研究的资金激励。

第二节　资源重复浪费

一、问题表现

"揭榜挂帅"制度的设计理念是鼓励有研究能力的企业、高校和社会团体、个体发挥智力潜能，针对目标明确但实现路径不明的问题寻找解决方案，这类问题往往集中在前沿科技领域和重大应急攻关项目，聚焦国家发展战略，围绕技术战略发展的重大需求（曾婧婧，2020b）。采用"揭榜挂帅"的方式在激励专业人员参与的同时，也鼓励引导社会大众的广泛参与。随着揭榜参与方的不断增多，大批有科研创新能力的优秀人才聚集到人工智能、大数据等互联网领域、能源工业领域及部分生物医药领域，形成对重点技术的集中性研究。这样的方式虽然有利于对"卡脖子"技术的攻克，不过也可能导致参赛者将资源过度投入到重叠或相似的领域，产生资源的重复浪费，进而出现规模不经济问题，即资源投入越多，效率越低。

在"揭榜挂帅"制度初期运行的各个环节中，资源，包含人力、财力和社会资源在内的诸多方面都可能出现不同程度的低效率配置，一定程度上而言，这是可以被容忍和接受的，也是不断进行制度调整与改革深化的重要原因之一。针对具体的技术类目标，可以通过调整申报条件来限制潜在参与方的规模，使得科研素养高、专业性强的团队或个人投入某些直接相关的项目领域研究中，集中优势资源攻克难关，实现科研成果及早面世的目标。但这样一来又不符合"揭榜挂帅"制度的初衷，即选才不论出身，谁有本事谁揭榜。不仅如此，还可能会存在如下的情况：面对一些包含重点难点项目、"卡脖子"难题在内的核心榜单，若出现无人揭榜或者仅存在个别参与者的现象，最终的研究成果不能如期完成，乃至研究结果彻底失败，此时应该怎么办呢？寻榜、定榜、发榜的环节已经完成，人力、物力和财力的消耗浪费已经存在，又该如何解决？

二、原因

造成资源重复浪费问题的主要原因是信息不对称和信息交流机制的不健全。

第一，需求方与揭榜方的信息渠道不畅通。榜单需求方希望能够尽快实现技术目标，并及早应用到商业化领域或社会应急性事件，通常投入较高的资金和其他资源，以鼓励多方参与，从中确定最有能力实现目标的揭榜方，同时尽可能节约资源，减少成本。从理性人的角度来看，揭榜方则基于自身利益可能出现利己不利他的行为，重复已有的研究以如期达成要求，但其成果却不足以体现研究的创新性，不能从根本上实现榜单目标。

第二，当存在不止一个揭榜方时，面对某项具体、明确的技术类目标，各方为增加自己最终"挂帅"的概率，研究成果往往高度保密，拒绝与他方交流，导致研究的重复，资助奖金变成对相同或相似研究的激励，增加了资金和多种资源的重复消耗。

第三，另一种资源浪费形式则是榜单重复设定所引起的。由于信息分享受限，为了获得榜单技术带来的经济价值和社会效益，不同层级的榜单的需求方往往隐瞒技术成果，或因发榜时的宣传推广不到位，发榜方未预先了解已有的榜单目标和已实现的研究成果，可能重复发放具有相似乃至相同技术目标的榜单，由此使得潜在揭榜方进行重复的科技研发，造成较大的资源浪费。

三、案例

为促进纳米技术的应用及发展，物理学家理查德·费曼曾提出以 1 000 美元奖励制造一个不超过 1/64 立方英寸①的电动马达，尽管次年一位工程师达到了奖项的要求，但其使用的仍是传统的制造方法，所以并没有实现促进新技术发展的目标（曾婧婧，2019）。

2018 年 11 月，工业和信息化部面向全国发布了《新一代人工智能产业创新重点任务揭榜工作方案》②。为加快推动我国新一代人工智能产业的创新发展，榜单涉及智能产品研究、核心基础部件研发、智能制造关键技术装备和相关支撑体系研究的多个方向、多项细分领域，并且不对揭榜者的背景条件设限，鼓励各个主体结合自身实际选择恰当的揭榜任务。这样涉及多个分支领域的榜单设置允许揭榜方广泛参与，自主选择具体项目，既激发了万众创新的动力，又能在较大限度上避免研发相同或相似造成的资源重叠浪费。

为了加强揭榜方之间的交流与合作，减少重复性研究，Changemakers 按主题分类，将"揭榜"期间产生的各项知识成果整理到一个在线图书馆，参与者有机会共享他们的阶段性成果，并根据实际状况适当调整自己的方案（曾婧婧，2019）。这样一来，不仅可以促进参与者之间的交流与合作，而且可以避免研发资源的重复浪费。

四、建议

面对资源重复浪费的问题，可以通过设置相对宽泛的榜单奖励标准，以激励参赛者尽量在不重叠的科研领域进行探索，既能够减少重复、相似研究方向上的资源浪费，又鼓励有才能的科研人才创造出更丰富、更高水平的研究成果，营造更深层次的自由探索、积极创新的良好社会氛围，也有利于我国科技水平的可持续发展。不过，如此一来，虽然节约了部分资源，却可能导致榜单设定标准的不明确，对揭榜方攻克关键性技术难关的激励作用也会略显不足，进而制约"揭榜挂帅"目标的实现。

另一种可能的解决途径是：强制要求揭榜方报告自己的研发进度来减少重复，同时也有助于团队间的相互学习与合作，推动阶段化成果交流机制的建立与健全。这将有利于实现平台建设的目标，但是同样存在其他方面的不足，如进度报告引发的知识产权界定问题，以及对参赛者可能产生负激励的情况。具体而言，由于核心技术研究的交流与合作，揭榜方最终形成的科研成果和奖金激励的归属问题往往成为知识产权纠纷的重要来源，所以，产权的界定机制必须在交流与合作平台建立前就明确，并且逐渐细化和完善。负激励问题则是揭榜方具有"理性经济

---

① 1 立方英寸 ≈ 1.64×10^{-5} 立方米。
② 工业和信息化部办公厅. 2018-11-08. 工业和信息化部办公厅关于印发《新一代人工智能产业创新重点任务揭榜工作方案》的通知[EB/OL]. https://www.miit.gov.cn/jgsj/kjs/wjfb/art/2020/art_068ce726368244868a5e087be179ae3c.html.

人"的身份，研发成果的共享使得参与者可能寄希望于使用其他团队的中间成果，从而减少自身的研发投入。这些均会对"揭榜挂帅"制度发挥其作用产生较大的影响。

关于榜单重复设定导致的资源浪费，还应该加快国家级和省级两个"揭榜挂帅"项目库的建立。通过项目库的实时更新，能够充分地了解已有榜单的发榜时间、内容和揭榜成果等各类详细信息，避免重复发榜，减少潜在揭榜方不必要的研发投入和发榜方的奖金浪费，缓解资源重复浪费的难题。同时，项目库可以反映我国关键核心技术的研究进程，以及存在的主要技术缺口，为科技攻关提供明确方向。不仅如此，创新作为社会进步的不竭动力，推动"揭榜挂帅"项目库的建设，也有利于激发社会的创新动力，进而推动科技创新目标的实现。

除上述可能的建议外，还需要注意的是揭榜方研发失败时的解决方案。基于榜单设置的目标多为技术集中、难度较大的科技前沿核心问题，这类目标存在不能如期保质完成的可能性，造成的资源浪费也很难完全避免，所以发榜方还需要仔细衡量，设置较为全面、宽容的容错机制和免责机制，而这也是风险化管理的一大重要内容，将在接下来的内容中做出更为详细的讨论。

第三节　管理成本较高

一般而言，一笔资助奖金，在不同的榜单项目领域，每年所需要配套投入的管理成本是不等的，并且存在较大的差异。完整的"揭榜挂帅"制度从寻榜、定榜到发榜、揭榜，再到评榜与奖榜的各个过程，均需要投入大量的人力、物力、财力等资源和较多的时间与精力。

一、问题表现

第一，在寻榜环节，发榜方如果要征集拟申报的科技揭榜项目，这就需要尽量扩大对"揭榜挂帅"项目总体方向和规划的宣传力度，引起社会的积极关注与参与，广泛征集需求榜单。

第二，在定榜前，需要组织相关的专家团队将待解决的技术项目一一进行鉴定与论证，从而形成最终的揭榜项目池，确定每个攻关项目的申报条件、技术指标、奖赏金额和研发周期等具体内容。

第三，在发榜环节，为了鼓励相关有科研能力的团队和个人踊跃揭榜，以顺利攻克技术难关，仍然需要加大"揭榜挂帅"方案的宣传和推广。

第四，在揭榜环节，需要组织专家对各潜在揭榜方提供的揭榜方案，再次进行论证，结合各个企业、高校或社会团队的基本背景进行遴选，最终按照每项榜单的要求选出数量适当的揭榜方案。

第五，在评榜与奖榜环节，对于揭榜方的阶段性研究成果，需要进行评估和确认，并按期发放资助奖金，以支持揭榜方的后续研究；对最终研究成果的推广和转化也需要一定的成本。组织相关专业人士或第三方机构做出公正的评价也是一笔较大的费用。还有对揭榜方研发成果的监督过程、对资助资金运行的监督过程等诸多监督措施带来的成本。另外，研究失败的风险管理成本也应该加以衡量。

综合上述，从榜单的筹备到最后的"揭榜挂帅"及颁奖环节，其管理成本主要来自组织相关团队进行方案研讨的各项费用、提高公众对榜单内容认识的宣传费用和鼓励人们申报与参与的推广费用，以及吸引相关投资的渠道费用等，还有可能产生的一些行政类费用。

产权纠纷的成本也值得注意。任何奖项在分配时都难以避免地引起争议，因此还需要在奖项管理成本的基础上将解决奖项纠纷或实施奖励公平合理分配的成本考虑进来。一般地，更为常见的是关于研发成果知识产权的争议，产权纠纷通常较难解决、耗时较长、涉及范围较广，所牵涉的资金数额较大，若不能及时处理，产生的管理成本会更高，同时还会影响"揭榜挂帅"制度的顺利施行，以及科研成果应用的时效性。

此外，风险化管理的成本也不容忽视。任何科学技术的研究都会有失败的可能性，尤其是一些待克服的技术难点、待攻关的项目重点、待解决的社会重大应急性事件，结合"揭榜挂帅"制度的适用领域，研发不成功的情况是可能存在的，由此导致研发沉没成本出现。由于"揭榜挂帅"制度是唯成果兑奖的，对于揭榜方而言，则可能要承担前期投入的预研成本和揭榜失败带来的沉没成本等揭榜风险，其中包含经济成本和时间成本等（曾婧婧和黄桂花，2021b）。

例如，某些制造类大企业作为榜单的需求方，可以借助政府构建的"揭榜挂帅"平台，在全国范围内寻求有科研能力的高新技术企业、高校科研团队或个人来研发待利用的关键性技术或基础性产品、核心部件等。政府作为平台搭建者，本身具有较强的公信力，这样既增强了各方的信任感，又缓解了需求方的宣传压力，减少了部分管理费用。不过，无论是发榜方还是潜在的揭榜方，都需要承担各自可能的风险成本，这部分成本也需要纳入管理成本中，加以权衡。

二、建议

为应对"揭榜挂帅"管理成本较高的问题，可以从以下四个方面加以改善。

第一，完善资金管理方式。对于管理成本的控制，需要完善"揭榜挂帅"制度的内容和运行机制，优化各环节的执行方式，合理控制相关成本费用。具体而言，"揭榜挂帅"项目的资助金额一般较大，资金管理难度随之增加。从激励资金的准备、落实到拨发、监督各个环节都需要提升管理水平，减少资金浪费。要保证资金及时到位，在实际研发中分阶段按时发放给揭榜方，帮助其顺利完成后续的研究。可以结合专业的资金管理团队，提高资金的使用效率，并且要对资金实施全过程进行监督。

第二，合理控制宣传与推广费用。宣传与推广费用占管理成本中的较大比例，并且几乎贯穿"揭榜挂帅"项目的全过程，对确定恰当的榜单内容、选择合适的揭榜方和对研发成果的利用与转化都具有一定的积极意义。因此，要创新"揭榜挂帅"的宣传推广方式，合理利用互联网资源，在各网络平台扩大宣传的力度；同时也要重视在线下宣传，线下的宣传与推广方案也需要不断革新，以详细、新颖的内容吸引社会各界的关注，并积极参与揭榜与技术研发。规范"揭榜挂帅"的宣传途径和推广方式，减少不必要的成本。

第三，健全产权纠纷解决机制。解决知识产权纠纷的费用相对较高，为降低这类成本，需要完善对知识产权的界定，健全产权保护机制；还应结合具体的榜单项目，制定相关的争议解决办法，做到未雨绸缪，防患于未然。还可以使专业的第三方机构参与揭榜和研发的全过程，明确产权归属，保护揭榜方应有的研究成果收益。

第四，提高风险管理水平。首先，在确定揭榜方时，要考虑潜在揭榜方是否有意愿并且有能力承担相应的研发风险，只有具备一定的风险承受能力，在研发过程中面对可能的失败时才能尽快化解，避免引起更大的经营性损失。其次，建立并不断完善免责机制和容错机制，并采取配套的风险预估措施，对揭榜方的研发过程进行监督，防范重大错误导致的研发失败风险。最后，由于"揭榜挂帅"的双方——需求方和揭榜方存在一定的自身局限性，第三方监管机制的引入也有其合理性和必要性，这有利于更加客观、全面地监督和管理"揭榜挂帅"项目的运行和权责双方的行为，降低可能的风险成本。然而，第三方的参与又会增加相应的管理成本，其中的成本与收益需要结合实际现状具体分析和衡量。

第四节 商业化激励不足

一、问题表现

榜单需求方通常会要求完全控制获奖成果的知识产权，这样的要求虽然能使需求方的利益得以保障，却可能导致揭榜方案的商业化激励削弱。如果揭榜方案无法使之获得专利或者榜单要求必须将揭榜方案公布于众，这可能会出现商业化激励不足的问题，导致潜在揭榜方丧失参与"揭榜挂帅"项目的动力（曾婧婧，2019）。

基于政府发布的"揭榜挂帅"榜单较多的背景，对揭榜方的商业激励如今较为欠缺。财政资金是科研奖励的主要来源，既加重了国家财政的支出负担，也不利于使揭榜成果尽快与市场相接，在推动研发成果快速实现产业化和规模化发展方面也有一定限制。所以，考虑在适当的技术类领域，给予社会资本一定的准入机会，并对揭榜方给予适度的商业激励，成为完善"揭榜挂帅"制度的一个方向。

当然，存在这样的一类情况，榜单上的项目具有较强的公共利益属性。例如，研发更为有效的新型冠状病毒肺炎疫苗，是目前我国公共医疗事业亟待解决的重要科研难题之一，商业化激励反而会导致过度营销，进而造成社会福利损失，此时，采取政府为主体的"揭榜挂帅"制度更有助于实现科研成果的社会效益。

二、建议

对于那些公共利益属性较弱或不具备公共利益性质的技术目标，如何从商业化激励的角度提高社会各方的关注度和参与"揭榜挂帅"的积极性？我们提出以下三个建议。

首先，在可商业化领域引入社会资本（曾婧婧，2020a）。"揭榜挂帅"制度本身是为科学技术研究的供需双方提供了一个公平有序的平台和规范化的形式。在可商业化的技术领域尝试引入社会资本，社会资本在后期享有揭榜技术的优先使用权或者所有权。"揭榜挂帅"项目一般针对关键性技术难题，或来自社会的真实需求，产业界有动力将其商业化，使科技成果与社会需求无缝对接。因此，在可商业化的技术领域应尝试引入社会资本，根据商业化程度与政府财政按一定比例共同出资设立揭榜奖金,既能够有效地缓解财政资金的压力,又能够增加揭榜方的物质奖励,商业化激励将使之有更大的科研动力进行成果研究。

其次,明确产权归属调动积极性,允许成果的市场化经营。发榜方可以通过明确知识产权所有权,允许参与者将揭榜成果进行市场化经营的方式提高潜在揭榜方参与"揭榜"的积极性。此外,还可以将对揭榜成果的奖励与市场承诺相挂钩,进一步增加揭榜方的收益,基于成本收益的分析,吸引潜在揭榜方积极参与,并激励成功揭榜者全力投入研究,以按期完成揭榜成果的要求,并顺利获得资金奖励和商业化激励的成果。

最后,对于可商业化领域的范围界定、商业化激励的方式方法、奖惩机制等仍有待商榷,对商业化激励的运用仍需要审慎权衡。否则,反而可能对揭榜方进行科研创新有负激励,不利于榜单成果的实现、不利于关键技术的升级创新和成果转化,对"揭榜挂帅"制度的健全与施行也可能产生消极影响。

第五节 问题清单

为了更好地理清"揭榜挂帅"制度运行中的各类事项,也为了推动"揭榜挂帅"制度的健全与完善,使之以更加开放式创新的形式,对攻克关键技术和科研难题具有更加积极的推动意义,对提高社会创新意识起到更加直接的激励作用,针对在"揭榜挂帅"制度的寻榜与定榜、发榜与揭榜、评榜与奖榜等各个环节中可能出现的种种问题和注意事项,进行广泛而深刻的探讨是迫切的。例如,确定榜单目标的主要领域和具体要求,设定潜在揭榜方的背景条件,由谁来评价揭榜成果是否符合需求,如何确定研发成果的知识产权和所有权归属,解决纠纷的具体机制和风险化管理的基本内容等均需仔细斟酌。

接下来将依据所需考量的问题列出制定与完善"揭榜挂帅"制度的问题清单(表10-1)。

表10-1 "揭榜挂帅"制度的问题清单

"揭榜挂帅"环节	具体问题
寻榜与定榜	(1)"揭榜挂帅"的总体目标是什么?例如,科研攻关还是成果转化,抑或是平台建设?技术进步、教育目的和公众意识的相对重要性程度是什么
	(2)如何形成榜单的具体内容?政府依据国家发展战略直接确定还是广泛征集榜单并形成揭榜项目池
	(3)对揭榜项目池里的各项方案,谁来确定最终的榜单目标和需求方?组织的论证团队包括哪些成员?评估的标准是什么

续表

"揭榜挂帅"环节	具体问题
寻榜与定榜	（4）揭榜方的申报条件是什么？参与者是否要有具体的科研背景限制？榜单需求方的雇员可以参与竞争吗？公民、团体或外国人员是否允许参与竞争
	（5）揭榜成果的研究时限是多久？是否应该设置与榜单成果相关的时间表？假若是，如何设定榜单目标的阶段性要求？如何评估揭榜方的阶段成果
	（6）资金主要来源是什么，是否可以吸引部分社会资本进入？具体在哪些领域的哪些榜单？如何设置奖励资金的拨付进度？分阶段还是在成果兑现后一次性给清揭榜方？谁来管理资金？由一个政府机构独立管理这个项目，还是与其他政府机构或非政府组织合作？或是与专业奖项组织开展合作
	（7）如何宣传和推广"揭榜挂帅"的总体规划，以征集更多需求方的具体方案？宣传的预计费用是多少？推广形式是什么？线上宣传还是线下宣传
发榜与揭榜	（8）发榜方式是什么？怎样尽可能引起社会的广泛关注与参与？管理成本控制在什么范围内
	（9）申报方案是否需要在固定格式后附上申报方的科研现状和将来详细计划？对潜在揭榜方提出的方案，如何进行评估并最终确定"挂帅"者？针对不同领域，应该选择几个揭榜方
	（10）确定揭榜方的依据是什么？得票最多者获胜还是表现最佳者揭榜成功
	（11）如果出现无人揭榜的情况怎么办？奖金如何处理
	（12）出现潜在揭榜方对揭榜名单提出异议的情况时，应该由谁来解决？又该如何解决
	（13）揭榜方的阶段性资助需要确保按时到位，谁来负责落实？谁又来监督资金的运行状况？如何监督？是否需要强制揭榜方提交阶段性的成果报告
	（14）揭榜成果的知识产权和所有权归属于谁？榜单需求方还是揭榜方？发生产权纠纷时的解决依据是什么？如何加强对揭榜方的商业化激励
评榜与奖榜	（15）如何验收揭榜方的最终研究成果？成功的标准是什么？谁来验收更具说服力
	（16）如何评价揭榜方的揭榜成果？从哪几个角度进行？如科研完成情况、所用时间、研究成果的适用广度和应用前景，以及揭榜成果的时效性等
	（17）如果榜单目标没有完成，或者研究失败，又该如何解决？是终止计划还是重新选择揭榜方再次展开研发
	（18）关于研究失败的沉没成本，谁应该承担？政府、需求方和揭榜方共同承担还是一方独立承担？若共同承担，分配比例是怎样的
	（19）若研发成果达到预期目标，归哪一方所有？如何强化为科技发展的生产力？后续产生的经济效益和社会效益如何分配
	（20）揭榜方可能承担一定的揭榜风险，包含揭榜前期成本和研发失败的沉没成本，如何增强其揭榜信心，提高社会揭榜的积极性
	（21）验收不通过的研发成果如何解决？前期投入的资金又该如何处理
其他事项	（22）监督措施是什么？在各个环节中如何实现？由谁来监督
	（23）如何监督资金的运行状况和资金的使用效率？与第三方机构进行合作是否能提高绩效水平，减少资金浪费？是否足够弥补额外产生的管理费用
	（24）如何监督"揭榜挂帅"制度的施行进展？揭榜方和榜单需求方应该分别被监督的方向和内容是什么
	（25）关于风险管理，榜单各方分别面临的风险是什么？各方应该具备的风险承担能力侧重点一致吗？具体是什么

续表

"揭榜挂帅"环节	具体问题
其他事项	（26）如何建立一套相对完善的容错机制和免责机制，以及对揭榜失败方的利益补偿机制？鼓励社会积极进行创新性研究与避免道德风险之间的平衡点在哪里
	（27）关于知识产权的界定，结合"揭榜挂帅"制度与产权保护相关法律，如何制定相应的规则与机制

第三篇 中国各省区市"揭榜挂帅"案例

第十一章 21个省区市"揭榜挂帅"实践

第一节 安徽省"揭榜挂帅"实践

一、安徽省科技发展现状

表11-1展示了安徽省2019年科技发展现状及在全国的排名情况,安徽省2019年整体的科技发展指标处于全国中上游水平,国内有效专利数、高技术产业企业数和高等学校数排名靠前,研发机构较少。从图11-1中的2009~2019年科技发展趋势来看,研发机构数呈连年下降趋势,R&D经费投入强度呈现出快速增长—稳定—下降之势,高技术企业利润也如此,呈现出先增后降之势;但在国内有效专利数、R&D经费内部支出与R&D人员上增幅明显。

表11-1 安徽省2019年科技发展及排名情况

科技发展指标	安徽省	全国	全国排名
R&D人员/人	262 498	7 129 256	10
R&D经费内部支出/万元	7 540 286.4	221 435 773.6	11
R&D经费投入强度	2.031 6%	2.23%	11
国内有效专利数/件	302 010	8 812 070	8
高技术产业企业数/个	1 466	35 833	6
高技术企业利润总额/亿元	216.759 4	10 504	15
高等学校数/个	120	2 688	9
研发机构数/个	91	3 217	21

资料来源:2020年《中国科技统计年鉴》

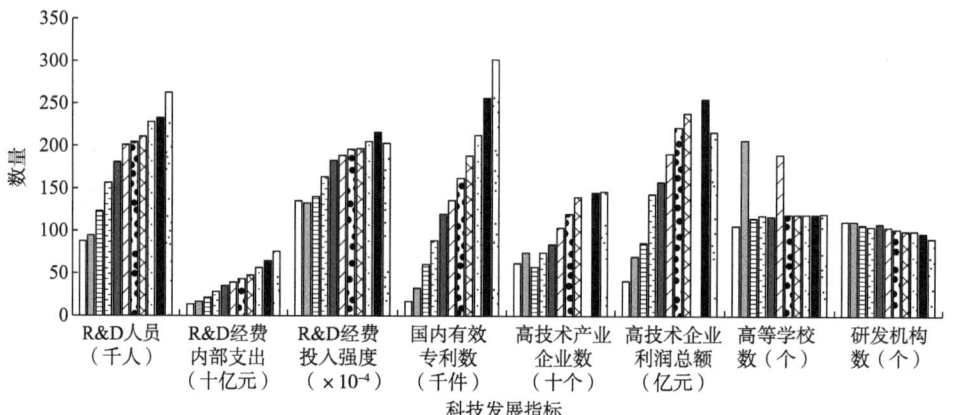

图 11-1 2009~2019 年安徽省科技发展趋势图

资料来源：《中国科技统计年鉴》，2017 年高技术产业企业、高技术企业利润数据缺失，2010 年和 2014 年高等学校数量因统计问题不具有对比意义[①]

二、"揭榜挂帅"实施概况

（一）实施过程

2020 年 6 月 30 日，安徽省经济和信息化厅发布了《重点领域补短板产品和关键技术攻关任务揭榜工作方案》，以突破产业关键技术短板为导向，着眼有基础可产业化、突出产业带动性，在 10 个重点领域、50 个重点方向中确定了 104 项揭榜任务。经企业上报、各地推荐、专家评审、网上公示等程序，确定了揭榜企业名单，并于 9 月 23 日发布《关于公布 2020 年重点领域补短板产品和关键技术攻关任务揭榜企业名单的通知》。

（二）方案归纳

1. "揭榜挂帅"主管部门

安徽省经济和信息化厅。

2. 榜单来源、类别及发榜方

安徽省经济和信息化厅聚焦于新一代电子信息、智能装备、新材料等重点领

---

① 后文各省区市对应图注内容相同。

域，征集遴选一批补短板产品和关键核心技术，最后凝练发布技术攻关类榜单。

3. 揭榜方要求

省内从事相关领域的企业，或由企业牵头多个单位组成的联合体可成为揭榜申请单位；揭榜申请单位应具有较强的创新能力，对申请揭榜的产品或技术具有一定的研发基础；揭榜申请单位需承诺揭榜后能够在指定期限内完成任务；每个单位限申请一项揭榜任务。

4. 揭榜方式

各市（直管县）经济和信息化主管部门为推荐单位，组织符合条件的企业填写申报材料，审核后集中向省经济和信息化厅行文上报。

5. 评审方式

省经济和信息化厅组织相关专家采取集中评审等方式，综合考虑申请企业的研发基础条件、创新能力、资金支撑等因素，择优确定并公布揭榜企业名单。

6. 资金配比

项目总投入中揭榜方投入不低于60%，省、市（县）财政资金投入不超过40%，单个项目省财政资助最高可达1 000万元。

7. 揭榜周期要求

项目实施周期一般为2~3年。

8. 成果验收方式

揭榜企业完成攻关任务后，由省经济和信息化厅组织相关专家开展验收评估工作。

9. 支持政策

各市结合本地区产业发展情况，在相关配套资金、项目、优惠政策等方面给予优先支持，为企业积极参与揭榜和揭榜企业完成攻关任务创造良好条件。

（三）目前实施阶段

安徽省"重点领域补短板产品和关键技术攻关任务揭榜挂帅"已于2020年9月23日发布揭榜企业名单，目前处于揭榜攻关阶段。

三、榜单分析

通过对安徽省的技术榜单进行词云分析可以发现（图 11-2），安徽省的技术需求主要集中在以系统设计、智能产品制造为主的电子信息领域和以玻璃、陶瓷等复合材料为主的材料领域两个方面，同时也涉及了对高温燃料电池、航空航天设备、车辆制造等各个方面的技术需求，而且体现出以突破产业关键技术短板为导向，着眼于有基础可产业化、突出产业带动性的特点。

图 11-2　安徽省"揭榜挂帅"榜单词云图

四、需求方与揭榜方分析

（一）需求方

安徽省开展的"揭榜挂帅"是由省经济和信息化厅提出凝练企业技术的需求，集中发布榜单，因此并没有具体的榜单需求方。

（二）揭榜方

在安徽省实施的"揭榜挂帅"中，共有 99 家单位成功揭榜 76 项技术榜单，其中，单独揭榜的单位有 54 家，采取两家单位联合揭榜的有 21 组，而采取三家单位联合揭榜的只有一组。在揭榜的 99 家单位中高新技术类企业占据了绝大部分，如合肥维信诺科技有限公司、合肥欣奕华智能机器有限公司、阳光电源股份有限公司等；余下的一部分单位则零散分布于各个行业，如有色金属冶炼和压延加工业（铜陵有色金属集团股份有限公司金威铜业分公司）、医疗健康业（安徽华米健康医疗有限公司）、煤炭开采和洗选业（淮南矿业（集团）有限责任公司）等。

五、详例介绍——以合肥炬芯智能科技有限公司揭榜"国产化智能语音芯片研发"榜单为例

随着人工智能技术（artificial intelligence，AI）与物联网（internet of things，IoT）在实际应用中的不断融合，智能语音交互技术的作用愈发凸显，我们日常生活中的智能手机、智能音箱、智能家居等众多智能终端设备均开发了语音应用，通过语音识别达到对这些智能终端的控制。而智能语音交互技术的发展离不开智能语音芯片的研发，智能语音芯片显然成了一道人与物互通互联的坚实桥梁，不可不重视。为此，安徽省经济和信息化厅在2020年6月29日发布的《重点领域补短板产品和关键技术攻关任务揭榜工作方案》特别列出"国产化智能语音芯片研发"这一榜单，向社会寻求揭榜英雄。

合肥炬芯智能科技有限公司是全国领先的声音前处理技术芯片原厂，掌握声音前处理核心技术，在全国智能语音芯片研发上占据着一席之地。合肥市经济和信息化厅收到安徽省经济和信息化厅《重点领域补短板产品和关键技术攻关任务揭榜工作方案》的通知后，积极组织合肥炬芯智能科技有限公司填写申报"国产化智能语音芯片研发"的揭榜材料。省经济和信息化厅组织相关专家采取集中评审等方式，综合考虑申请企业的研发基础条件、创新能力、资金支撑等因素，最终合肥炬芯智能科技有限公司凭借着出色的技术方案成功揭下了榜单。经公示无异议后，安徽省经济和信息化厅于2020年9月23《关于公布2020年重点领域补短板产品和关键技术攻关任务揭榜企业名单的通知》中正式予以公布确认。此后，合肥炬芯智能科技有限公司便对这一技术项目开展攻关。

第二节　福建省"揭榜挂帅"实践

一、福建省科技发展现状

表11-2展示了2019年福建省科技发展情况，可以发现福建省的科技发展水

平在全国处于中上游阶段。其中，高技术企业利润总额和国内有效专利数排名较为靠前；而 R&D 经费投入强度水平一般，高等学校数和研发机构数也较少。从图 11-3 来看，福建省 2009~2019 年科技发展各项指标基本都呈现增长趋势，而高技术企业利润总额近几年增幅明显，研发机构无太大变化。

表11-2 福建省2019年科技发展及排名情况

科技发展指标	福建省	全国	全国排名
R&D 人员/人	261 612	7 129 256	11
R&D 经费内部支出/万元	7 537 466	221 435 773.6	12
R&D 经费投入强度	1.78%	2.23%	15
国内有效专利数/件	321 070	8 812 070	7
高技术产业企业数/个	1 184	35 833	10
高技术企业利润总额/亿元	501	10 504	5
高等学校数/个	90	2 688	15
研发机构数/个	97	3 217	19

资料来源：2020 年《中国科技统计年鉴》

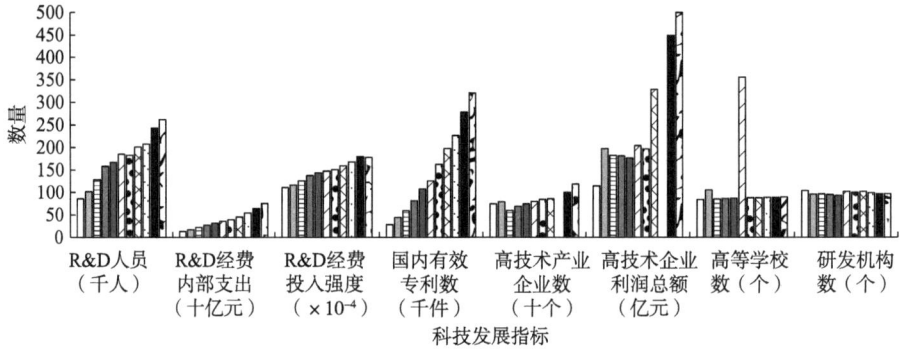

图 11-3 2009~2019 年福建省科技发展趋势图

二、"揭榜挂帅" 实施概况

（一）实施过程

截至目前，福建省"揭榜挂帅"已展开了一次。2020 年 9 月 9 日，福建省科学技术厅发布《关于征集"揭榜挂帅"重大技术需求（难题）的通知》，开始"揭榜挂帅"的实践,并对"揭榜挂帅"的实施做出相关规定。文件提出榜单征集共涉及五个领域,分别为:新型显示、高性能功能高分子材料、湾外离岸智能规模养殖设施、国家 I 类重大创新药物研发、固体废物综合处理与资源化利用。

随后,对征集的榜单进行遴选,福建省科学技术厅、福建省财政厅于 2021 年 2 月 5 日发布《关于组织申报 2021 年省科技重大专项"揭榜挂帅"试点项目的通知》,公布三项需求榜单,分别为:大色域量子点背光显示器关键技术研究及产业化、可快速重构的高性能空间复合材料、高强高弹光固化 3D 打印运动鞋底制造关键技术研究及产业化。

(二)方案归纳

1. "揭榜挂帅"主管部门

福建省科学技术厅。

2. 榜单来源、类别及发榜方

为落实福建省委十届十次全会精神,全方位推动高质量发展超越,深入实施创新驱动发展战略,以市场为导向,以应用为目的,健全省级科技重大专项"揭榜挂帅"攻关机制,做到谁能干就让谁干,实现"卡脖子"关键核心技术领域重大技术突破和自主可控发展,提升重点产业自主创新能力和核心竞争力,福建省积极探索实行"揭榜挂帅"项目组织管理方式。在广泛征集的基础上,福建省科学技术厅遴选出技术攻关类榜单并发布。

3. 榜单征集要求

重大技术需求应是龙头、骨干企业依靠自身力量难以解决的技术难题。龙头、骨干企业应属于"揭榜挂帅"重大技术需求(难题)的行业领域,包括新型显示、高性能功能高分子材料、湾外离岸智能规模养殖设施、国家 I 类重大创新药物研发、固体废物综合处理与资源化利用。

4. 需求方与揭榜方要求

需求方应为龙头、骨干企业,应属于"揭榜挂帅"重大技术需求(难题)的行业领域。龙头企业包括工业和信息化部、农业农村部认定的省级以上龙头企业,骨干企业包括 2019 年主营收入超过 2 亿元的高新技术企业、科技领军小巨人企业、科技型企业和新型研发机构等企业。需求方需编写重大技术需求(难题)表,给出明确的技术指标参数、时限要求、产权归属、资金投入预测,并按照自愿原则提交出资承诺。

牵头揭榜单位必须与福建省技术需求企业联合申报项目,揭榜单位与技术需求企业签订合作协议，揭榜单位负责技术攻关，省内技术需求企业负责科技成果承接转化。项目揭榜单位不得有到期未验收的省科技计划项目。若揭榜方为企业时，则需满足：必须是具有独立法人资格并具备科研开发能力和条件的规模以上企业；2020年度研发费用占主营业务收入的比例应达 2.5%以上，并提供能体现研发经费投入比例的企业研发经费投入结构明细表。高新技术企业可以提供有效的高新技术企业证书，不需要提供企业研发经费投入结构明细表。

5. 揭榜方式

鼓励省内外科研单位共同组成联合体与福建省技术需求企业联合申报项目。实行网上申报，并且实行归口管理、逐级申报。设区市科技局、平潭综合实验区、高校、省直有关单位和中央在闽单位归口审查网上推荐。

6. 评审方式

福建省科学技术厅将统一组织项目查新，组织开展项目评审工作。

7. 资金配比

揭榜项目研发资金主要由技术需求方、揭榜方和财政资金构成，其中财政资金支持每个项目不超过 800 万元；若省科学技术厅实际资助经费未达到申请额度，项目揭榜方应能与技术需求企业协商，自筹解决差额部分。

8. 揭榜周期要求

需求企业技术成果转化结束时间（即项目结束时间）一般不超过 2024 年 6 月 1 日，即研发周期不超过三年。

9. 成果验收方式

无说明。

10. 支持政策

无说明。

（三）目前实施阶段

福建省共实施"揭榜挂帅"一次，即 2021 年省科技重大专项 "揭榜挂帅"试点项目，目前处于发榜阶段。

三、榜单分析

福建省目前发布了三项技术榜单,通过对榜单名称进行词云分析(图11-4),可以发现榜单主要聚焦在电子信息及新材料领域,分别为大色域量子点背光显示器关键技术研发及产业化、可快速重构的高性能空间复合材料、高强高弹光固化3D打印运动鞋底制造关键技术研究及产业化。

图 11-4 福建省"揭榜挂帅"榜单词云图

四、需求方与揭榜方分析

(一)需求方

福建省"揭榜挂帅"项目目前有三个技术需求项目,三个需求方皆为企业,分别为福建捷联电子有限公司、福建思嘉环保材料科技有限公司、安踏(中国)有限公司。

(二)揭榜方

截至2021年6月8日,受揭榜进度影响暂无揭榜方。

五、详例介绍——以福建捷联电子有限公司发布"大色域量子点背光显示器关键技术研发及产业化"榜单为例

为实现"卡脖子"关键核心技术领域重大技术突破和自主可控发展，提升重点产业自主创新能力和核心竞争力，2020年9月9日，福建省科学技术厅发布《关于征集"揭榜挂帅"重大技术需求（难题）的通知》，开始"揭榜挂帅"的初步实践，并对"揭榜挂帅"的实施做出相关规定。文件从五个领域进行榜单征集，分别为：新型显示、高性能功能高分子材料、湾外离岸智能规模养殖设施、国家Ⅰ类重大创新药物研发、固体废物综合处理与资源化利用。

新型显示领域的福建捷联电子有限公司，为当地的龙头企业和骨干企业，在网络平台填写了重大技术需求（难题）表，申请了"揭榜挂帅"项目，提出技术需求，即"大色域量子点背光显示器关键技术研发及产业化"项目。福建捷联电子有限公司给出明确的技术指标参数、时限要求、产权归属、资金投入预测，并按照自愿原则提交出资承诺，拟投入资金2 200万元，申请科学技术厅财政资金不超过800万元。时限为2021年6月1日至2023年7月31日。经过层层遴选，该项目得到福建省科学技术厅的批准，并于2021年2月5日以榜单的形式正式公布，目前该技术榜单正在接受揭榜者的申请。

第三节 甘肃省"揭榜挂帅"实践

一、甘肃省科技发展现状

从表11-3可以看出甘肃省科技发展在全国省级行政区中处于偏后水平，科技发展指标在全国排名处于18~27名，但甘肃省R&D经费投入强度和研发机构数相较于其他指标水平而言较高，这说明甘肃省虽然受制于经济发展总体投入水平较低，但地方政府较为重视科技发展投入。图11-5显示，2009~2019年甘肃省在科技领域发展缓慢，主要受制于经济基础薄弱，高技术产业企业数较少。

表11-3　甘肃省2019年科技发展及排名情况

科技发展指标	甘肃省	全国	全国排名
R&D 人员/人	46 047	7 129 256	25
R&D 经费内部支出/万元	1 102 445.5	221 435 773.6	26
R&D 经费投入强度	1.26%	2.23%	19
国内有效专利数/件	40 976	8 812 070	26
高技术产业企业数/个	109	35 833	25
高技术企业利润总额/亿元	50.095 3	10 504	24
高等学校数/个	49	2 688	27
研发机构数/个	98	3 217	18

资料来源：2020年《中国科技统计年鉴》

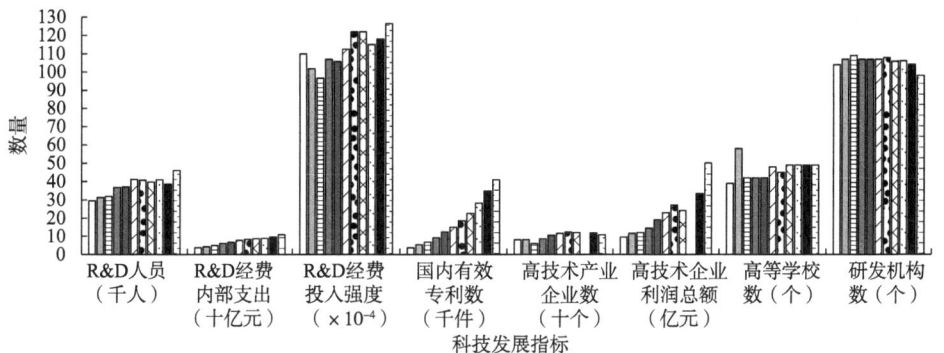

图11-5　2009~2019年甘肃省科技发展趋势图

二、"揭榜挂帅"实施概况

（一）实施过程

2020年11月16日，甘肃省科学技术厅印发《关于征集揭榜挂帅制科技项目需求的通知》，正式开始通过"揭榜挂帅"制度开展科技攻关，并面向社会公开征集榜单。随后，甘肃省科学技术厅对征集到的项目需求进行遴选，并于2020年12月12日印发《关于2020年度科技揭榜挂帅制项目张榜的通知》，发布最终榜单，榜单内容包括六项：①工业互联网（IIoT）智能石油钻机装备的研制；②半导体芯片用高纯铂、钌、铪、铁、钨材料制备技术开发；③混维凹凸棒石转白和伴生矿物利用关键制备技术；④知识产权港线上服务云平台建设；⑤牦牛胶原蛋白及其皮肤修复敷料的产业化；⑥环丙蒽本抗脑卒中一类新药研发。

（二）方案归纳

1. "揭榜挂帅"主管部门

甘肃省科学技术厅。

2. 榜单来源、类别及发榜方

为攻克制约甘肃省产业发展的"卡脖子"技术难题，加快推动科技成果转化，甘肃省科学技术厅面向社会公开征集技术攻关类和成果转化类科技"揭榜挂帅"项目需求，并从申报的270项需求中遴选出六项发榜。

3. 榜单征集要求

项目需求投入总额应不低于500万元、实施周期原则上不超过两年。项目需求应聚焦甘肃省重点领域关键核心技术和产业发展急需的重大科技成果，重点瞄准以下主攻方向。

（1）新一代信息技术，包括计算机技术与通信芯片、新一代通信与网络、网络信息安全、新一代人工智能、量子科学、4K/8K超高清视频等。

（2）高端装备制造，包括激光加工制造、高端医疗器械、工业机器人用高性能伺服驱动器、减速机、模具、数控机床等。

（3）绿色低碳，包括新能源、新能源汽车、节能环保等。

（4）生物医药，包括精准医学、干细胞与再生医学、新药创制、中药现代化、中药大品种二次开发、脑科学与脑机工程等。

（5）数字经济，包括大数据与云计算、智慧城市、物联网、区块链等。

（6）新材料，包括新型显示、半导体和集成电路技术、增材制造（3D打印）、生物医用材料等。

（7）现代种业和精准农业，包括现代种业、精准农业、食品安全、智能农机装备等。

（8）现代工程技术，包括重大交通基础设施建设核心技术、枢纽性控制性水利工程及水资源配置关键技术、城市深部空间利用和循环经济发展关键技术、新一代绿色智能建筑关键技术、现代工程关键共性技术等。

（9）十大生态产业共性关键技术，围绕节能环保、清洁生产、清洁能源、循环农业、中医中药、文化旅游、通道物流、军民融合、数据信息、先进制造等产业发展技术瓶颈。

4. 需求方与揭榜方要求

技术攻关类项目需求方要求。该类项目需求方主要为省内面临技术难题或有重大需求的具有独立法人资格的行业龙头、骨干企业，须符合下列条件：①须承诺并有能力保障科技揭榜制项目科研投入，且能够提供项目研发实施的支持和配套条件，在项目研发攻关成功后能率先在本企业推动应用；②应具备良好的社会信用，近三年内无不良信用记录或重大违法行为；③需求内容应聚焦企业和产业发展"卡脖子"的前沿技术、关键核心技术、关键零部件、重要材料及工艺等，它们通过项目实施能显著提升企业核心竞争力，带动全省乃至国家相关产业技术水平提升；④应明确项目指标参数、时限要求、产权归属、资金投入及其他对揭榜方提出的条件要求。

成果转化类项目需求方要求。该类项目需求方主要为拥有已经比较成熟且又符合我省产业需求的重大科技成果的省内外高校、科研机构、企业，须符合下列条件：①具有承担国家或省部级科研任务的基础条件和成功案例，在"卡脖子"的关键核心技术攻关中已取得重大突破，拟转化成果具备产业化和推广应用条件，且符合我省企业和产业创新发展需求；②拥有的拟转化成果的知识产权明晰，市场用户和应用范围明确，对我省产业转型升级能够发挥关键推动作用；③拥有成果转化的支撑队伍，能主动参与和协助转化应用方案的实施和推广；④优先支持产业共性技术和首台（套）重大装备及公益性和辐射带动效应显著的重大成果。

技术攻关类项目揭榜方要求。揭榜方主要是省内外具有研发能力的高校、科研机构、企业或各类创新平台及其他组织的联合体（关联交易方除外），且须满足下列条件：①有较强的研发实力、科研条件和稳定的人员队伍等，有能力完成发榜方提出的任务；②具有良好的科研道德和社会诚信，近三年内无不良信用记录；③能针对发榜项目需求提出攻克关键核心技术的可行方案，掌握自主知识产权；④优先支持具有良好科研业绩的单位和团队，鼓励产学研合作揭榜攻关。

成果转化类项目揭榜方要求。该类项目揭榜方主要为有技术需求和应用场景的甘肃省内具有独立法人资格的企业（关联交易方除外），且须满足下列条件：①拥有较强成果推广转化应用能力的队伍，能够提出科学合理的成果转化应用方案；②能够提供成果转化所需的资金、场地、市场等配套条件；③优先支持行业龙头和骨干企业，鼓励开展示范应用，努力扩大社会应用效益。

5. 揭榜方式

揭榜方按项目要求主动与需求方对接，细化落实合作具体内容，达成共识；

需求方、揭榜方按有关规定签订技术合同,并共同制订发榜项目的可行性方案;甘肃省科技厅组织专家对可行性方案进行论证,并根据专家论证意见提出财政资金拟资助项目名单,向社会公示;公示无异议的项目,甘肃省科技厅及时发布成功揭榜公告,如有异议,按相关规定处理。

6. 评审方式

甘肃省科技厅组织专家对揭榜方的资质条件、揭榜方案可行性及需求方满意度等方面展开讨论,并根据专家论证意见提出拟中榜名单,向全社会进行公示。公示无异议的项目,由需求方、揭榜方、省科技厅共同签订三方协议,各自履行职责,并及时发布成功揭榜公告。

7. 资金配比

技术攻关类项目由需求方和甘肃省科技厅提供资金,成果转化类项目由揭榜方和甘肃省财政资金支持。

8. 揭榜周期要求

"揭榜挂帅"制项目实施周期原则上不超过两年,但揭榜方在实施项目过程中因不可抗力,导致任务无法按期完成的或不能完成的,经省科技厅审核同意后,可以延期继续实施或终止项目。

9. 成果验收方式

无说明。

10. 支持政策

甘肃省科技厅将揭榜挂帅制项目列入省级科技计划项目管理,并按有关规定与技术攻关类项目发榜方、成果转化类项目揭榜方签订科技计划项目任务书。

(三)目前实施阶段

甘肃省共实施"揭榜挂帅"一次,在 2020 年 12 月 12 日印发《关于 2020 年度科技揭榜挂帅制项目张榜的通知》后,目前处于发榜阶段。

三、榜单分析

通过对甘肃省榜单难题名称进行词云分析,从图 11-6 中可以看到,甘肃省的张榜难题主要集中在"铂""铁""钨""石油钻机"等矿产及相关高端设备制造领域;同时,在"工业互联网""云平台""半导体"等新一代信息技术领域也有所涉及。

图 11-6　甘肃省"揭榜挂帅"榜单词云图

四、需求方与揭榜方分析

(一)需求方

甘肃省目前共有六个榜单需求单位,主要为科技企业、高校和科研机构。具体需求方如下,天水电气传动研究所集团有限公司、兰州金川科技园有限公司、甘肃融万科技有限公司、丝绸之路国际知识产权港有限责任公司、兰州大学、中国科学院兰州化学物理研究所。

(二)揭榜方

截至 2021 年 6 月 8 日,受揭榜进度影响暂无揭榜方。

五、详例介绍

截至 2021 年 6 月 8 日,受揭榜进度影响无具体案例。

第四节 广东省"揭榜挂帅"实践

一、广东省科技发展现状

从表 11-4 来看，2019 年广东省科技发展在全国处于顶尖水平，其科技发展指标大多排名第一。相对于其他指标位居榜首的地位，广东省的 R&D 经费投入强度较不合理，这说明相对于广东省领先的经济水平而言，科技创新的贡献还有一定发展空间。从图 11-7 中可以看出，广东省在科技创新方面基础较好，且呈现出上升发展趋势。

表11-4 广东省2019年科技发展及排名情况

科技发展指标	广东省	全国	全国排名
R&D 人员/人	1 091 544	7 129 256	1
R&D 经费内部支出/万元	30 984 890	221 435 773.6	1
R&D 经费投入强度	2.87%	2.23%	4
国内有效专利数/件	1 803 875	8 812 070	1
高技术产业企业数/个	9 542	35 833	1
高技术企业利润总额/亿元	2 730.953 8	10 504	1
高等学校数/个	154	2 688	2
研发机构数/个	187	3 217	2

资料来源：2020 年《中国科技统计年鉴》

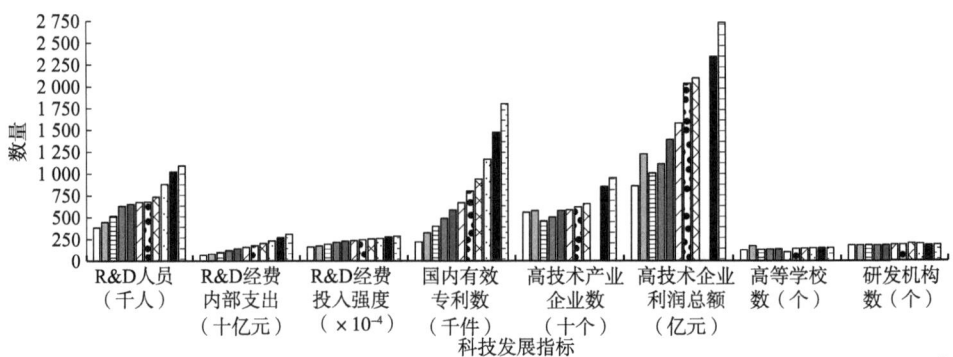

图 11-7 2009~2019 年广东省科技发展趋势图

二、"揭榜挂帅"实施概况

（一）实施过程

2018 年 10 月 23 日，广东省科学技术厅印发了《关于征集适合揭榜制的重大科技项目需求的通知》，向社会公开征集揭榜项目。随后 12 月 5 日，印发《关于 2018 年度揭榜制项目张榜的通知》，从征集到的揭榜项目中遴选出 12 项进行发榜。2019 年 5 月 27 日，广东省科学技术厅印发《关于 2019 年度省科技创新战略专项资金（揭榜制等）拟立项项目的公示》，对八个揭榜项目进行立项支持。2020 年 3 月 11 日，广东省科学技术厅再次向社会公开征集揭榜项目。

从 2019 年 10 月 23 日到 2020 年 9 月 27 日，广东省深圳市福田区政务服务数据管理局发布了 3 批人工智能场景需求和 2 批新冠疫情防控场景需求的榜单：《关于诚邀人工智能场景需求（第一批）应用研发合作伙伴的公告》、《关于诚邀人工智能场景需求（第二期）应用研发合作伙伴的公告》、《关于诚邀常态化疫情防控下的人工智能场景需求应用研发合作伙伴的公告》、《关于诚邀优秀机构参加疫情常态化防控的智能测温卡口建设应用场景评测会的公告》和《关于诚邀人工智能场景需求（第三期）应用研发合作伙伴的公告》。2020 年 2 月 12 日至 2020 年 7 月 3 日广东省深圳市科技创新委员会发布了关于新型冠状病毒肺炎疫情科研攻关项目的工作方案，以及二批技术榜单：《关于以"悬赏制"方式组织开展"新型冠状病毒感染的肺炎疫情应急防治"应急科研攻关项目的工作方案》、《关于发布"新型冠状病毒肺炎疫情应急防治"科研攻关项目悬赏指南的通知》和《关于发布第二批"新型冠状病毒肺炎疫情应急防治"科研攻关项目悬赏指南的通知》。

除此之外，从 2019 年 5 月 28 日到 2020 年 9 月 4 日，广东省各市、区开展了四次"揭榜挂帅"，包括中山市南头镇政府发布《关于"智能家电产业核心技术攻关揭榜挂帅"项目揭榜的公告》，湛江市科学技术局发布《关于征集揭榜制重大科技项目需求的通知》，中山市科学技术局发布《关于征集适合传统产业改造提升专题揭榜制的重大科技项目需求的通知》，佛山市顺德区科学技术局发布《关于发布 2020 年核心技术攻关项目申报指南的通知》。

（二）方案归纳

1. "揭榜挂帅"主管部门

广东省科学技术厅，各市区的科学技术部门及项目相关的职能部门。

2. 榜单来源、类别及发榜方

广东省的榜单来源可以分为两大类：第一类是为加强地区重点产业、关键核心技术发展的，如2018、2020年广东省科学技术厅印发了《关于征集适合揭榜制的重大科技项目需求的通知》，湛江市科学技术局发布《关于征集揭榜制重大科技项目需求的通知》等系列文件。这一类别的"揭榜挂帅"榜单来源，是由需求方通过广东省政务服务网或广东省科技业务管理阳光政务平台进行需求申报，随后由广东省科技厅整理审核后统一发布。第二类为聚焦具体问题，着重于解决突发问题或某些专业领域的具体需求，如广东省深圳市发布的三批人工智能场景需求和二批新冠疫情防控场景需求的榜单、关于新型冠状病毒肺炎疫情科研攻关项目的二批技术榜单，以及中山市南头镇政府发布《关于"智能家电产业核心技术攻关揭榜挂帅"项目揭榜的公告》等政策文件。这一类别的"揭榜挂帅"榜单来源，是当地政府部门根据当地科技发展需求和相关工作部署，直接进行发榜征集。

综合广东省实施的"揭榜挂帅"来看，其榜单类别可以分为三大类——技术攻关类、成果转化类和平台建设类。而发榜方主要是"揭榜挂帅"主管部门，即广东省科学技术厅，各市区的科学技术部门及项目相关的职能部门。

3. 榜单征集要求

在广东省实施的"揭榜挂帅"中，四次"揭榜挂帅"有榜单征集环节。其中，2018年广东省科学技术厅发布的征集文件和2020年湛江市发布的征集文件均要求榜单项目需求应瞄准新一代信息技术、高端装备制造、绿色低碳、生物医药、数字经济、新材料、海洋经济、现代种业、精准农业和现代工程技术等高新技术领域；2020年广东省科学技术厅发布的征集文件和2020年中山市发布的征集文件对榜单项目需求只做了概括性规定。

4. 需求方与揭榜方要求

技术攻关类需求方要求。该类项目的需求方主要为有技术难题或重大需求的省内具有独立法人资格的行业龙头、骨干企业，且须符合下列条件：①须承诺并有能力保障揭榜制项目科研投入，且能够提供支持项目研发实施的配套条件，在项目攻关成功后能率先在本企业推广应用；②应具备良好的社会信用，近三年内无不良信用记录或重大违法行为；③需求内容应聚焦企业、产业发展"卡脖子"的关键核心技术、前沿技术、关键零部件、材料及工艺等方面，能够显著提升企业核心竞争力，带动本省乃至国家相关产业的技术应用水平；④应明确指标参数、时限要求、产权归属、资金投入及其他对揭榜方的要求等内容。

成果转化类需求方要求。该类项目的需求方主要为有已经比较成熟且又符合广东产业需求的重大科技成果的省内外高校、科研机构、科技型中小企业,且须符合以下条件:①具有承担国家及省部级科研任务的基础条件和成功案例,在"卡脖子"的关键核心技术攻关中已取得重大突破,拟转化成果具备产业化和推广应用条件,且符合广东省企业和产业创新发展需求;②具有拟转化成果的自主知识产权,市场用户和应用范围明确,对广东省产业转型升级能够发挥关键推动作用;③拥有成果转化的支撑队伍,能主动参与和协助推广应用方案的实施;④优先支持产业共性技术和首台(套)重大装备,以及公益性、辐射带动效应显著的重大成果。

技术攻关类揭榜方要求。揭榜方主要为省内外有研究开发能力的高校、科研机构、科技型中小企业或其组织的联合体(关联交易方除外),且须满足下列条件:①具有较强的研发实力和科研条件及稳定的人员队伍等,有能力完成张榜任务;②具有良好的科研道德和社会诚信,近三年内无不良信用记录;③能够根据张榜项目需求提出攻克关键核心技术的可行方案,掌握自主知识产权;④优先支持具有良好科研业绩的团队和单位,鼓励产学研合作揭榜攻关。需要指出的一点是,在深圳市发布的关于新型冠状病毒肺炎疫情科研攻关项目中,对相关技术攻关的揭榜方提出了更加具体细致的要求,包括对机构所属地、机构营业收入、药物疫苗研发基础,以及多个揭榜方合作方式等方面。

成果转化类揭榜方要求。揭榜方为在广东省内有技术需求和应用场景的具有独立法人资格的企业(关联交易方除外),须符合以下条件:①拥有较强的成果推广应用队伍,能够提出科学合理的成果转化方案;②能够提供成果转化所需的资金、场地、市场等配套条件;③能够积极开展示范应用,努力扩大社会应用效益;④优先支持行业龙头、骨干企业。

5. 揭榜方式

广东省开展的"揭榜挂帅"主要有两种揭榜方式,一是通过广东省政务服务网或广东省科技业务管理阳光政务平台,填报揭榜制项目需求,经所属主管部门审核通过后提交至省科技厅;二是直接将相关揭榜材料通过邮件提交给主管单位。

6. 评审方式

由"揭榜挂帅"主管部门组织行业专家或委托第三方专业机构对揭榜方的资质条件、揭榜方案可行性、需求方满意度等进行论证,确定最终揭榜名单并进行公示。

7. 资金配比

在广东省开展的"揭榜挂帅"中主要有三种资金配比方式,第一种是省财政资金给予项目投入总额 20%的资金支持，根据项目投入和进展情况分两期拨付，一是在企业第一期投入到位后进行匹配投入，二是在中期评估检查达到考核要求后进行后续投入，且对单个项目的省财政资助额度最多不超过 2 000 万元。第二种是实施提前完成奖励机制。项目在实施周期截止日或揭榜截止日前，达到项目要求的，每提前一天给予资助金额的 1%予以奖励。检测技术项目奖励金额累计不超过 200 万元，疫苗项目奖励金额累计不超过 500 万元，治疗药物项目奖励金额累计不超过 800 万元。第三种是资助资金分三期拨付，立项和签订合同书后拨付 20%，项目通过中期评估后拨付 40%，项目通过验收后拨付 40%。

8. 揭榜周期要求

实施周期一般不超过三年，具体以项目类型而异。

9. 成果验收方式

广东省开展的"揭榜挂帅"主要有三种成果验收方式，第一种是广东省科技厅委托第三方专业机构对目标开展项目验收等管理工作；第二种是由项目处室按考核时间组织专家考核，考核验收应邀请市级以上医疗机构参与；第三种是按照当地《财政扶持资金项目管理办法》相关规定执行考核验收。

10. 支持政策

无说明。

（三）目前实施阶段

广东省共实施"揭榜挂帅"13 次，除了 2019 年 5 月 27 日广东省科学技术厅发布的揭榜制立项名单之外，其他公示揭榜者名单的政策文件无法获得，但根据发榜日期和进度安排可知，大多数"揭榜挂帅"已处于揭榜攻关阶段。

三、榜单分析

通过对广东省的榜单难题名称进行词云分析，从图 11-8 中可以看到，广东省的榜单难题主要集中在"智能""识别""机器人""系统"等新一代信息技术领域；同时，在"新冠肺炎""检测""生物"等生物医药领域和"家电""装备"等高端装备制造领域也有所涉及。

图 11-8 广东省"揭榜挂帅"榜单词云图

四、需求方与揭榜方分析

（一）需求方

在广东省实施的"揭榜挂帅"中，只有2018年广东省科学技术厅发布的榜单中有明确具体的需求方。在此次"揭榜挂帅"中，共有22个需求方，其中有16家科技型企业——京信通信系统（中国）有限公司、广东广垦畜牧集团股份有限公司、互太（番禺）纺织印染有限公司、贝恩医疗设备（广州）有限公司、深圳市华星光电技术有限公司、广东溢多利生物科技股份有限公司、珠海兴业新材料科技有限公司、广东博智林机器人有限公司、广东兴发铝业有限公司、易事特集团股份有限公司、广东生益科技股份有限公司、广东风华高新科技股份有限公司、北京兆阳能源技术有限公司、北京兆阳能源技术有限公司、大陆智源科技（北京）有限公司、广州中大医疗器械有限公司；四所高校——华南理工大学、中山大学、同济大学、华中科技大学；以及两家科研机构——广东省稀有金属研究所、广东省微生物研究。

（二）揭榜方

在广东省已公示揭榜立项名单中，揭榜方有高校和科技型企业，包括华南理工大学、中山大学等高校，以及银禧工程塑料（东莞）有限公司、广州奥咨达医疗器械技术股份有限公司、广州市朴道联信生物科技公司、广州奥中医疗器械科技公司、化州化橘红药材发展有限公司、广州爱其科技股份有限公司、广州数控设备有限公司、广东肇庆星湖生物科技股份有限公司、广州资源环保科技股份有限公司等科技型企业。

五、详例介绍——以深圳市通过"悬赏制"方式组织开展"新型冠状病毒感染的肺炎疫情应急防治"应急科研攻关为例

2020年2月12日,为应对新冠肺炎疫情的袭击,广东省科学技术厅主导发布了《关于以"悬赏制"方式组织开展"新型冠状病毒感染的肺炎疫情应急防治"应急科研攻关项目的工作方案》,以"揭榜挂帅"的方式开展新冠肺炎疫情应急防治科研攻关。相关工作方案推出实施后,以深圳市为代表的一大批广东省城市迅速开展了科研攻关的张榜。

以深圳市为例,2020年2月12日,深圳市科技创新委员会公布了以"悬赏制"方式组织开展"新型冠状病毒感染的肺炎疫情应急防治"应急科研攻关项目的工作方案,通过"赛马式"资助、"里程碑式"资助、事后资助和揭榜奖励制四种方式,资助科研企业投入资源开发疫情防治用具。2月29日,深圳市新冠肺炎疫情应急防治科研攻关项目正式公布了首批悬赏标的"新冠病毒全自动高通量诊断设备及试剂的研发"和"新冠病毒的现场快速筛查设备及试剂的研发",最终的揭榜者可以获得不超过500万元的奖金。

首批科研攻关的悬赏项目包括两大类,分别是"新冠病毒全自动高通量诊断设备及试剂的研发"和"新冠病毒的现场快速筛查设备及试剂的研发"。其中前者的应用场景是在大中型医疗单位和防疫机构快速确诊新冠病毒感染患者;后者的应用场景是在基层医疗机构及公共场所,现场快速排查新冠病毒疑似感染患者。

随后,深圳面向国内外发布第一批悬赏指南,分五批次推动该市17个科研攻关项目获得国家、省、市新冠肺炎疫情应急防治技术专项立项,立项资助金额2 640万元人民币。打破资质、限项的约束,完成565个技术攻关项目的两轮专家论证工作,将择优资助约20个重点项目,每个项目资助上限可达800万元人民币。

在"揭榜挂帅"的资助和激励下,华大基因率先研制的快速检测试剂盒,首批通过国家药监局应急审批并最早投入使用;深圳科研人员还较早成功分离出新冠肺炎病毒毒株,启动康复者血清抗体研究,率先推出"深圳版"新冠肺炎诊疗方案。在疫苗研发方面,同步开展灭活疫苗、重组蛋白疫苗、病毒载体疫苗、核

酸疫苗的研发，走在疫苗研发的前列。

依托疫情大数据分析系统，对交通、通讯、人口等海量数据进行对比分析，深圳准确预测来深人流"潮汐"，让疫情防控更加科学、精细、智能、可追溯，智能防控、精准防控。"黄田田"义警机器人、"建国"警用巡逻机器人、"夸父"无人配送车、"太赫兹+红外"一体化人体安检测温系统、智能测温和定位手环等"黑科技"，纷纷亮相各交通站点检疫、密集场所测温、居民生活物资配送等应用场景，成为防疫战线一支高科技主力军。

通过"揭榜挂帅"的资助，深圳快速、准确地解决了疫情防控的科研需要，充分调动国营、民营企业投入竞争，展现了"揭榜挂帅"模式的强大产出能力。

第五节　广西壮族自治区"揭榜挂帅"实践

一、广西壮族自治区科技发展现状

从表11-5来看，2019年广西壮族自治区科技发展水平在全国处于中等偏后，科技发展各指标排名在12~27名。其中，研发机构数量相较于其他指标而言较好，而R&D经费投入强度最差，表明科技创新在经济发展中的贡献较小。从图11-9的趋势来看，2009~2019年高技术产业企业数变化不大，企业利润总额经历了较大增长之后近几年有下降趋势。

表11-5　广西壮族自治区2019年科技发展及排名情况

科技发展指标	广西壮族自治区	全国	全国排名
R&D人员/人	82 445	7 129 256	21
R&D经费内部支出/万元	1 671 326.2	221 435 773.6	20
R&D经费投入强度	0.78%	2.23%	27
国内有效专利数/件	78 250	8 812 070	20
高技术产业企业数/个	365	35 833	20
高技术企业利润总额/亿元	126.596	10 504	21
高等学校数/个	78	2 688	19
研发机构数/个	108	3 217	12

资料来源：2017~2019年《中国科技统计年鉴》

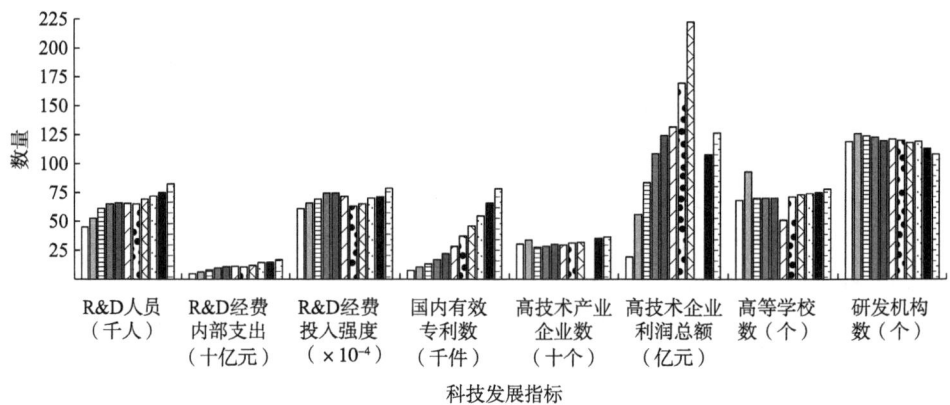

图 11-9　2009~2019 年广西壮族自治区科技发展趋势图

二、"揭榜挂帅"实施概况

（一）实施过程

2020年6月23日广西壮族自治区科学技术厅《关于印发广西科技项目揭榜制工作实施办法（试行）的通知》，确定了"揭榜挂帅"制度的实施方案。2020年10月19日，广西壮族自治区科学技术厅发布《关于征集揭榜制科技项目需求的通知》，正式开始实施"揭榜挂帅"制度，征集榜单需求，但目前未发榜。

2020年12月17日，广西钦州市印发《关于诚邀各方英才对重点产业关键技术攻关"揭榜挂帅"的公告》，发布27个技术需求榜单，目前尚未揭榜。

（二）方案归纳

1. "揭榜挂帅"主管部门

广西壮族自治区科学技术厅、钦州市委。

2. 榜单来源、类别及发榜方

为完善广西科技计划项目管理体系，创新科技管理组织模式，充分利用全国范围的优势资源解决我区关键核心技术难题，加快推动科技成果转化，自治区科技厅本着加大社会研发投入和助力科技供需对接的原则，通过广西科技信息管理平台面向全国范围开展重大科技需求的征集工作。征集的榜单主要包括技术攻关类和成果转化类项目,由广西科学技术厅或钦州市委发布。

3. 榜单征集要求

揭榜制项目应聚焦于自治区重点领域和产业发展的关键核心技术需求,围绕传统优势产业、先进制造业、新一代信息技术、互联网经济、高性能新材料、生态环保、优势特色农业、海洋资源开发利用、大健康产业等"九张名片"领域的关键核心技术攻关和科技成果转化,支持在重大专项中涉及"蛙跳"产业、战略性新兴产业的技术攻关和成果转化,支持行业共性技术攻关和成果转化。

4. 需求方与揭榜方要求

技术攻关类需求方要求。技术攻关类需求方应是区内具有独立法人资格、有重大技术需求或技术难题的企业,且具体应满足以下要求:①一般应为行业或领域内有较大影响和规模的企业,通过揭榜的方式开展技术攻关;②提出技术需求的企业须配套投入一定比例的研发经费,且上年度研发经费占主营收入比例一般要达到1%以上。

成果转化类需求方要求。成果转化类需求方应是符合广西产业需求且拥有成熟科技成果的全国范围内的高校、科研机构、科技型企业或联合体。具体要求有:①具有拟转化成果的自主知识产权,明确的市场用户和应用范围,能够对广西产业转型升级发挥关键推动作用;②拥有成果转化的支撑队伍,能主动参与和协助转化。

技术攻关类揭榜方要求。技术攻关类揭榜方应是全国范围内研发能力强的高校、科研机构、科技型企业或联合体(与需求方不能为同一单位或其下属子公司)。具体要求有:①积极响应技术攻关类需求方,提出攻克关键核心技术的可行性方案,掌握自主知识产权;②具有成果转化的技术支撑队伍与相关经验,能协助需求方完成技术应用落地实施;③鼓励与自治区人民政府签署了战略合作协议的高校、科研机构或企业参与揭榜攻关。

成果转化类揭榜方要求。成果转化类揭榜方应是区内具有独立法人资格且拥有技术需求和应用场景的企业或其牵头的联合体(与需求方不能为同一单位或其下属子公司)。具体要求有:①拥有成果转化应用能力较强的队伍,为成果转化提供科学合理的方案;②能够提供成果转化所需的配套条件,如资金、场地和市场等;③能够积极开展示范应用,努力扩大社会效益。

5. 揭榜方式

揭榜单位应结合技术需求及自身情况,采取单独或联合其他单位填报揭榜申报书,并按要求报送有关材料。科学技术厅组织需求方、揭榜方对接,充分洽谈,细化落实相关内容要求，双方拟定揭榜协议，并将揭榜协议报送科技厅审查备案，备案通过后，科学技术厅向全社会进行公示，公示无异议的项目由需求方、揭榜方正式签订揭榜协议（合同），并与科学技术厅签订任务书，发布揭榜公告。

6. 评审方式

科学技术厅组织专家和需求方对揭榜方的资质条件、揭榜方案可行性等进行论证，并根据论证意见提出拟推荐名单。

7. 资金配比

揭榜制项目资金主要由需求方、揭榜方按揭榜协议落实，自治区财政资金按项目研发投入总额给予一定比例的资金支持。

技术攻关类项目资金由政府与需求方共担，政府财政资助采取前资助与后补助相结合的方式，具体资助比例如下：项目研发总投入在500万元以下的，财政资助不超过总投入的40%；500万元（含）以上至1 000万元以下的，财政资助不超过总投入的35%；1 000万元（含）以上至1 500万元以下的，财政资助不超过总投入的30%；1 500万元（含）以上至2 000万元以下的，财政资助不超过总投入的25%；2 000万元（含）以上的，财政资助不超过总投入的20%；最高补助不超过1 000万元。

对于成果转化类项目的资助一般采取后补助的方式。需求方在科技成果转化完成后实际投入使用，并经认定达到任务书预期的经济效益时才能给予补助，否则将不给予经费补助。自治区财政资金对揭榜制成果转化项目的补助金额，按任务书约定的成果转化实际到账金额计算，一般不超过 50%，最高补助不超过 500万元。

8. 揭榜周期要求

揭榜制项目实施周期原则上不超过三年，揭榜方在项目实施过程中因不可抗力，导致任务无法按期完成或不能完成的，须与需求方达成一致意见，经科学技术厅审核同意后，可以延期实施或终止项目。

9. 成果验收方式

无说明。

10. 支持政策

广西钦州市提出了具体的"揭榜挂帅"高层次人才政策待遇。

（1）生活补贴。正高级职称、全日制博士研究生且有副高级职称者、出站博士后30万元（税后，下同）；全日制博士研究生、副高级以上职称获得者25万元；

全日制硕士研究生、高级技师 15 万元；技师 8 万元；其他经认定有发明专利、自主知识产权或特殊才能且年薪 18 万元（税后）及以上的企业急需紧缺人才 10 万元。上述补贴均分五年发放。

（2）入住人才公寓。博士研究生、硕士研究生、高级职称人才、高级技师均可给予安排人才公寓。其中，在钦州市辖区范围内企业"挂帅"的，市委人才办将以免租金的方式提供为期最长三年的周转住房；其他的按照相应县（区）、园区的相关政策落实。

（3）医疗优诊。博士研究生、高级职称人才，凭优诊卡可在全市范围内享受指定医院预约就诊、专家诊疗的就医绿色通道服务。

（三）目前实施阶段

2020 年 10 月 19 日发布的《关于征集揭榜制科技项目需求的通知》处于榜单征集阶段。2020 年 12 月 18 日广西钦州市发布的《关于诚邀各方英才对重点产业关键技术攻关"揭榜挂帅"的公告》处于发榜阶段。

三、榜单分析

通过对广西壮族自治区榜单难题名称进行词云分析，从图 11-10 中我们可以看到，广西壮族自治区的榜单难题主要集中在"甲醇重整""制氢""电池""动力换挡""汽车"等新能源汽车关键技术开发及产品研发领域。

图 11-10　广西壮族自治区"揭榜挂帅"榜单词云图

四、需求方与揭榜方分析

（一）需求方

截至2021年6月8日，受揭榜进度影响，只有广西钦州市开展的"揭榜挂帅"有具体的榜单需求方。在此次"揭榜挂帅"中，共有18家项目需求方，均为广西行政区域内的企业，具体是：钦州绿传科技有限公司、广西烯旺智能科技有限公司、广西凯兴创新科技有限公司、广西天山电子股份有限公司、广西天山电子股份有限公司、广西迅虹投资有限公司、浦北县东强门业有限公司、广西灵山一枝食品有限公司、广西绿达食品有限公司、浦北高迈新能源科技有限公司、广西埃索凯新材料科技有限公司、广西埃索凯循环科技有限公司、广西天源新能源材料有限公司、广西锰华新能源科技发展有限公司、广西慧宝源医药科技有限公司、浦北县建业胶合板有限责任公司、浦北金通塑业有限公司、钦州市坭兴陶研究中心。

（二）揭榜方

截至2021年6月8日，受揭榜进度影响暂无揭榜方。

五、详例介绍

截至2021年6月8日，受揭榜进度影响暂无具体案例。

第六节　贵州省"揭榜挂帅"实践

一、贵州省科技发展现状

表11-6展示了贵州省2019年科技发展各项指标情况，从中可以看出，贵州省的科技发展水平在全国处于下游阶段，各项指标排名相差不大。从图11-11中

可以看出贵州省 2009~2019 年在科技创新领域取得了一定的成果，对科技的人员投入、经费投入，以及企业引进和高校建设都有增加；而在 R&D 经费投入强度方面先降低再增长。总体而言，尽管贵州省的科技发展基础较弱，但近几年逐渐重视科技创新的作用。

表11-6 贵州省2019年科技发展及排名情况

科技发展指标	贵州省	全国	全国排名
R&D 人员/人	67 285	7 129 256	24
R&D 经费内部支出/万元	1 446 849	221 435 774.6	25
R&D 经费投入强度	0.86%	2.23%	25
国内有效专利数/件	70 498	8 812 070	22
高技术产业企业数/个	428	35 833	19
高技术企业利润总额/亿元	58	10 504	22
高等学校数/个	72	2 688	20
研发机构数/个	76	3 217	23

资料来源：2020年《中国科技统计年鉴》

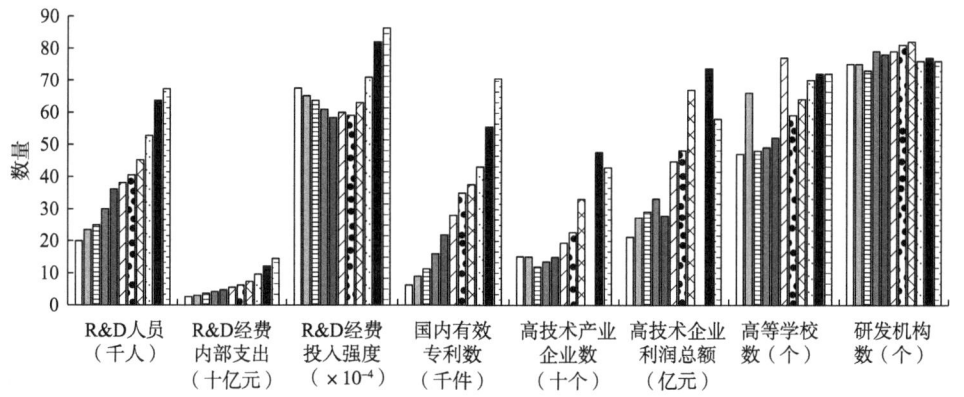

图 11-11 2009~2019 年贵州省科技发展趋势图

二、"揭榜挂帅"实施概况

（一）实施过程

截至目前，贵州省"揭榜挂帅"已开展了五次。

2017年1月10日，贵州省政府《关于发布农村信息化及建筑工业化领域技术榜单的通知》，进行了"揭榜挂帅"的初步实践。文件公布了此次"揭榜挂帅"的需求榜单，分别为三项建筑工业化项目：易地扶贫搬迁移民房、农户信息化综合服务系统及建筑工业化、贵州农村传统木结构民居。

2017年4月7日，贵州省科技厅《关于发布贵州省大数据领域技术榜单的通知》，公布新一轮"揭榜挂帅"的需求榜单，榜单的难题分别为块数据与区域治理、多源数据融合与集成技术、公共大数据安全与隐私保护。

2018年6月29日，贵州省政府发布《关于发布贵州省玉米种植面积调减规模化替代技术榜单的通知》，发布玉米种植面积调减规模化替代的需求榜单。

2018年12月28日，贵州省政府发布《贵州省审批服务便民化技术榜单》公布此次的需求榜单，此次需求难题为省域全层级规模行政审批和政务服务业务流程再造和政务块数据。

2020年3月31日，贵州省政府发布《关于发布贵州省煤炭智能采掘技术榜单的通知》。文件中发布了无井式煤炭地下气化全链条现场先导性实验技术榜单、基于工业互联网的煤炭采掘技术榜单，以及110/N00工法煤炭智能采掘技术和装备技术榜单这三项需求榜单。

（二）方案归纳

1. "揭榜挂帅"主管部门

贵州省科学技术厅。

2. 榜单来源、类别及发榜方

贵州省开展的五次"揭榜挂帅"均聚焦于贵州省经济发展重点领域，榜单主要来源于大数据、农业农村和电子政务方面，且都是由贵州省科学技术厅凝练形成榜单发布，榜单都是技术攻关类项目。

3. 揭榜方要求

在遥感大数据应用技术榜单中，要求揭榜单位与指定的政府机构组成项目实体（SPV），建立股份制的新型研发机构，研发遥感影像数据处理平台"鹰网"系统（ING，信息网格），实现自然资源资产负债表编制、平方公里网格（SKIN）监管、灾害应急响应地形比对等功能。

在煤矿机械化开采技术榜单中，鼓励产学研合作，煤矿企业、设备制造企业、高校、科研机构合作共同申报，并要求牵头单位须为贵州省内注册的独立法人，参与单位必须要实施项目的煤矿企业。

4. 揭榜方式

网上申报与书面申报并行。

5. 评审方式

贵州省科学技术厅根据是否达到榜单给出的技术指标与考核指标进行评审。

6. 资金配比

无说明。

7. 揭榜周期要求

无说明。

8. 成果验收方式

无说明。

9. 支持政策

无说明。

（三）目前实施阶段

贵州省共实施"揭榜挂帅"五次，公示揭榜者名单的文件无法获取，但按照发榜时间和进度安排可知，应有四次已完成揭榜（农村信息化及建筑工业化领域技术榜单、贵州省大数据领域技术榜单、贵州省玉米种植面积调减规模化替代技术榜单、贵州省审批服务便民化技术榜单），一次处于揭榜攻关阶段（贵州省煤炭智能采掘技术榜单）。

三、榜单分析

通过对贵州省的榜单难题名称进行词云分析，得到图 11-12。从图 11-12 中可以看出，贵州省的"揭榜挂帅"榜单主要涉及矿产资源、建筑业和农业等传统行业，以及人工智能、互联网、政务服务等新兴行业领域，榜单主要攻关煤炭智能采掘技术、大数据领域技术、审批服务便民化技术、农村信息化及建筑工业化领域技术。

图 11-12 贵州省"揭榜挂帅"榜单词云图

四、需求方与揭榜方分析

（一）需求方

贵州省开展的"揭榜挂帅"均由省科学技术厅集中发布榜单，因此并没有具体的榜单需求方。

（二）揭榜方

由于公示揭榜者名单的文件无法获取，暂无揭榜方信息。

五、详例介绍——以"贵州省'关键4%'煤矿机械化开采技术榜单"项目为例

按照贵州省人民政府《关于煤炭工业淘汰落后产能加快转型升级的意见》要求，2020年贵州省生产煤矿采煤机械化率将达到96%。其余难以实现机械化开采的4%煤矿是影响贵州省采煤机械化的关键（即"关键4%"）。"关键4%"煤层

赋存条件复杂多样，由于煤层倾角大、构造复杂、井田范围小等问题难以实现机械化开采。贵州省科学技术厅、贵州省能源局《关于发布"贵州省'关键4%'煤矿机械化开采技术榜单"的通知》，该批技术榜单旨在攻克"关键4%"煤矿机械化开采难题，提高企业安全生产水平，推动贵州省十大千亿级工业产业的转型发展。

此次榜单针对不同的实际情况发布两项技术榜单：技术榜单一是针对12对复杂地质条件的大倾角煤层，要求实现综合机械化开采，而提出的复杂地质条件下急倾斜煤层的综合机械化开采技术榜单；技术榜单二是针对7对难以实现综合机械化或综合机械化成本高、效益低的煤层，目的是探索小型机械化开采而提出的构造复杂、井田范围小等特殊地质条件煤层的小型机械化开采技术榜单。

第七节 海南省"揭榜挂帅"实践

一、海南省科技发展现状

从表11-7来看，2019年海南省科技发展水平处于全国偏后，科技发展各指标排名多位于30名左右，总体科技发展水平较低。从图11-13来看，高技术产业企业数2009~2019年变化不大，R&D经费内部支出增长缓慢。

表11-7 海南省2019年科技发展及排名情况

科技发展指标	海南省	全国	全国排名
R&D人员/人	14 559	7 129 256	29
R&D经费内部支出/万元	299 095.8	221 435 773.6	29
R&D经费投入强度	0.56%	2.23%	29
国内有效专利数/件	13 403	8 812 070	29
高技术产业企业数/个	60	35 833	27
高技术企业利润总额/亿元	40.157 6	10 504	25
高等学校数/个	20	2 688	28
研发机构数/个	28	3 217	28

资料来源：2020年《中国科技统计年鉴》

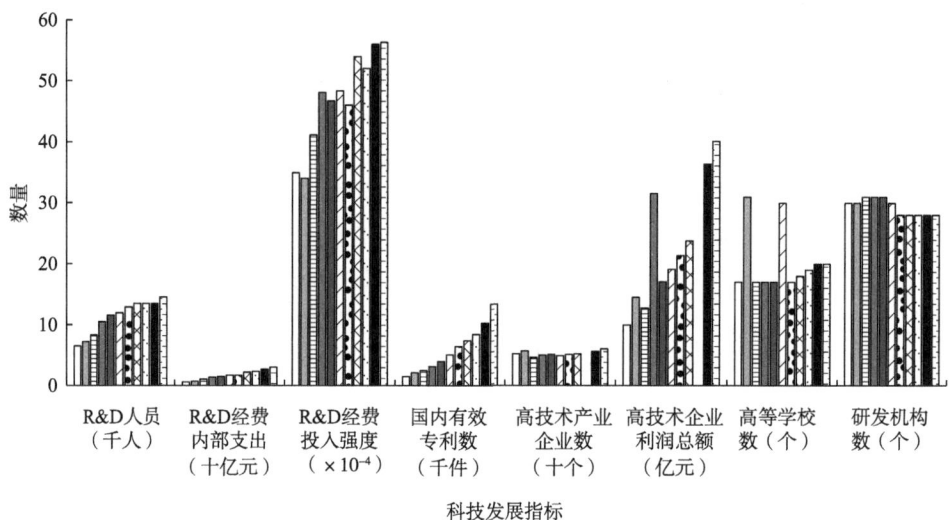

图 11-13　2009~2019 年海南省科技发展趋势图

二、"揭榜挂帅"实施概况

（一）实施过程

2021年1月5日，海南省工业和信息化厅印发《海南省实施区块链应用示范揭榜工程方案》，发布七个领域的区块链相关榜单：自然资源和规划、司法、金融管理、旅游、医疗、国际贸易和农业。目前尚未揭榜。

（二）方案归纳

1. "揭榜挂帅"主管部门

海南省工业和信息化厅、海南省大数据管理局。

2. 榜单来源、类别及发榜方

为充分利用海南自由贸易港建设大背景下区块链产业发展的机遇和优势，解决海南区块链产业当前阶段面临的问题和挑战，加快推动海南省区块链技术和产业创新发展，培育打造"链上海南"区块链产业生态，海南省工业和信息化厅与海南省大数据管理局牵头组织成立了海南省区块链应用示范揭榜工程工作领导小组,负责组织协调开展揭榜工程相关工作,发布项目榜单。榜单类别均为平台建设类,主要基于区块链产业的发展优势,推动"链上海南"区块链产业平台建设。

3. 揭榜方要求

揭榜单位主体可为独立企业、企业联合体,或为具备研究开发能力的机构与企业成立的联合体,且承诺揭榜成功后六个月内须在海南本地注册成立成果转化运维公司。申报企业需满足以下基本要求和研发能力要求。

基本要求:①企业或联合体具有独立法人资格,能独立承担民事责任;②有依法缴纳税金和社会保障资金的良好记录;③具有良好的科研道德和社会诚信,近3年内无不良信用记录;④参加政府采购活动近一年内(2020年),在经营活动中没有违法记录;⑤参与揭榜项目所使用技术均需具备国内自主知识产权,且无权益纠纷风险;⑥国家法律、行政法规规定的其他条件。

研发及成果转化能力要求:①具备较强的区块链研发实力、良好的科研条件和稳定的研发队伍等,具有完成揭榜任务的能力;近一年(2020年)的年研发投入占销售收入比例大于2%,且研发人员比例占单位职工总数的比例大于10%;②根据揭榜工作任务目标,能够编制攻克关键核心技术的可行性方案,掌握核心技术自主知识产权,成果产权不涉及国内外技术权益风险;③拥有较强的示范应用成果推广能力,具有专业的推广团队,能够提出科学合理的示范应用成果转化方案,项目投资收益方案合理且可行;④具备示范应用成果转化所需的运营推广人员、资金、场地及市场渠道等;⑤积极组织开展示范应用,努力扩大社会应用效益,对政务应用、民生改善起到重要支撑作用。

4. 揭榜方式

揭榜试点示范项目包含七个领域,每个申报主体申报领域不超过两个。有意向揭榜的单位将申报材料报送至海南省工业和信息化厅信息产业处,同时需在PC端登录海南省实施区块链应用示范揭榜工程申报系统在线提交电子版申报材料。

5. 评审方式

领导小组组织评审专家采取集中评审的方式,对申报材料的调研充分性、运营方案可行性、技术研发方案可行性、保障服务能力、文档结构完整性等方面进行评分。必要时组织对申请揭榜单位进行实力核验。各领域最终分别遴选出三家揭榜单位。

6. 资金配比

无说明。

7. 揭榜周期要求

无说明。

8. 成果验收方式

无说明。

9. 支持政策

无说明。

（三）目前实施阶段

海南省共实施"揭榜挂帅"一次，海南省工业和信息化厅在 2021 年 3 月 24 日印发《关于公布海南省实施区块链应用示范揭榜工程活动揭榜名单的通知》，目前处于发榜阶段。

三、榜单分析

将海南省的榜单难题名称和相关解释进行词云分析，得到图 11-14。从图 11-14 中可以发现，海南省的榜单以区块链为中心，涉及各个行业，包括农业、自然资源、医疗、金融和法律等。其具体的榜单名称有：基于区块链的自然资源和规划领域集成创新与应用、基于区块链的司法领域集成创新与应用、基于区块链的金融管理领域集成创新与应用、基于区块链的旅游领域集成创新与应用、基于区块链的医疗领域集成创新与应用、基于区块链的国际贸易领域集成创新与应用、基于区块链的农业领域集成创新与应用。

图 11-14　海南省"揭榜挂帅"榜单词云图

四、需求方与揭榜方分析

（一）需求方

海南省开展的"揭榜挂帅"是由工业和信息化厅联合其他部门发布的平台建设类榜单项目，没有具体的项目需求方。

（二）揭榜方

截至 2021 年 6 月 8 日，受揭榜进度影响暂无揭榜方。

五、详例介绍

截至 2021 年 6 月 8 日，受揭榜进度影响无具体案例。

第八节　河北省"揭榜挂帅"实践

一、河北省科技发展现状

从表 11-8 来看，河北省 2019 年整体的科技发展指标在全国处于中等水平，高等学校数量较多，但研发机构数量较少，人员投入、经费投入及成果产出水平都比较一般。从 2009~2019 年的科技发展状况来看（图 11-15），高技术企业利润变化较大，增减不定；研发机构数量有减少的趋势；但 R&D 人员、经费支出和投入强度，以及国内有效专利数都呈现出明显的增长趋势。

表11-8　河北省2019年科技发展及排名情况

科技发展指标	河北省	全国	全国排名
R&D 人员/人	183 151	7 129 256	13
R&D 经费内部支出/万元	5 667 279.2	221 435 773.6	14

续表

科技发展指标	河北省	全国	全国排名
R&D 经费投入强度	1.614 3%	2.23%	16
国内有效专利数/件	195 377	8 812 070	13
高技术产业企业数/个	670	35 833	16
高技术企业利润总额/亿元	188.678 8	10 504	17
高等学校数/个	122	2 688	8
研发机构数/个	74	3 217	24

资料来源：2020 年《中国科技统计年鉴》

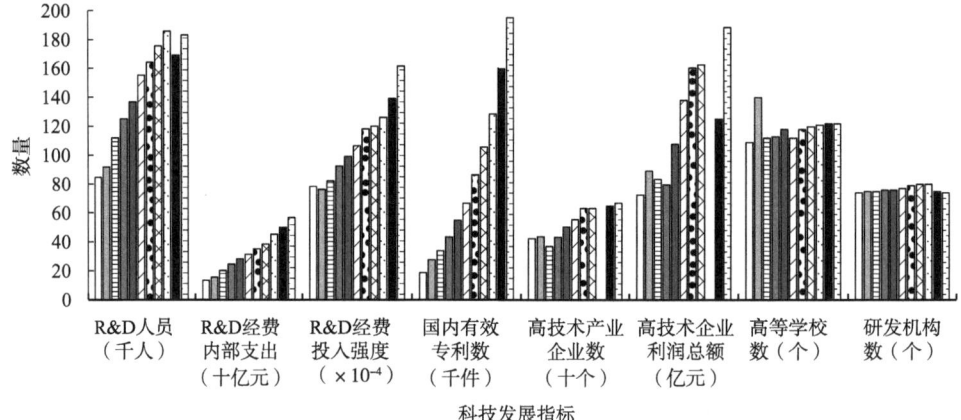

图 11-15　2009~2019 年河北省科技发展趋势图

二、"揭榜挂帅"实施概况

（一）实施过程

截至目前，河北省"揭榜挂帅"项目已经开展了三次。

2018 年 3 月 15 日，河北省科学技术厅发布了《关于征集民生科技领域重点技术需求的函》，分四个方向进行榜单征集。随后于 5 月 11 日在《关于发布民生领域系统技术集成专项技术榜单的通知》中发布了包括"智慧崇礼建设技术榜单"等五项榜单，经多方评审后，河北省科学技术厅于 5 月 24 日发布了《关于对民生领域系统技术集成专项技术榜单拟立项项目进行公示的通知》，对最终揭榜方进行了公示。

2019年12月17日，河北省科学技术厅发布了《关于征集民生领域重大技术需求的通知》，征集的方向包括"雄安新区建设中与民生相关的重大科技需求"等五个方面。随后于2020年10月21日在《关于发布2020年民生科技专项技术榜单的通知》中发布了包括"急性传染病突发事件应急处置技术榜单"等三项榜单，经多方评审后，河北省科学技术厅于2020年11月24日发布了《关于2020年度河北省科技计划民生科技专项技术榜单拟立项项目的公示》，对最终揭榜方进行了公示。

2021年3月23日，河北省科学技术厅发布了《关于发布2021年农业科技领域技术榜单的通知》，为集中攻克农业产业的难点问题，发布"基于母乳研究的婴幼儿配方奶粉精准开发"等四项技术榜单。

（二）方案归纳

1. "揭榜挂帅"主管部门

河北省科学技术厅。

2. 榜单来源、类别及发榜方

河北省科学技术厅围绕国家战略和省委、省政府重点工作部署，聚焦民生领域紧迫、重大技术需求，凝练发布了一批技术攻关类榜单。

3. 揭榜方要求

（1）揭榜单位应为在河北省行政区域内注册的或者河北省所属的，具有独立法人资格的企事业单位。

（2）省外高等学校、科研院所、企业等可作为合作单位参与申报项目，合作单位应与牵头单位签订合作协议。

（3）揭榜单位具有与项目实施相匹配的基础条件，项目团队拥有整体解决方案中核心技术的知识产权。

（4）项目负责人为在职人员，在相关技术领域具有较高的学术水平，熟悉本领域国内外技术和市场动态及发展趋势，具有完成项目所需的组织管理和协调能力。

（5）项目组成员、承担单位和合作单位具有良好的信誉。

4. 揭榜方式

网上申报与书面申报并行，实行归口管理、逐级申报。涉及国家秘密的项目内容，不得通过网络传输，通过归口管理部门直接报送省科学技术厅。中央驻冀单位可直接向省科学技术厅申报，也可通过属地归口申报。

5. 评审方式

归口单位和各市科技主管部门完成揭榜单位的申报资质和申报材料审核工作，择优组织推荐至省科学技术厅，省科学技术厅集中论证评审后确定揭榜单位。

6. 资金配比

河北省科学技术厅对单个项目支持经费原则上不少于200万元。

7. 揭榜周期要求

一般不超过1年。

8. 成果验收方式

无说明。

9. 支持政策

无说明。

（三）目前实施阶段

2018~2019年度河北省"民生领域重大技术需求揭榜挂帅"已完成揭榜；2019~2020年度河北省"民生领域重大技术需求揭榜挂帅"已完成揭榜；2021年度河北省"农业科技领域技术需求揭榜挂帅"处于榜单发布阶段。

三、榜单分析

通过对河北省的12项技术榜单进行词云分析（图11-16），可以发现均属于民生领域重大技术需求，尤其是涉及雄安新区；榜单领域主要包含两大方面：一是城建建设方面技术需求，如地下管廊、房屋租赁平台、人车智能安检等；二是农业产业方面技术需求，如玉米淀粉提纯、冷水鱼养殖、中药材质量追溯等。

图 11-16 河北省"揭榜挂帅"榜单词云图

四、需求方与揭榜方分析

(一)需求方

河北省开展的"揭榜挂帅"由省科学技术厅围绕国家战略和省委、省政府重点工作部署,聚焦民生领域紧迫、重大技术需求,集中发布技术榜单;因此,不存在具体的榜单需求方。

(二)揭榜方

在河北省已成功揭榜的"揭榜挂帅"中,共有十二家牵头承担单位成功揭榜八项技术榜单,其中单独揭榜的有五家单位,采取两家单位联合揭榜的有一组,采取三家单位联合揭榜的有两组,其中河北省建筑科学研究院有限公司成功揭榜了两项榜单。在十二家单位中,科研院所有三家(中国电子科技集团公司第五十四研究所、河北省建筑科学研究院有限公司、国家半干旱农业工程技术研究中心),科技信息类企业有五家(河北燕大燕软信息系统有限公司、汉熵通信有限公司、中国雄安集团数字城市科技有限公司、蚂蚁金服雄安数字技术有限公司、中移雄安信息通信科技有限公司),省政府直属单位有两家(河北省公安消防总队、河北省疾病预防控制中心),其他企业有两家(雄安建信住房服务有限责任公司、河北中科威德环境工程有限公司)。

五、详例介绍——以河北省建筑科学研究院等三家单位联合揭榜"雄安新区地下综合管廊建设"榜单为例

地下综合管廊是"城市地下管线综合体",被称作城市的"血管"和"神经",担负着输送介质、能量和传输信息的功能,是城市的"生命线"。推进地下综合管廊建设,是城市地下空间开发的重要组成部分,对优化城市空间结构和管理格局、提高城市综合承载能力具有重要作用。

为落实《河北省科技创新三年行动计划(2018~2020年)》,加强先进适用技术研发与集成应用,提升民生领域科技支撑能力,河北省科学技术厅于2018年3月15日发布了《关于征集民生科技领域重点技术需求的函》,开展民生领域重点技术需求征集工作,其中一个征集方向便是雄安新区建设中与民生相关的重大科技需求。雄安新区管理委员会根据实际发展需要,并结合《河北雄安新区规划纲要》,向河北省科学技术厅提出了"雄安新区地下综合管廊建设技术"项目的申请,旨在通过制订高起点、高标准的地下综合管廊建设技术集成方案为雄安新区合理开发利用地下空间提供科技支撑。该项目得到了河北省科学技术厅的批准,并于2018年5月11日以榜单的形式正式公布,向社会寻求技术解决方案。该技术榜单项目规定实施期不超过一年,拟支持项目数1~3项(申报项目评审结果前三位评分评价相近,且设计方案明显不同的,可同时支持不超过三个项目),支持经费共243万元。

张榜之后,河北省建筑科学研究院有限公司、河北省消防救援总队与中国雄安集团数字城市科技有限公司以雄安新区起步区(新城区)和老城区综合管廊建设的关键问题和需求为导向,按照"基础—研究—关键技术突破—技术集成—工程示范"的研究思路,聚焦地下综合管廊的协同规划设计、绿色建造技术、运营管理技术三个重点方向,开展研究,有针对性地解决当前国内地下综合管廊建设存在的规划协同性差、系统统筹不足、标准不完善等问题,为雄安新区建设提供了一套地下综合管廊建设整体解决方案。经河北省科学技术厅多方论证后,河北省建筑科学研究院有限公司、河北省消防救援总队与中国雄安集团数字城市科技有限公司成功揭下了雄安新区地下综合管廊建设技术榜单。

而后,由以上三家单位联合中国建筑股份有限公司、同济大学等15家业内一流科研院所、高校、企业,同时广泛调研国内外典型案例,在系统分析雄安新区的实际需求和未来发展趋势之后,整合优化形成了《地下综合管廊建设技术集成方案》。2020年12月30日,河北省科学技术厅向雄安新区管理委员会和

河北省住房和城乡建设厅交接了该技术方案,标志着雄安新区地下综合管廊建设技术需求项目的圆满完结。

第九节 河南省"揭榜挂帅"实践

一、河南省科技发展现状

从表11-9来看,2019年河南省科技发展各指标在全国处于中等水平,科技人才资源较为丰富,科研机构、高等学校较多,但经费投入强度相对不足,人才资源并没有充分转化为科技活动成果。从图11-17来看,各指标在2009~2019年大都处于上升趋势,但高技术产业企业数近几年有下降的趋势;国内有效专利数量和高技术企业利润总额增幅最为明显,但后者近几年也呈现出下降趋势。

表11-9 河南省2019年科技发展及排名情况

科技发展指标	河南省	全国	全国排名
R&D 人员/人	296 349	7 129 256	6
R&D 经费内部支出/万元	7 930 369	221 435 773.6	9
R&D 经费投入强度	1.46%	2.23%	18
国内有效专利数/件	255 966	8 812 070	10
高技术产业企业数/个	1 106	35 833	12
高技术企业利润总额/亿元	337	10 504	10
高等学校数/个	141	2 688	4
研发机构数/个	115	3 217	9

资料来源:2020年《中国科技统计年鉴》

二、"揭榜挂帅"实施概况

(一)实施过程

截至目前,河南省"揭榜挂帅"已开展了一次。

2019年7月8日,河南省科学技术厅、河南省财政厅印发《中国·河南开放创新暨跨国技术转移大会重大关键技术需求国内外揭榜攻关工作实施方案》,发布

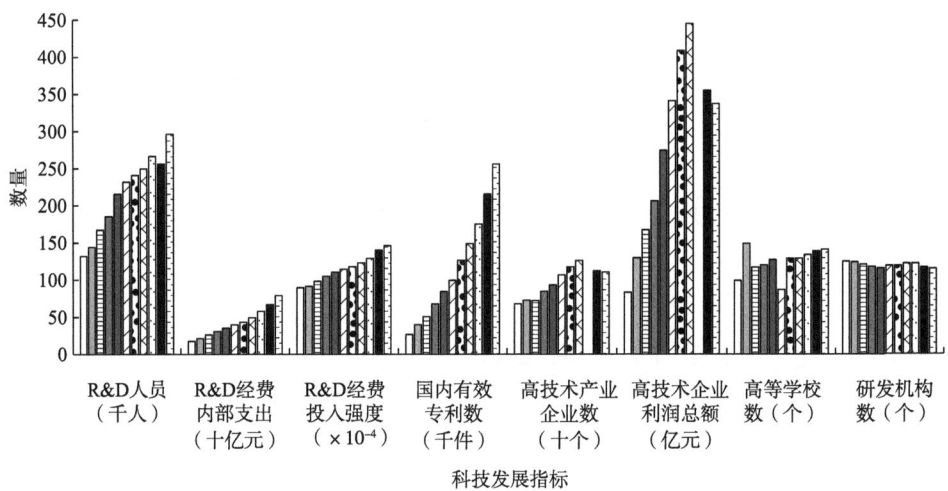

图 11-17　2009~2019 年河南省科技发展趋势图

征集适合揭榜制的重大科技项目需求的通知，拟组织开展河南省重大关键技术需求面向国内外揭榜攻关工作。省科学技术厅共受理需求申报 112 项，经组织专家论证评议，遴选出 44 项 2019 年度揭榜制张榜项目，于 2019 年 9 月 16 日发布。在前期工作的基础上，省科学技术厅补充征集了第二批重大技术需求，于 2019 年 10 月 12 日发布了六项。随后，省科学技术厅组织专家对已签约重大关键技术需求揭榜攻关项目组织了综合论证，根据专家论证结果，拟对通过专家论证的 15 个项目予以立项支持，于 2020 年 1 月 2 日公示。2020 年 4 月 29 日，省科学技术厅发布项目任务书签订及后续管理事项的通知。

（二）方案归纳

1. "揭榜挂帅"主管部门

河南省科学技术厅、河南省财政厅。

2. 榜单来源、类别及发榜方

河南省科学技术厅面向全省公开征集重大科技需求，建立重大科技需求项目库，主要由省内创新龙头、骨干企业提出技术难题或重大科技需求，并面向社会发布榜单，榜单类别均为技术攻关类。

3. 榜单征集要求

（1）项目内容应聚焦企业、产业发展亟待解决的"卡脖子"的关键核心技术、重大前沿技术、关键核心零部件、材料及工艺等，能够显著提升企业核心竞争力，带动我省乃至国家相关产业的技术应用水平。

（2）项目内容应属于目前省内依靠自身科技力量不能解决的技术难题。

（3）项目内容应属于省外、境外科技力量近期能够解决的技术问题。

（4）项目内容应明确成果指标、技术参数、时限要求、产权归属、资金投入及其他对揭榜方的条件要求等需求内容。

（5）项目内容不得以大型仪器、设备、装备等的购买为主。

（6）项目合同总额不低于1 000万元、实施周期不超过三年（自签订协议时算起）。

4. 需求方与揭榜方要求

需求方要求。需求方主要为省内注册的具有独立法人资格的创新龙头、骨干企业；需求方是项目投入主体，须承诺并有能力保障揭榜制项目科研投入，且能够提供项目研发实施的支持和配套条件；需求方需在项目攻关成功后率先在本企业推广应用，并具备相关条件和能力；应具备良好的社会信用，近三年内无不良信用记录或重大违法行为。

揭榜方要求。揭榜方应为省外、境外注册的具有独立法人资格的高校、科研机构、企业等；揭榜方应具有较强的研发团队、科研条件和自主研发能力，在相关领域具有良好科研业绩、具备较强的国际影响力，有能力完成张榜任务；揭榜方能对项目需求提出攻克关键核心技术的可行方案，掌握自主知识产权；具有良好的科研道德和社会诚信，近三年内无不良信用记录；鼓励揭榜方开展产学研合作、组团揭榜攻关；揭榜方不得与需求方存在股权关系和关联交易。

5. 揭榜方式

揭榜方根据张榜项目的要求主动与需求方对接，细化落实相关具体内容，形成双方认可的共识，签署合同或初步合作协议。

6. 评审方式

河南省科学技术厅委托专业机构组织专家对揭榜方的资质条件、揭榜方案可行性、需求方满意度等进行充分论证，并以专家论证意见为依据提出拟中榜名单。

7. 资金配比

政府财政资金与需求方资金投入比例为2∶8，对单个项目的省财政资助额度最多不超过1 000万元。

8. 揭榜周期要求

项目实施周期不超过三年（自签订协议时算起）。

9. 成果验收方式

项目承担单位应当在项目实施期满三个月之内提出验收申请，开展项目经费决算和目标考核工作，省科学技术厅组织或委托专业机构开展验收工作。

10. 支持政策

省财政资金补助对象为需求方，按照项目合同总额 20%的资金给予资助，对单个项目的省财政资助额度最多不超过 1 000 万元。根据项目投入和进展情况分两期拨付，一是在企业第一期投入到位后进行匹配投入，二是在项目通过验收后进行补助。

（三）目前实施阶段

2019 年河南省重大关键技术需求揭榜攻关项目经历了方案发布、榜单征集和榜单发布，目前每个揭榜项目的揭榜者都已确定，立项项目处于揭榜攻关阶段。

三、榜单分析

通过在微词云网站上导入榜单信息，并进行人工处理，可以得到河南省揭榜攻关项目的词云图（图 11-18）。从图 11-18 中可以看出，此次"揭榜挂帅"聚焦河南省重点领域关键核心技术的产业化应用，重点瞄准新材料、装备制造等高新技术产业和人工智能等新兴产业领域。

图 11-18 河南省"揭榜挂帅"榜单词云图

四、需求方与揭榜方分析

（一）需求方

2019年河南省重大关键技术需求揭榜攻关项目为技术攻关类，发布了50个揭榜难题。榜单需求方主要为企业，共有49家，如第一拖拉机股份有限公司、郑州煤矿机械集团股份有限公司、郑州比克电池有限公司、河南凤宝重工科技有限公司、中色科技股份有限公司、河南豪丰农业装备有限公司等；事业单位有1家，为河南航天豫南基地。

（二）揭榜方

在已实施的"揭榜挂帅"中，河南省拟立项支持15个技术攻关类项目，共有20家单位成功揭榜。其中，11家单位是单独揭榜的，有3组采取2家单位联合揭榜的形式，采取3家单位联合揭榜的有1组。在这20家单位中，高校有2家（复旦大学、华中科技大学），企业有18家，如里卡多科技咨询（上海）有限公司、博创智能装备股份有限公司、中机智能装备创新研究院（宁波）有限公司、挪威科纳斯技术公司等。

五、详例介绍——以里卡多科技咨询（上海）有限公司揭榜"中型非道路柴油机新平台开发"榜单为例

2019年7月8日，河南省科学技术厅、河南省财政厅发布了关于征集适合揭榜制的重大科技项目需求的通知。第一拖拉机股份有限公司按程序进行了项目"中型非道路柴油机新平台开发"的申报，并在省科学技术厅2019年10月12日发布的第二批重大技术需求榜单中上榜。

里卡多科技咨询（上海）有限公司按照张榜项目要求，与需求方主动进行对接，相关具体内容得到细化落实，达成双方认可，并签署合同或初步合作协议。省科学技术厅委托专业机构、组织专家对里卡多科技咨询（上海）有限公司的资质条件、揭榜方案可行性、需求方满意度等进行充分论证。省科学技术厅根据专家论证意见提出拟中榜名单，里卡多科技咨询（上海）有限公司在其中。继而，该公司与第一拖拉机股份有限公司签署正式合作协议，省科学技术厅将拟中榜项

目名单向全社会进行公示。项目公示无异议后，省科学技术厅以正式合作协议为依据，与项目主管部门、第一拖拉机股份有限公司签订项目任务书，按照项目任务书约定履行各自责任与义务，并发布成功揭榜公告，里卡多科技咨询（上海）有限公司成功揭榜，进入项目实施阶段。

省级财政经费对项目的资助分两次拨付，其中首批经费根据双方签署的正式合同或者协议，以及银行拨付凭证，确认项目合作协议金额实际到位后，按不超过20%的比例核算、拨付；后补助经费待项目完成后，根据综合绩效评价结果核算、拨付。

第十节 湖北省"揭榜挂帅"实践

一、湖北省科技发展现状

从表11-10来看，2019年湖北省整体的科技发展指标处于全国中上水平，R&D人员投入、经费投入和投入强度都较为可观；高等学校数量较多，但研发机构数量相对较少。从2009~2019年的科技发展趋势来看（图11-19），研发机构数量明显逐年减少；高技术企业利润总额和国内有效专利数量增幅明显，而R&D经费投入强度缓慢增加。总体来看，湖北省的科技发展基础较好，近几年的科技创新更重质量而不是研发主体的数量。

表11-10 湖北省2019年科技发展及排名情况

科技发展指标	湖北省	全国	全国排名
R&D 人员/人	285 507	7 129 256	8
R&D 经费内部支出/万元	9 578 823	221 435 773.6	7
R&D 经费投入强度	2.09%	2.23%	9
国内有效专利数/件	244 552	8 812 070	11
高技术产业企业数/个	1 230	35 833	9
高技术企业利润总额/亿元	282	10 504	11
高等学校数/个	128	2 688	5
研发机构数/个	101	3 217	17

资料来源：2020年《中国科技统计年鉴》

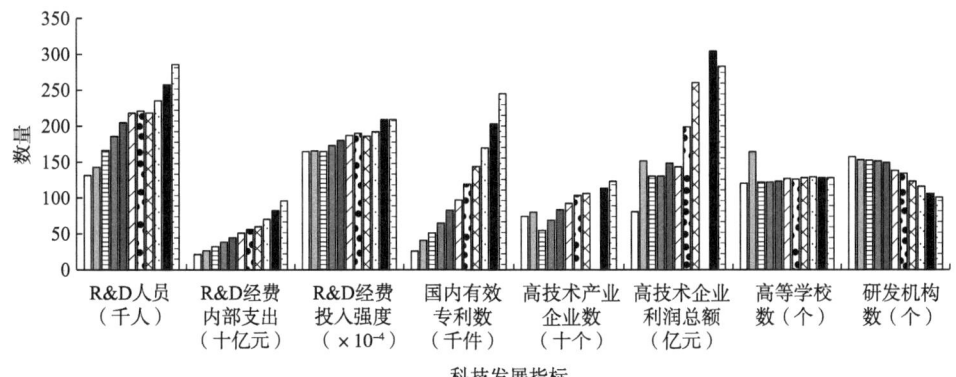

图 11-19　2009~2019 年湖北省科技发展趋势图

二、"揭榜挂帅"实施概况

(一)实施过程

截至目前,湖北省"揭榜挂帅"已展开了三轮。

2019 年 7 月 2 日,湖北省科学技术厅发布了《湖北省科技项目揭榜制工作实施方案》,开始正式实施"揭榜挂帅"。文件明确指出科技揭榜制项目应聚焦湖北省重点领域关键核心技术和产业发展急需的科技成果,特别是攻关十大重点产业领域"卡脖子"技术和转化科技成果,优先支持社会公益性、行业共性技术攻关和成果转化项目。随后,在 2019 年 7 月 2 日,湖北省科学技术厅发布《关于征集揭榜制科技项目需求的通知》,向全社会征集技术需求。经形式审查、专家论证、实地考察,于 2019 年 8 月 23 日发布《湖北省科技厅关于 2019 年度揭榜制项目需求发榜的通知》,遴选出 59 个揭榜制科技项目需求予以发布。经多方评审后,湖北省科学技术厅于 2019 年 10 月 28 日发布《关于 2019 年度湖北省揭榜制科技项目拟立项补贴项目的公示》,拟对 2019 年湖北省 27 个科技揭榜项目(包括 21 个技术攻关类项目,6 个成果转化类项目)立项补贴,并公示最终揭榜方。

2020 年 2 月 11 日,湖北省科学技术厅发布《关于征集 2020 年度揭榜制科技项目需求的通知》再次征集技术榜单。随后于 2020 年 5 月 13 日在《湖北省科技厅关于发布 2020 年度揭榜制项目需求的通知》中发布 153 项揭榜制科技项目需求,并经多方评审后,于 2020 年 10 月 9 日发布《湖北省科技厅关于 2020 年度揭榜制科技项目拟立项项目清单公示的通知》对 30 个榜单项目进行立项支持,并公示最终揭榜方。

2021年2月7日,湖北省科学技术厅发布《关于征集2021年度揭榜制科技项目需求的通知》征集技术需求,随后于3月25日在《湖北省科技厅关于发布2021年度揭榜制科技项目需求的通知》中发布100项榜单,此次发布的榜单均为技术攻关类项目。

(二)方案归纳

1. "揭榜挂帅"主管部门

湖北省科学技术厅。

2. 榜单来源、类别及发榜方

按照中共湖北省委、湖北省人民政府《关于加强科技创新引领高质量发展的若干意见》要求,为充分利用省内外科技资源攻克制约湖北产业发展的"卡脖子"技术难题,加快推动科技成果转化,湖北省科学技术厅特制订"揭榜挂帅"实施方案,在广泛征集的基础上,发布了多项重点产业领域"卡脖子"的技术攻关类和成果转化类榜单。

3. 榜单征集要求

在项目需求中,应明确主要指标、时限要求、产权归属、资金投入及对揭榜方其他条件要求等内容。项目需求采取主动征集与自行申报相结合的方式,其中主动征集主要由省科技领导小组各成员单位、各行业协会提出公益性、共性技术需求,自行申报由企业、高校、科研院所提出核心关键技术的攻关需求,或优秀成果的转化需求。

4. 需求方与揭榜方要求

技术攻关类项目需求方要求。技术攻关类项目需求方是指提出技术需求的单位,主要为省内具有独立法人资格的科技型企业,具体条件包括:对"卡脖子"的前沿技术、关键核心技术、关键零部件、材料及工艺等有内在迫切需求,在项目攻关成功后能率先在本企业推广应用,能够显著提升企业核心竞争力;具有保障项目实施的资金投入,能够提供项目实施的配套条件;近三年内无不良信用记录;无重大违法行为。

成果转化类项目需求方要求。成果转化类项目需求方是指需要依托企业实施自有科技成果转化的单位,主要为省内外高校、科研院所、科技型企业,具体条件包括:具有承担国家及省部级科研任务的基础条件,在"卡脖子"的关键核心技术攻关中已取得重大突破，拟转化的成果具备产业化和推广应用条件，且符合湖北省企业和产业创新发展需求；拟转化的成果知识产权明晰，市场用户和应用范围明确，对湖北省产业转型升级能够发挥关键推动作用；拥有成果转化的技术支撑队伍，能主动参与和协助推广科技成果转化；企业近三年内无不良信用记录；企业无重大违法行为。

技术攻关类项目揭榜方要求。技术攻关类项目揭榜方主要为省内外有研究开发能力的高校、科研院所、科技型企业或其组成的联合体（与需求方不能为同一单位或其下属子公司）。具体条件包括：有充足的研发投入、良好的科研条件和稳定的人员队伍；能针对发榜项目需求，提出攻克关键核心技术的可行性方案；企业近三年内无不良信用记录；企业无重大违法行为。

成果转化类项目揭榜方要求。成果转化类项目揭榜方主要为省内具有独立法人资格的企业（与需求方不能为同一单位或其下属子公司）。具体条件包括：拥有较强的成果推广应用队伍，能积极开展示范应用；能够提供成果转化所需的资金、场地、市场等配套条件；近三年内无不良信用记录；无重大违法行为。

5. 揭榜方式

实行网上申请、揭榜方与需求方主动对接的形式。需求方与揭榜方对接洽谈过程中，允许项目需求适当微调。对接成功后，由需求单位将项目可行性方案、技术合同及首期拨款凭证等相关书面材料报送湖北省技术交易所。

6. 评审方式

湖北省科学技术厅开展形式审查工作，在形式审查合格后，组织专家对揭榜方的资质条件、项目可行性方案等进行充分论证，择优给予财政资金支持。

7. 资金配比

揭榜制项目投入总额应不低于250万元，湖北省科学技术厅将对成功揭榜的项目组织专家论证，按项目技术的先进性、公共性、公益性、经济性进行综合评估，分A、B、C类分别给予40%、30%、20%配套经费支持，原则上单个项目经费配套支持额度不低于100万元。

8. 揭榜周期要求

实施周期原则上不超过三年。

9. 成果验收方式

项目完成后，湖北省科学技术厅委托第三方专业机构，由专家对项目进行验收。

10. 支持政策

对揭榜成功的项目提供专项资金立项支持，并由湖北省科学技术厅将其列入省级科技计划项目管理。

（三）目前实施阶段

湖北省已实施"揭榜挂帅"三次，2019年和2020年的项目处于揭榜攻关阶段，2021年的项目处于发榜阶段。

三、榜单分析

通过对湖北省的技术榜单进行词云分析（图11-20），可以发现湖北省"揭榜挂帅"榜单主要聚焦于人工智能、互联网等新兴技术，以及新材料、新能源和先进制造等领域，同时其他领域也有涉及。

图11-20 湖北省"揭榜挂帅"榜单词云图

四、需求方与揭榜方分析

（一）需求方

湖北省"揭榜挂帅"项目，其揭榜难题分为技术攻关类和成果转化类两大类，因此其需求方主要为企业、高校和科研院所。2019年度"揭榜挂帅"项目需求方中，企业有41家，如武汉华美生物工程有限公司、武汉联影生命科学仪器有限公司、武汉迈德森医药科技股份有限公司、武汉波睿达生物科技有限公司、中科检测集团有限公司等。需求方中高校共有九所，分别是武汉轻工大学、武汉理工大学、湖北工业大学、武汉大学、湖北大学、华中科技大学、武汉科技大学、湖北汽车工业学院和黄冈师范学院。此外，有一所为科研院所，湖北省农业科学院农产品加工与核农技术研究所。

2020年度"揭榜挂帅"项目的需求方依然以企业、高校和科研院所为主。其中，企业数量为129家，如湖北新生源生物工程有限公司、湖北达雅生物科技股份有限公司、湖北洪城通用机械有限公司、劲牌持正堂药业有限公司、朗天药业（湖北）有限公司、湖北精诚钢结构股份有限公司、湖北兴和电力新材料股份有限公司和武汉瑞祥安科技股份有限公司等。高校共有12所，分别为三峡大学、华中科技大学、武汉工程大学、湖北工业大学、湖北大学、华中农业大学、武汉交通职业学院、中南民族大学、武汉大学、武昌理工学院、湖北汽车工业学院、武汉轻工大学。科研院所有一所，为武汉市农业科学院。

（二）揭榜方

2019年度"揭榜攻关"项目的揭榜方共有25个，以企业、高校和科研院所为主。其中，有25项为独立揭榜，2项为联合揭榜。企业有10家，分别为北京六盛和医药科技有限公司、辰芯科技有限公司、哈尔滨工大焊接科技有限公司、北京炼石网络技术有限公司、湖北根聚地农业发展股份有限公司、湖北江堤市政工程有限公司、仕达维新材料科技有限公司、湖北恒通石化设备有限公司、武汉易思达科技有限公司、朗力生物医药（武汉）有限公司。高校共有11所，分别为湖北大学、华中农业大学、华中科技大学、武汉纺织大学、武汉理工大学、武汉纺织大学、中国地质大学、武汉大学、湖北工业大学、武汉科技大学、湖北第二师范学院。科研院所有4家，分别为中国中医科学院中药研究所、中国科学院武汉物理与数学研究所、武汉市农业科学院、湖北省农业科学院农产品加工与核农技术研究所。

2020年度"揭榜挂帅"项目共30项，有23个揭榜方。其中高校共有13所，分别为华中科技大学、武汉理工大学、武汉科技大学、武汉纺织大学、武汉工程大学、湖北大学、合肥工业大学、三峡大学、湖北汽车工业学院、中南民族大学、湖北工业大学、武汉大学、华中农业大学。科研院所共有5家，分别为湖北省农业科学院畜牧兽医研究所、中国科学院精密测量科学与技术创新研究院、中国科学院宁波材料技术与工程研究所、赤壁市高质量发展研究院、武汉市农业科学院。

企业共有 4 家，分别为北京阜康仁生物制药科技有限公司、杭州百诚医药科技股份有限公司、湖北中科产业技术研究院有限公司、湖北宜化新材料科技有限公司、湖北宜化松滋肥业有限公司。

五、详例介绍——以湖北大学揭榜"单细胞抗体制备技术平台的搭建及系列诊断用抗体的开发"榜单为例

为充分利用省内外科技资源攻克制约湖北产业发展的"卡脖子"技术难题，加快推动科技成果转化，湖北省科学技术厅于 2019 年 7 月 2 日发布《湖北省科技项目揭榜制工作实施方案》的通知，开始"揭榜挂帅"制的初步实践，并规定了湖北省揭榜制项目运行管理办法。随后，于同日湖北省科学技术厅发布《关于征集揭榜制科技项目需求的通知》向全社会征集需求。

武汉华美生物工程有限公司在项目主管部门湖北省科学技术厅的指导下，填写了项目"单细胞抗体制备技术平台的搭建及系列诊断用抗体的开发"的申报材料，在网上完成申报，通过湖北省科惠网审核提交至湖北省技术交易所。通过形式审查、同行评议、现场考察等环节，省科学技术厅组织专家对入库的项目需求进行论证，重点遴选出影响力大、带动作用强、应用面广的关键核心技术研发需求，以及推广难度大、具有广泛应用前景的科技成果转化需求，通过门户网站和报刊媒体向社会发榜公告。2019 年 8 月 23 日，发布《湖北省科技厅关于 2019 年度揭榜制项目需求发榜的通知》，公布入选项目，武汉华美生物工程有限公司的项目成功入选。在发榜后，湖北大学主动与武汉华美生物工程有限公司对接，进行磋商。双方达成一致后，需求方在网络平台确认揭榜方，并上传项目可行性方案、技术合同及首期拨款凭证等材料至湖北省技术交易所。湖北省科学技术厅开展形式审查工作，形式审查合格后，对揭榜方的资质条件、项目可行性方案等内容组织专家进行论证，择优给予财政资金支持。2020 年 10 月 9 日，发布《湖北省科技厅关于 2020 年度揭榜制科技项目拟立项项目清单公示的通知》，将 2020 年度揭榜制科技项目拟立项项目清单予以公示。武汉华美生物工程有限公司成功立项，由湖北大学揭榜，正式开始实施项目。武汉华美生物工程有限公司拟投入 1 000 万元的资金，政府拟投入 100 万到 500 万元予以补贴，揭榜周期为 2.5 年。

第十一节 湖南省"揭榜挂帅"实践

一、湖南省科技发展现状

从表 11-11 中可以发现,湖南省科技发展各项指标在全国排名中处于中等靠前的位置,分布在 7~14 名。其中,高等学校数、高技术产业企业数较为突出;R&D 经费投入强度、国内有效专利数较为不足。从图 11-21 来看,除了研发机构数量和高等学校数量基本保持不变或下降趋势之外,其他科技指标在 2009~2019 年均保持稳步上升的趋势。

表11-11 湖南省2019年科技发展及排名情况

科技发展指标	湖南省	全国	全国排名
R&D 人员/人	249 107	7 129 256	12
R&D 经费内部支出/万元	7 871 638	221 435 773.6	10
R&D 经费投入强度	1.98%	2.23%	13
国内有效专利数/件	194 971	8 812 070	14
高技术产业企业数/个	1 381	35 833	8
高技术企业利润总额/亿元	272.25	10 504	12
高等学校数/个	125	2 688	7
研发机构数/个	105	3 217	13

资料来源:2020 年《中国科技统计年鉴》

二、"揭榜挂帅"实施概况

(一)实施过程

截至目前,湖南省已开展"揭榜挂帅"三次。

2020 年 9 月 23 日,湖南省工业和信息化厅、省应急管理厅、省财政厅联合制订发布《湖南省自然灾害防治技术装备重点任务工程化攻关"揭榜挂帅"工作

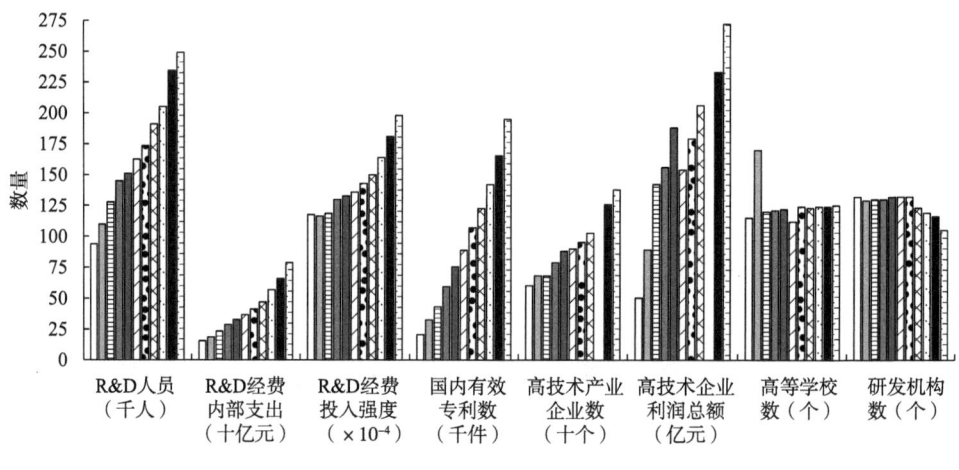

图 11-21 2009~2019 年湖南省科技发展趋势图

方案》,并于 2020 年 11 月 13 日在《关于申报 2021 年湖南省制造强省专项资金奖励项目的通知》中发布 13 项技术榜单内容。

2021 年 3 月 3 日,湖南省科学技术厅发布《关于征集 2021 年度省科技创新计划"揭榜挂帅"项目需求的通知》,对基础研究、技术攻关和成果转化三类项目进行需求征集。

2021 年 3 月 31 日,湖南省科学技术厅、湖南省财政厅发布《关于发布 2021 年度湖南省自然科学基金重大项目揭榜选题的通知》,其中提出了八个自然科学基金重大项目揭榜选题。

(二)方案归纳

1. "湖南省自然灾害防治技术装备重点任务工程化攻关'揭榜挂帅'"项目

1)"揭榜挂帅"主管部门

湖南省工业和信息化厅、湖南省应急管理厅、湖南省财政厅。

2)榜单来源、类别及发榜方

为健全湖南省安全应急管理体系,提升安全应急保障能力,湖南省工业和信息化厅、应急管理厅、财政厅组织此次"揭榜挂帅",并作为发榜方。针对省内有关自然灾害防治技术装备需求部门提出的急需装备,结合国家有关部委发布的自然灾害防治技术装备工程化攻关清单,经过调查研究,从省内有研发及工程化攻关基础、有意向攻关单位、目前国内暂无成熟产品的需求中选择确定年度榜单任务，且所确定的榜单均为技术攻关类。

3）揭榜方要求

申请揭榜的单位应为湖南省内的企业、高校、科研院所等各类法人单位，或者由多个单位组成的联合体，其所从事的领域应在技术装备研发创新、生产制造、融合应用、支撑服务等方面。申请揭榜的单位应具有较强的研发创新能力、工程化攻关能力、生产制造能力，有类似产品攻关的经历，并有完成任务必备的资金实力。同时应承诺揭榜后能够在指定期限内完成任务，个别技术复杂、研究难度大的项目可酌情延长任务期限。

4）揭榜方式

申请揭榜的单位应编制提交《湖南省自然灾害防治技术装备重点任务工程化攻关揭榜单位申报材料》给推荐单位（市州或财政省直管县市工信、应急、财政部门），经市州推荐部门审核后出具推荐意见，联合行文上报省工业和信息化厅、省应急管理厅和省财政厅。

5）评审方式

项目主管部门组织专家进行集中评审和现场评估（所得分数在总分中分别各占70%和30%），综合考虑各申请单位的基础条件、创新能力、发展潜力、产品指标等因素，择优确定并公布揭榜单位名单。

6）资金配比

若揭榜单位在规定时间内，按要求率先完成攻关任务，并通过验收评估，政府与揭榜单位的资金配比为3∶7，最高支持金额不超过500万元；若揭榜单位后续完成攻关任务，政府与揭榜单位的资金配比为2∶8，最高支持金额不超过300万元。

7）揭榜周期要求

一般不超过12个月，最长不超过18个月。

8）成果验收方式

揭榜单位完成攻关任务后，通过推荐单位向发榜单位申请任务验收评估，提供至少1台样机（该样机为工程化成果、可规模化生产的产品），以及揭榜任务完成情况相关证明材料。省工业和信息化厅、省应急管理厅、省财政厅视任务完成情况组织专家开展验收评估工作，适时公布评估结果，择优发布攻关成功单位，给予重点推广和安排后续支持资金。

9）支持政策

（1）采取后补助资金支持方式：在规定时间内，按要求率先完成攻关任务，并通过验收评估的单位，按实际工程化攻关投入经费的30%予以支持，最高支持金额不超过500万元；后续完成攻关任务的单位，按实际工程化攻关投入经费的20%予以支持，最高支持金额不超过300万元。为推动项目启动，预付拟支持金额的 50%，给揭榜单位作为启动资金，待任务通过验收后，再支付剩余资金。

（2）揭榜攻关投入费用的归集范围：人员人工费用、直接投入费用、折旧费用与长期待摊费用、无形资产摊销费用、设计费用、装备调试费用与试验费用、委托外部研究开发费用、其他费用。

（3）对揭榜攻关成功的产品和单位，省工业和信息化厅、省应急管理厅、省财政厅颁发相关证书，纳入《湖南省自然灾害防治技术装备重点产品推荐目录》，并向应急、消防、水利等需求部门重点推广。

2. "2021年度湖南省科技创新计划'揭榜挂帅'"项目

1）"揭榜挂帅"主管部门

湖南省科学技术厅、湖南省财政厅。

2）榜单来源、类别及发榜方

为深入实施"三高四新"战略，着力打造具有核心竞争力的科技创新高地，湖南省科学技术厅组织此次"揭榜挂帅"，并从面向全省征集到的项目需求中遴选发布榜单，榜单类别包括技术攻关类和成果转化类。

3）榜单征集要求

重点瞄准湖南省经济社会发展重大需求，聚焦新兴优势产业、特色产业和重大民生领域关键（共性）核心技术攻关和重大科技创新成果转化，围绕打造先进制造业高地、绿色湖南、健康湖南、安全应急、数字经济、现代农业等方面征集项目需求。榜单征集具体要求如下：①技术攻关类项目条件，在项目攻关成功后能率先在本企业推广应用，能够显著提升企业核心竞争力，辐射带动全省乃至国家相关产业技术水平的提升；有明确的项目指标参数、时限要求。②成果转化类项目条件，重大、关键、共性应用技术成果科技创新性强、技术关联度高、产业带动性大、影响辐射面广，成果达到国内先进及以上水平，符合湖南省企业和产业创新发展需求，且未与相关单位达成转化合作协议；拟转化重大科技创新成果具备产业化和推广应用条件，通过进行后续的工程化研究和系统集成，可转化为适合大规模生产需要的共性技术、关键技术；拟转化的重大科技创新成果知识产权明晰，市场用户和应用范围明确，预期经济社会生态效益显著，对湖南省产业转型升级能够发挥关键推动作用。

4）需求方要求

技术攻关类需求方要求。主要为湖南省内具有独立法人资格的行业龙头、骨干企业，对关键核心技术等有内在迫切需求，且依靠自身科技力量难以解决；须承诺并有能力保障项目实施的资金投入，能够提供项目实施的配套条件，项目研发投入总额要求不得低于500万元。

成果转化类需求方要求。主要为湖南省内外高校、科研院所、新型研发机构。在"卡脖子"技术、关键核心（共性）技术攻关中已取得重大突破，拥有重大科技创新成果转化的技术支撑队伍，能主动参与和协助推广转化应用方案的实施，为产业发展提供"交钥匙"服务和整体技术解决方案。

5）评审方式

无说明。

6）资金配比

财政资金补助金额不超过项目研发投入总额的40%，单个项目资金补助最高不超过1 000万元。

7）揭榜周期要求

项目实施周期一般不超过三年。

8）成果验收方式

无说明。

9）支持政策

"揭榜挂帅"项目突出省级财政资金引导，强化社会资本投入和单位自筹。财政资金采取前资助与后补助相结合方式予以支持。

3. "2021年度湖南省自然科学基金重大项目揭榜选题"项目

1）"揭榜挂帅"主管部门

湖南省科技厅、湖南省财政厅。

2）榜单来源、类别与发榜方

围绕湖南经济社会和新兴优势产业发展，加强基础研究和应用基础研究，湖南省科技厅、财政厅组织此次"揭榜挂帅"，并集中发布八个技术攻关类榜单。

3）揭榜方要求

揭榜方要在基础研究和应用基础研究领域具有较强的科研力量和深厚的学术积累，能够为开展项目研究工作提供良好条件。

揭榜方需确定一家湖南省内的法人单位为项目依托单位，负责项目日常管理、成果承接和转化。依托单位要求能够提供成果转化所需的专业人员、资金、场地等配套条件。联合揭榜的，各方须签订合作协议，明确责任和权利，作为申请附件上传。

揭榜项目设立行政负责人和首席技术负责人（首席专家）。项目行政负责人应由项目依托单位的法人或法人委托的代表担任，落实依托单位法人责任，认真履行任务书条款，做好项目的统筹协调和配套支撑。项目首席专家负责制订并牵头落实项目实施方案、组织开展项目研究，应具有较强的科研项目组织协调和管理能力，在相关技术领域具有较强的学术水平，能够承担实质性研究工作并担负科研组织指导职责。首席专家和参与项目的其他科研人员可以不是依托单位人员，但应与依托单位签订合作协议，并将该合作协议作为申请附件上传。

首席专家和项目团队成员，只能参与本次揭榜项目选题中的一个；湖南省科技创新计划在研项目的负责人不能作为项目负责人参加本次揭榜（湖南省科技创新平台、人才计划，省自然科学青年、面上和联合基金不在此列）。

国家机关及其在职的工作人员（含参照《中华人民共和国公务员法》管理的单位）不得参与揭榜；有不良科研诚信记录、社会信用记录的单位和个人不能参与揭榜。

4）揭榜方式

揭榜实行网上申请，不需提供纸质材料。揭榜方围绕揭榜选题内容认真组织编制项目揭榜方案，项目揭榜方案应在揭榜选题要求的预期目标基础上，进一步细化提出具体考核指标。由依托单位进行在线填报、提交申请材料。

5）评审方式

湖南省科技厅按程序组织对有效揭榜方案进行评榜，择优立项。

6）资金配比

财政资助额度每项榜单一般不超过1 000万元，具体根据揭榜方申请及项目研究的实际需要确定。

7）揭榜周期要求

项目实施从2021年7月起，周期一般为三年，必要时可延长至五年。

8）成果验收方式

无说明。

9）支持政策

财政资助经费根据项目实施情况分年度拨付，当年拨付40%，中期评估通过后第二年拨付30%，第三年再拨付30%。项目实施成效好且需持续研究的可以滚动支持资助；效果不好的，终止实施并按规定追回相关财政资金。

（三）目前实施阶段

湖南省共实施"揭榜挂帅"三次，其中湖南省自然灾害防治技术装备重点任务工程化攻关"揭榜挂帅"和2021年度湖南省自然科学基金重大项目揭榜选题处于发榜阶段，2021年度湖南省科技创新计划"揭榜挂帅"项目处于征集阶段。

三、榜单分析

在微词云网站上导入榜单信息，并进行人工处理，可以得到湖南省发榜项目的词云图（图11-22）。从图11-22中可以发现，关键技术研究和基础研究是湖南省"揭榜挂帅"重点资助的研究类型，生物医疗、生态环境、灾害危机和农业是湖南省"揭榜挂帅"着重研究的领域。

图 11-22　湖南省"揭榜挂帅"榜单词云图

四、需求方与揭榜方分析

（一）需求方

湖南省自然灾害防治技术装备重点任务工程化攻关"揭榜挂帅"和 2021 年度湖南省自然科学基金重大项目揭榜选题都是通过"揭榜挂帅"主管部门凝练社会、企业需求集中发布榜单，因此没有明确具体的技术需求方，而 2021 年度湖南省科技创新计划"揭榜挂帅"项目目前正处于技术需求征集阶段，也无技术需求方。

（二）揭榜方

截至 2021 年 6 月 8 日，受揭榜进度影响暂无揭榜方。

五、详例介绍——以项目"湖南优势作物重要功能基因解析及分子育种基础研究"为例

为深入贯彻习近平关于探索对关键核心技术进行"揭榜挂帅"的重要论述精神，大力实施"三高四新"战略，围绕湖南经济社会和新兴优势产业发展，

加强基础研究和应用基础研究，打造具有核心竞争力的科技创新高地，2021年湖南省科技厅组织开展全省重大关键技术攻关及重大科技创新成果转化"揭榜挂帅"工作。

项目需求实行常年征集，分批汇总凝练，成熟一批，启动一批。2021年3月3日，湖南省科技厅发布征集"揭榜挂帅"项目第一批需求的通知，本次只征集技术攻关和成果转化类项目需求（湖南省科技创新计划"揭榜挂帅"项目分为基础研究、技术攻关和成果转化等三类项目），重点围绕打造先进制造业高地、绿色湖南、健康湖南、安全应急、数字经济、现代农业等方面征集项目需求，填报时间为2021年3月3日~2021年3月18日17:30。"湖南优势作物重要功能基因解析及分子育种基础研究"的需求单位进入湖南省科技管理信息系统公共服务平台需求征集专栏进行在线填报，并提交了《湖南省科技创新计划"揭榜挂帅"项目需求表》。

各有关单位结合本地区、本行业技术创新工作实际，积极组织征集、筛选和凝练高质量的"揭榜挂帅"项目需求，"湖南优势作物重要功能基因解析及分子育种基础研究"通过筛选。2021年3月31日，湖南省科技厅发布八个揭榜项目选题，其中，重大民生类和前沿技术类各四个。重大民生类揭榜项目，主要针对湖南省生物种业、重金属治理、重大疾病先期诊断和治疗、防灾减灾等领域长期面临的难题，突破技术瓶颈，提供解决方案。前沿技术类揭榜项目，主要聚焦人工智能感知与传感、深海资源探采、智能制造、高性能材料等产业创新链的前端，开展前沿引领基础研究和应用基础研究，着力为湖南省新兴优势产业发展提供理论方法、关键技术支撑。此次揭榜面向国内外高校、科研院所、企业、新型研发机构等法人单位，鼓励产学研用组成协同创新联合体揭榜。

揭榜方应围绕揭榜选题内容认真组织编制项目揭榜方案，由依托单位于2021年4月10日后登录湖南省科技厅门户网站，进入湖南省科技管理信息系统公共服务平台进行在线填报、提交申请材料。揭榜申请截止时间为2021年5月14日下午4:00。

第十二节 江苏省"揭榜挂帅"实践

一、江苏省科技发展现状

从表11-12来看，2019年江苏省科技发展在全国处于领先水平，科技发展各项指标在全国排在1~7名,无论是科技人才和机构,还是科技经费投入和产出,江苏省都有很大优势。从图11-23来看,2009~2019年江苏省在R&D经费投入强度方面保持稳定,专利数量和高技术企业利润总额有较大增长,然而后者在近几年有下降趋势。总体而言,江苏省的科技发展基础较好,需求较大。

表11-12 江苏省2019年科技发展及排名情况

科技发展指标	江苏省	全国	全国排名
R&D人员/人	897 701	7 129 256	2
R&D经费内部支出/万元	27 795 165	221 435 773.6	2
R&D经费投入强度	2.79%	2.23%	5
国内有效专利数/件	1 103 925	8 812 070	2
高技术产业企业数/个	5 111	35 833	2
高技术企业利润总额/亿元	1 405	10 504	2
高等学校数/个	167	2 688	1
研发机构数/个	128	3 217	7

资料来源:2020年《中国科技统计年鉴》

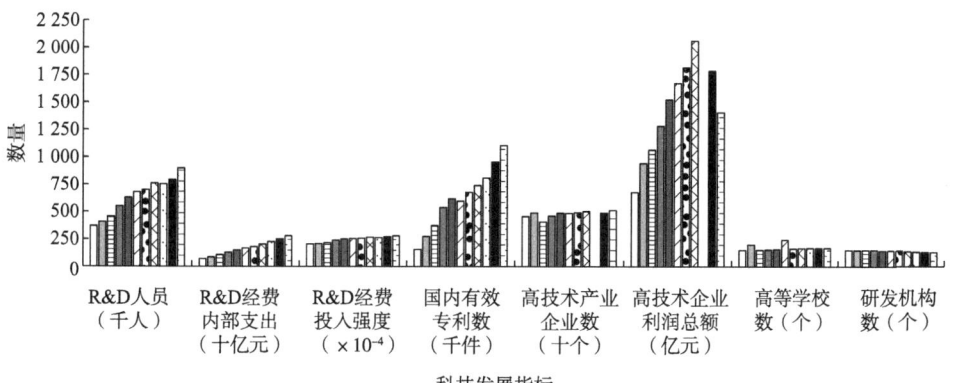

图11-23 2009~2019年江苏省科技发展趋势图

二、"揭榜挂帅"实施概况

(一)实施过程

截至目前,江苏省"揭榜挂帅"项目已经开展了两次。2019年4月23日,江苏省工业和信息化厅发布了《关于印发 2019 年关键核心技术攻关任务揭榜工作方案的通知》，首次采取了"揭榜挂帅"的组织形式，发布了一大批聚焦于省重点培育的新型电力（新能源）装备、工程机械、物联网、高端纺织等 13 个先进制造业集群的榜单，遴选一批必须掌握的关键核心技术，组织具备较强创新能力的企业单位揭榜攻关，逐步推动制约产业发展的重大关键核心技术突破，不断提高制造业的自主可控水平。

2020 年 4 月 20 日，为推广和应用一批面向特定行业、特定场景的工业互联网应用解决方案，培育和壮大一批工业互联网解决方案提供商，江苏省工业和信息化厅发布了《关于组织实施全省工业互联网解决方案应用推广工作的通知》，采取"揭榜挂帅"的项目组织管理方式进行揭榜竞赛，遴选优秀解决方案，在江苏全省新型工业化示范基地（重点园区）推广应用，助力江苏省制造企业应用工业互联网实现提质、降本和增效。

（二）方案归纳

1. "揭榜挂帅"主管部门

江苏省工业和信息化厅。

2. 榜单来源、类别及发榜方

为突破先进制造业集群发展面临的关键技术瓶颈，服务制造企业应用工业互联网实现提质、降本和增效，江苏省工业和信息化厅积极探索实行"揭榜挂帅"项目组织管理方式。榜单主要聚焦于先进制造业关键核心技术攻关项目，由"揭榜挂帅"主管部门江苏省工业和信息化厅发榜。

3. 揭榜方要求

揭榜申请主体应是从事集群所属产业领域的单个企业，或者由企业牵头多个单位组成的联合体，同时应具有较强的创新能力，对申请揭榜的产品或技术拥有知识产权，技术先进且应用前景良好。申请企业需承诺揭榜后能够在指定期限内完成揭榜任务。

4. 揭榜方式

揭榜方式为市级工信部门推荐，组织符合条件的企业填写申请材料，并在审核后集中向省工业和信息化厅报送。每个揭榜任务原则上确定一家揭榜企业和若干入围企业（入围企业不超过两家）。

5. 评审方式

江苏省工业和信息化厅组织行业专家和评测机构采用集中评审或现场评估等形式，综合考虑各申请企业的基础条件、创新能力、发展潜力、产品指标等因素，择优确定并公布揭榜企业名单。

6. 资金配比

江苏省财政资金对揭榜企业的攻关投入给予一定比例的事前补助；对按期完成揭榜任务的入围企业，按攻关投入给予一定比例的事后奖补。

7. 揭榜周期要求

揭榜项目攻关时限一般为1~3年。

8. 成果验收方式

揭榜企业和入围企业按协议进度计划开展攻关工作期间，省工业和信息化厅持续跟踪进展，适时组织行业专家对揭榜任务完成情况进行阶段性评估。揭榜企业和入围企业完成攻关任务后，基于揭榜任务和预期目标开展评价工作，省工业和信息化厅组织行业专家或委托具备相关资质和检测条件的第三方专业机构以攻关实际成果为依据进行评估。经评估确定完成攻关任务的企业，江苏省工业和信息化厅公开发布攻关成功名单，并大力支持攻关成果推广应用。

9. 支持政策

江苏省工业和信息化厅鼓励各地结合本地区产业发展情况，在相关配套资金、项目、优惠政策等方面优先给予揭榜企业和入围企业支持，为完成攻关任务创造良好环境。

（三）目前实施阶段

截至目前，江苏省共实施"揭榜挂帅"两次。2019年发布的关键核心技术攻关任务项目处于揭榜攻关阶段，2020年发布的工业互联网解决方案项目已发布工作方案。

三、榜单分析

通过对江苏省发布的榜单难题名称进行词云分析得到图11-24，从图11-24中可以发现，江苏省发布的榜单主要聚焦于先进制造业领域和高新技术领域，以集成电路、物联网、新型显示、核心信息技术、高端装备、工程机械、汽车及零部件、生物医药和新型医疗器械、海工装备和高技术船舶为九个主要突破方向，细化至芯片、系统、传感器、多晶硅、一体化设备等具体项目。

图 11-24　江苏省"揭榜挂帅"榜单词云图

四、需求方与揭榜方分析

（一）需求方

江苏省工业和信息化厅作为发榜方，系统梳理先进制造业集群发展面临的关键技术瓶颈，根据轻重缓急系统地安排揭榜工作计划，集中发布年度揭榜任务；因此，江苏省的榜单不存在具体的需求方。

（二）揭榜方

由于公示揭榜名单的文件无法获得，暂无揭榜方信息。

五、详例介绍

受揭榜信息所限，暂无具体案例。

第十三节 辽宁省"揭榜挂帅"实践

一、辽宁省科技发展现状

表 11-13 展示了辽宁省 2019 年的科技发展情况,从表 11-13 中可以看出,辽宁省的科技发展在全国处于中等水平,各项指标在全国排在 10~26 名。其中,R&D 经费投入强度和高等学校数排名较好,表明在辽宁省现有的经济水平下科技创新的投入较大。图 11-25 展示了 2009~2019 年辽宁省各项科技发展指标的变化,可以明显看出高技术企业数逐年减少,但高技术企业利润总额整体呈上升趋势;而研发机构数近几年显著减少。

表11-13 辽宁省2019年科技发展及排名情况

科技发展指标	辽宁省	全国	全国排名
R&D 人员/人	159 286	7 129 256	17
R&D 经费内部支出/万元	5 084 604	221 435 773.6	15
R&D 经费投入强度	2.04%	2.23%	10
有效发明专利数/件	152 424	8 812 070	16
高技术产业企业数/个	493	35 833	17
高技术企业利润总额/亿元	235	10 504	14
高等学校数/个	115	2 688	10
研发机构数/个	33	3 217	26

资料来源:2020 年《中国科技统计年鉴》

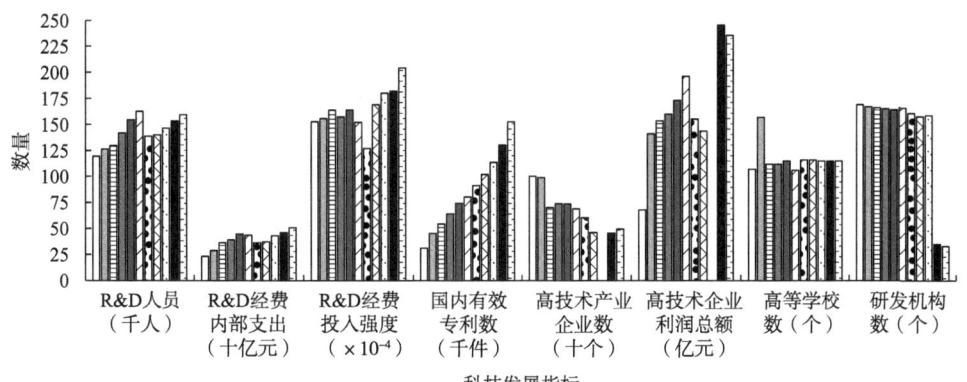

图 11-25 2009~2019 年辽宁省科技发展趋势图

二、"揭榜挂帅"实施概况

（一）实施过程

截至目前，辽宁省"揭榜挂帅"已开展了一次。2021年3月2日，辽宁省科学技术厅发布了《2021年辽宁省首批"揭榜挂帅"科技攻关项目榜单的通知》，标志着辽宁省开始实施"揭榜挂帅"。为着重突出服务"三篇大文章"技术突破需求，强化企业创新主体地位，促进创新要素向企业集聚和跨界融合，以企业牵头组建的实质性产学研联盟为依托，广泛征集重大技术创新需求，经推荐择优，共遴选出100项"揭榜挂帅"科技攻关项目榜单对外张榜。采取"揭榜挂帅"的组织形式，旨在促进产业链、创新链、人才链深度融合，加快突破制约辽宁省重点产业发展的"卡脖子"技术、前沿引领技术和关键共性技术，进一步强化经济高质量发展的技术支撑。

（二）方案归纳

1. "揭榜挂帅"主管部门

辽宁省科学技术厅。

2. 榜单来源、类别及发榜方

根据辽宁省政府年度重点工作安排，辽宁省科学技术厅积极探索改革省级科技计划项目组织管理方式，推进实施重点项目"揭榜挂帅"机制。榜单以重大技术攻关为主，由辽宁省科学技术厅发布。

3. 榜单征集要求

榜单项目应着重突出服务"三篇大文章"技术突破需求，强化企业创新主体地位，促进创新要素向企业集聚和跨界融合。

4. 需求方与揭榜方要求

需求方应是企业牵头组建的实质性产学研联盟，揭榜方需是有能力的高校院所等科研机构及团队。

5. 揭榜方式

采取书面申报的方式揭榜。有意向的揭榜方应在榜单发布之日起至规定截止时间内，结合张榜项目具体需求及自身能力，按需求方要求提交技术解决方案等相关材料，等待需求方自行负责组织对接洽谈，商讨完善解决方案，择优确定"揭榜帅才"。揭榜方与需求方达成共识后，应签署揭榜协议，共同制订揭榜方案，明确合作目标任务，细化合作具体内容。

6. 评审方式

由需求方自行负责组织对接洽谈，择优确定揭榜方，并登录辽宁省科技创新综合信息平台提交揭榜方资质条件、揭榜协议、揭榜方案等材料。辽宁省科学技术厅对需求方报送的"揭榜挂帅"项目相关材料进行审核，确定中榜名单，及时面向全社会公示。

7. 资金配比

揭榜项目资金筹集坚持多元化，以需求方提供配套资金为主，省市财政资金支持为辅，引导金融资本、社会资金等多渠道投入。

8. 揭榜周期要求

揭榜项目攻关时限一般为 1~3 年。

9. 成果验收方式

无说明。

10. 支持政策

"揭榜挂帅"科技攻关项目实行课题制度，由需求方牵头提出，视为省级科技计划项目，统一纳入辽宁省科技创新综合信息平台管理；"揭榜挂帅"科技攻关项目实施过程中涉及引进关键科技人才及创新团队的，可参照"带土移植"政策有关规定执行。

（三）目前实施阶段

辽宁省"揭榜挂帅"科技攻关项目目前尚处于发榜阶段。

三、榜单分析

通过对辽宁省发布的榜单难题名称进行词云分析得到图 11-26，从图 11-26 中可以看出，辽宁省"揭榜挂帅"科技攻关项目在榜单设置上主要聚焦于制造业等传统行业和人工智能等高科技产业领域，涉及装备、系统、材料、人工智能、智慧平台等特征的项目。

图 11-26 辽宁省"揭榜挂帅"榜单词云图

四、需求方与揭榜方分析

（一）需求方

辽宁省"揭榜挂帅"科技攻关项目需求方是各大企业牵头组建的实质性产学研联盟，覆盖先进装备制造、新材料、能源、交通、电子信息、文化科技融合、卫生健康、新药创制、医疗器械、食品安全、资源环境、海洋、公共安全等多个领域，具体有 103 家机构作为联盟盟主，包括辽宁本钢集团有限公司、大连船舶重工集团有限公司、辽宁成大生物股份有限公司、锦州奥鸿药业有限责任公司等企业，以及中国船舶重工集团公司第七六〇研究所、中国医科大学附属第一医院等科研机构和事业单位。

（二）揭榜方

截至 2021 年 6 月 8 日，受揭榜进度影响暂无揭榜方。

五、详例介绍——以大连橡胶塑料机械有限公司发布"基于低滚阻轮胎胶料混炼的高效环保密炼装备"榜单为例

辽宁省作为传统工业重省，现如今面临着转型升级的重大命题，推动技术创新尤其是突破制约重点产业发展的"卡脖子"技术、前沿引领技术和关键共性技

术势在必行。同时，在组织形式上，为深入贯彻党的十九届五中全会精神，认真落实省委十二届十五次全会暨省委经济工作会议部署，根据辽宁省政府年度重点工作安排，辽宁省科学技术厅积极探索改革省级科技计划项目组织管理方式，推进实施重点项目"揭榜挂帅"机制。

2021年3月2日，辽宁省科学技术厅发布了《2021年辽宁省首批"揭榜挂帅"科技攻关项目榜单的通知》在榜单设置上，着重突出服务"三篇大文章"技术突破需求，强化企业创新主体地位，促进创新要素向企业集聚和跨界融合，以企业牵头组建的实质性产学研联盟为依托，广泛征集重大技术创新需求，经推荐择优，共遴选出100项"揭榜挂帅"科技攻关项目榜单对外张榜。

此次辽宁省"揭榜挂帅"科技攻关项目发榜方是各大企业牵头组建的多个实质性产学研联盟，揭榜方按发榜方要求提交技术解决方案等相关材料和《揭榜意向表》后，由发榜方自行负责组织对接洽谈，商讨完善解决方案，择优确定"揭榜帅才"。这样一来，比起其他政府定制类揭榜挂帅，辽宁省"揭榜挂帅"科技攻关项目更加便利了需求方和揭榜方的直接沟通，节省了政府参与中间的环节，提高了揭榜效率。但与此同时，辽宁省政府也将加强全程跟踪和监督检查，并严肃追究违规行为的相关责任，坚决杜绝弄虚作假、串通控榜、骗取财政资金等不良行为发生。

在此次辽宁省"揭榜挂帅"科技攻关项目发布的榜单中，由大连橡胶塑料机械有限公司发布基于低滚阻轮胎胶料混炼的高效环保密炼装备的榜单极具代表性。大连橡胶塑料机械有限公司是立厂于1907年的"老字号"国有企业，是国内最早的橡胶塑料机械设备专业供应商，有中国"橡塑机械摇篮"之称。近年来，由于政府发布的环保政策导致成本上升和市场竞争力下降，大连橡胶塑料机械有限公司急需依靠装备的升级解决环保技术的瓶颈。因此，2021年3月2日，大连橡胶塑料机械有限公司依托辽宁大橡塑密炼装备产学研联盟发布了基于低滚阻轮胎胶料混炼的高效环保密炼装备的榜单，希望借助"揭榜挂帅"政策和平台匹配到值得信任的揭榜方。目前该项榜单也正在接受揭榜方申请。

第十四节 宁夏回族自治区"揭榜挂帅"实践

一、宁夏回族自治区科技发展现状

从表11-14来看，2019年宁夏回族自治区科技发展各项指标均在全国排名靠后，缺少科技人才、高科技企业、高等学校与研发机构，R&D 经费投入强度相对其他指标较好，较为重视科技发展。图 11-27 中也反映出同样的问题，除了 R&D 经费投入强度逐年增幅明显之外，其他指标变化不大。

表11-14 宁夏回族自治区2019年科技发展及排名情况

科技发展指标	宁夏回族自治区	全国	全国排名
R&D 人员/人	20 924	7 129 256	28
R&D 经费内部支出/万元	545 051	221 435 773.6	28
R&D 经费投入强度	1.45%	2.23%	19
国内有效专利数/件	16 941	8 812 070	28
高技术产业企业数/个	49	35 833	29
高技术企业利润总额/亿元	20	10 504	27
高等学校数/个	19	2 688	29
研发机构数/个	18	3 217	30

资料来源：2020 年《中国科技统计年鉴》

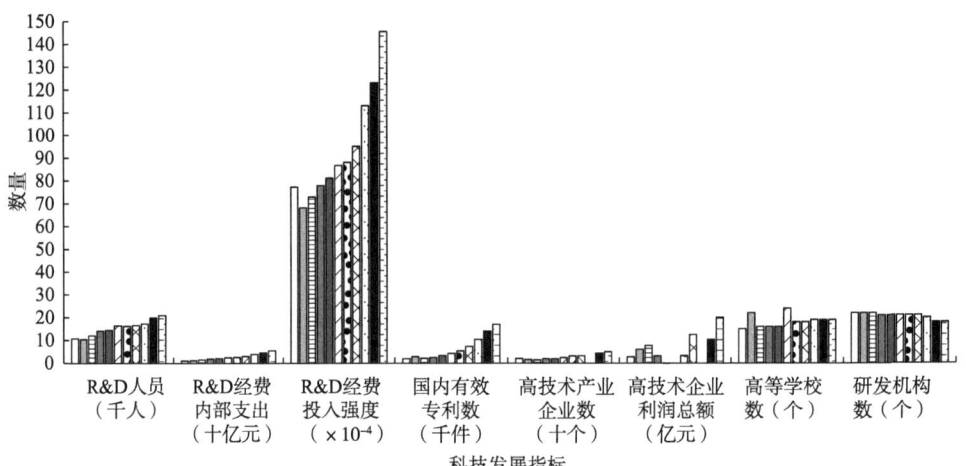

图 11-27 2009~2019 年宁夏回族自治区科技发展趋势图

二、"揭榜挂帅"实施概况

（一）实施过程

截至目前，宁夏回族自治区"揭榜挂帅"已开展了四次。

2019年12月2日,宁夏回族自治区工业和信息化厅发布《宁夏回族自治区产业创新重点任务揭榜攻关工作方案》和《2019年自治区产业创新揭榜攻关重点任务和预计目标》(先进装备制造和智能控制系统领域),共29项榜单;2020年1月2日,宁夏回族自治区工业和信息化厅、财政厅印发《自治区产业创新重点任务揭榜项目及资金管理暂行办法》对揭榜中的资金管理做出规定;2020年1月7日,宁夏回族自治区工业和信息化厅公示2019年产业创新重点任务揭榜企业名单,确定宝塔实业股份有限公司等18家企业成为精密轴承制造技术等13项关键技术任务的揭榜企业。

2019年12月30日,宁夏回族自治区工业和信息化厅印发《自治区重点领域工业互联网赋能与公共服务平台揭榜项目工作方案》,共发榜建设三个行业赋能平台和一个综合服务平台;2020年1月14日,自治区工业和信息化厅会同财政厅印发实施《自治区重点领域工业互联网赋能与公共服务平台揭榜项目及资金管理暂行办法》对该类"揭榜挂帅"中的资金管理做出规定;2020年5月9日,自治区工业和信息化厅公示确定了宁夏机械工程学会等三家单位为自治区重点领域工业互联网赋能与公共服务平台揭榜项目承担单位,共享智能铸造产业创新中心有限公司等五家单位为培优单位。

2020年6月29日,宁夏回族自治区工业和信息化厅发布《关于开展2020年产业创新重点任务揭榜攻关工作的通知》,发布了冶金、有色、建材、化工四个领域29项关键技术揭榜任务;2020年9月28日,宁夏回族自治区工业和信息化厅公示2020年产业创新重点任务揭榜企业,确定宁夏科通新材料科技有限公司等20家企业成为铁合金工业尾气高效清洁利用技术等22项关键技术任务的揭榜企业。

2021年4月13日,宁夏回族自治区工业和信息化厅发布《关于开展2021年产业创新重点任务揭榜攻关工作的通知》,聚焦新材料、大数据与软件、绿色食品领域,共发榜自治区产业创新揭榜攻关重点任务和预期目标31个。

(二)方案归纳

1. 宁夏回族自治区产业创新重点任务揭榜

1)"揭榜挂帅"主管部门

宁夏回族自治区工业和信息化厅、宁夏回族自治区财政厅。

2)榜单来源、类别及发榜方

宁夏回族自治区工业和信息化厅根据产业发展,系统地安排揭榜工作计划,聚焦自治区重点培育的现代煤化工、前沿新材料、先进装备、生物医药、核心信息技术等重点领域,遴选了一批必须掌握的产业创新关键共性技术难题,并集中发布,榜单均为技术攻关类揭榜项目。

3）榜单征集要求

项目内容应符合国家产业政策和自治区产业结构调整方向，符合年度揭榜项目申报通知的重点方向和相关要求，聚焦产业发展亟待解决的关键核心技术、重大前沿技术、关键零核心部件、材料及工艺等，能够显著提升企业核心竞争力，带动本地区乃至国内相关产业的技术应用水平；项目内容要明确成果指标、技术参数、时限要求、资金投入及其他揭榜通知要求的内容；项目内容不得以大型仪器、设备、装备等的购买为主。

4）揭榜方要求

申请揭榜的单位应为在自治区行政区域内依法设立的企业，法人治理结构规范，具有较强的创新能力，对揭榜的关键技术拥有知识产权；申请揭榜企业应该具备较强研发能力和核心团队，具备实现揭榜攻关及成果转化能力；具备良好的社会信用，近三年内无不良信用记录或重大违法行为；申报项目已获得自治区财政资金支持的，不得重复或变相重复申请揭榜攻关项目。

5）揭榜方式

自治区内市州及以下工信主管部门为推荐单位，组织符合条件的企业填写申请材料，并在审核后集中向自治区工业和信息化厅报送材料进行揭榜申请。

6）评审方式

自治区工业和信息化厅组织行业专家采用集中评审或现场评估等形式，综合考评实施主体的基础条件、创新能力、发展潜力、技术产品指标等因素，形成专家意见和得分，择优确定并公布揭榜单位名单。

7）资金配比

项目验收合格，按照验收结果确定名次，分别给予项目攻关总投资30%、20%、10%的财政资金补助（含项目开展初期预拨部分）。其中第一名累计补助资金不超过500万元，第二名累计补助资金不超过300万元，第三名累计补助资金不超过200万元。

8）揭榜周期要求

项目实施周期不超过两年，即自揭榜时算起两年内需实现技术突破，并在技术突破后一年内实现生产应用。

9）成果验收方式

揭榜企业完成攻关任务后，由自治区工业和信息化厅组织行业专家或委托具备相关资质的第三方专业机构基于揭榜任务和预期目标开展评价工作，依据攻关实际成果进行评估，适时公布评估结果。

10）支持政策

大力支持揭榜项目成果推广应用，公开发布成果企业名单，对应用揭榜攻关技术进行技术改造的项目，列入自治区新型工业化资金专项予以重点支持，并优先支持申报国家工业强基项目。

2. 宁夏回族自治区重点领域工业互联网赋能与公共服务平台揭榜

1）"揭榜挂帅"主管部门

宁夏回族自治区工业和信息化厅。

2）榜单来源、类别及发榜方

宁夏回族自治区工业和信息化厅作为发榜方，系统梳理重点领域工业互联网发展和应用面临的关键技术、系统解决方案等瓶颈，编制《自治区重点领域工业互联网赋能综合服务平台揭榜项目任务汇总表》并发布，此类榜单为平台建设与应用类揭榜项目。

3）揭榜方要求

申请揭榜主体应是宁夏行政区域内依法注册的企业，近三年内在工商、税务、环保、海关、银行等部门无严重不良行为记录，并且需承诺揭榜后能够在指定期限内完成任务。申报主体应具有较强的创新能力，对申请揭榜的项目拥有核心技术，技术先进且应用前景良好；应具有较强的经济实力、技术研发、融合创新能力和为制造业提供系统解决方案的经验；提出的建设方案在创新模式、实施路径、应用推广等方面应具有代表性、典型性和突出特色，具有较好的应用效果，符合未来发展方向，能够形成有效的商业模式。

4）揭榜方式

由自治区内市州及以下工信部门负责组织所在区域企业积极申报，并对申报材料严格把关，确保项目的真实性，将符合条件的企业资料报送自治区工业和信息化厅。

5）评审方式

自治区工业和信息化厅组织行业专家或委托评测机构进行集中评审和现场评估，择优确定并公布揭榜企业名单。

6）资金配比

平台建设单位。对于揭榜单位承担的揭榜建设项目，在项目建设期内每年按自治区产业信息化专项资金管理办法规定给予补助支持。在揭榜项目建设期内，已完成年度建设内容，达到预期目标的，经建设单位主动申请，专家组评价验收，可提前给予补助支持。对以联合体申报的项目，财政资金仅拨付到牵头单位，由牵头单位负责财政资金管理和分配。未完成揭榜总任务的，按程序收回之前各年度奖补资金。

平台应用企业。对2020年12月31日前应用揭榜单位建设的行业平台的企业，给予上平台综合费用的30%且不高于300万元一次性资金支持；对2021年应用揭榜单位建设的行业平台的企业，按自治区产业信息化专项资金管理办法规定给予支持。

综合费用包括业务上平台、设备上平台等相关软件、硬件、服务费等支出。对在多个揭榜单位建设的平台上部署应用的企业，以实际发生综合费用的总和予以支持。

7）揭榜周期要求

项目实施期一般不超过三年。

8）成果验收方式

在揭榜攻关期间，自治区工业和信息化厅应对揭榜单位产品创新及应用进展进行持续跟踪，适时组织行业专家对揭榜任务进行阶段性评估，不断优化揭榜任务实施路径。揭榜单位完成年度建设任务后，可申请验收。经验收通过后，自治区工业和信息化厅会同财政厅按照相关规定给予揭榜项目资金奖补。

9）支持政策

自治区工业和信息化厅大力支持推广应用，对项目应用企业在同等条件下优先给予支持。在相关配套资金、项目、优惠政策等方面给予揭榜项目和应用企业优先支持。

（三）目前实施阶段

宁夏回族自治区共开展四次"揭榜挂帅"，前三次均处于揭榜攻关阶段，2021年开展的产业创新重点任务揭榜攻关尚处于发榜阶段。

三、榜单分析

将宁夏回族自治区的榜单难题名称进行词云分析，得到图11-28。从图11-28中可以发现，宁夏的"揭榜挂帅"主要关注传统制造业的工艺技术和产业化，以及材料装备等领域，同时在互联网和绿色环保行业也有涉及。

四、需求方与揭榜方分析

（一）需求方

宁夏回族自治区开展的"揭榜挂帅"均为主管部门凝练社会、企业需求集中发布技术榜单，因此并无明确具体的技术需求方。

图 11-28 宁夏回族自治区"揭榜挂帅"榜单词云图

（二）揭榜方

在宁夏回族自治区的三次已进入攻关阶段的"揭榜挂帅"中，总共 48 家单位成功揭榜，其中有 31 家单位单独揭榜，采取 2 家单位联合揭榜的有 4 组，采取 3 家单位联合揭榜的有 3 组。在 48 家单位中，有 47 家是在宁夏回族自治区行政区域内依法注册的企业，如宁夏首朗吉元新能源科技有限公司、宁夏晟晏实业集团能源循环经济有限公司、宁夏科通新材料科技有限公司、青铜峡市鼎辉工贸有限公司、宁夏海力电子有限公司等，有一家社会团体（宁夏机械工程学会）。

五、详例介绍——以宝塔实业股份有限公司揭榜"环保型高性能超细纤维复合新材料制备关键技术研究与应用"榜单为例

为加快推进传统制造业改造提升和壮大培育新兴产业，突破一批制约宁夏重点产业发展的关键核心技术，提升相关产业技术应用水平，推动工业高质量发展，宁夏回族自治区工业和信息化厅遴选一批必须掌握的产业创新关键共性技术，并于 2019 年 12 月 2 日印发《产业创新重点任务揭榜攻关工作方案》，集中发布了 2019 年自治区产业创新揭榜攻关重点任务。

宝塔实业股份有限公司有意向揭榜项目"环保型高性能超细纤维复合新材料

制备关键技术研究与应用"。该公司为在自治区行政区域内依法设立的工业与信息化领域企业，符合申请主体条件，按要求提交申报材料。当地工信主管部门审核过后，提出推荐意见，汇总报送自治区工业和信息化厅。

自治区工业和信息化厅根据推荐意见，组织专家集中评审或现场评估，择优确定拟揭榜企业名单，每项揭榜任务选定企业原则上不超过三家。2020年1月7日，自治区工业和信息化厅将拟揭榜企业名单进行公示。宝塔实业股份有限公司在公示名单内，且经五个工作日的公示期后，该公司公示无异议，确定为当年揭榜企业。自治区工业和信息化厅与宝塔实业股份有限公司签订揭榜任务书，按照揭榜任务书约定履行各自责任与义务。

宝塔实业股份有限公司须按照揭榜任务书中确定的内容及目标组织实施。项目实际投资须与上报方案基本保持一致。项目立项后，原则上不对项目主要实施内容进行调整。从原则上看，项目实施周期不超过两年，自揭榜时起两年内应实现技术突破和生产应用，并适时组织召开行业技术交流会或现场观摩会。

宝塔实业股份有限公司需在项目到期后一个月内完成验收准备，提交验收申请和书面验收材料。

第十五节 山东省"揭榜挂帅"实践

一、山东省科技发展现状

从表11-15中可以看出，山东省的科技发展在全国均处于较高水平。2019年山东省科技发展各项指标排名靠前，分布在3~8名，高等学校、高技术企业、高科技人才数量都较多，科技成果和产出均较好。从图11-29的趋势来看，山东省的科技发展基础较好，但近几年有停滞或下降的趋势，表现在R&D经费投入强度和高技术企业利润总额方面。

表11-15 山东省2019年科技发展及排名情况

科技发展指标	山东省	全国	全国排名
R&D人员/人	442 233	7 129 256	5
R&D经费内部支出/万元	14 947 162	221 435 773.6	6
R&D经费投入强度	2.1%	2.23%	8

续表

科技发展指标	山东省	全国	全国排名
国内有效专利数/件	485 852	8 812 070	5
高技术产业企业数/个	1 564	35 833	4
高技术企业利润总额/亿元	479	10 504	6
高等学校数/个	146	2 688	3
研发机构数/个	184	3 217	6

资料来源：2020年《中国科技统计年鉴》

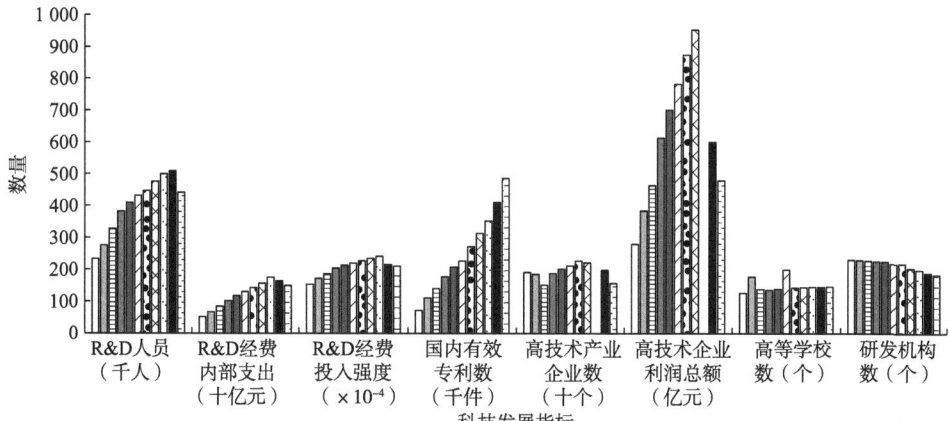

图11-29 2009~2019年山东省科技发展趋势图

二、"揭榜挂帅"实施概况

（一）实施过程

截至目前，山东省省一级"揭榜挂帅"已开展了两次，市一级"揭榜挂帅"已开展了4次。

2020年5月26日，山东省科学技术厅、山东省财政厅印发《山东省重大科技创新工程项目管理暂行办法》，其中对揭榜制项目做出了组织安排。为调动全社会力量攻克山东省产业发展急需解决的技术难题，加快推动重大科技成果转化，2020年9月29日，山东省科学技术厅发布了《关于组织开展2020年度山东省重点研发计划（重大科技创新工程）项目申报的通知》，其中附件一《2020年山东省重大科技创新工程项目指南》公布了100个榜单课题。2020年11月16日，山东省科学技术厅发布关于2020年山东省重点研发计划（重大科技创新工程）项目初评结果及预算申报通知；紧接着在2020年12月14日，山东省科学技术厅发布

《关于 2020 年度山东省重点研发计划（重大科技创新工程）拟立项项目公示的通知》，明确 100 个课题都由独立揭榜方揭榜立项。

2021 年 5 月 6 日，山东省科学技术厅发布《2021 年省重大科技创新工程项目指南（第一批）》，发布了 86 个榜单项目，组织开展 2021 年度山东省重点研发计划（重大科技创新工程）项目申报工作。

山东省东营市科学技术局为加强对重点研发计划"揭榜制"项目的管理，于 2020 年 7 月 27 日印发《东营市重点研发计划"揭榜制"项目管理暂行办法》。

山东省烟台市科学技术局于 2020 年 9 月 1 日发布《2021 年烟台市重大科技创新项目"揭榜制""组阁制"工作实施方案》与《关于征集 2021 年烟台市重大科技创新项目"揭榜制""组阁制"项目需求的通知》，进而遴选出 16 项揭榜制项目需求，于 2020 年 9 月 25 日发布《关于张榜发布 2021 年重大科技创新项目揭榜制项目需求的通知》。

山东省济宁市科学技术局根据《济宁市重点研发计划管理办法》，于 2020 年 8 月 27 日发布《关于征集 2020 年度济宁市重点研发计划项目指南的通知》进行项目需求征集，随后在 2020 年 11 月 8 日发布的《关于组织申报 2020 年济宁市重点研发计划的通知》文件附件一《2020 年度济宁市重点研发计划申报指南》中公布了 21 个"揭榜制"项目，并于 2021 年 1 月 8 日发布《2020 年济宁市重点研发计划拟立项项目公示》。

山东省日照市于 2020 年 4 月 7 日发布《关于开展市级农业科技创新中心"揭榜制"活动的通知》，拟定了八个市级农业科技创新中心"揭榜制"项目任务目标。

（二）方案归纳

1. "揭榜挂帅"主管部门

山东省科学技术厅、财政厅，各市科学技术局。

2. 榜单来源、类别及发榜方

聚焦新旧动能转换重点产业，围绕区域、行业特色化发展，山东省科学技术厅及各市科学技术局凝练提出重大科技攻关和科技成果转化需求，分别发布技术攻关类和成果转化类榜单。

3. 榜单征集要求

技术攻关类项目要求。技术项目应有明确的项目指标参数、时限要求，并聚焦于企业和产业发展"卡脖子"的前沿技术、核心技术、关键零部件、重要材料及工艺等，实施后能显著提升企业核心竞争力，带动全省乃至国家相关产业技术水平提升。

成果转化类项目要求。拟转化成果具备产业化和推广应用条件，且符合山东省企业和产业创新发展需求，公益性、辐射带动效应显著；知识产权明晰，市场用户和应用范围明确，对山东省产业转型升级能够发挥关键推动作用。

4. 需求方与揭榜方要求

技术攻关类项目需求方主要为省内龙头、骨干企业，应具有保障项目实施的资金投入，能够提供项目实施的配套条件；应能够明确项目指标参数、时限要求、产权归属、资金投入及其他对揭榜方的条件要求等内容。

成果转化类项目需求方主要为省内外高校、科研单位、企业或各类创新平台，应具有承担国家或省部级科研任务的基础条件和成功案例，在"卡脖子"的关键核心技术攻关中已取得重大突破；拥有成果转化的支撑队伍，能主动参与和协助推广转化应用方案的实施。

技术攻关类项目揭榜方要求。揭榜方主要为省内外有研究开发能力的高校、科研单位、企业或各类创新平台，应有较强的研发实力、科研条件和稳定的人员队伍等，有能力完成发榜任务；能对发榜项目需求提出攻克关键核心技术的可行方案，掌握自主知识产权；优先支持具有良好科研业绩的单位和团队，鼓励产学研合作揭榜攻关。

成果转化类项目揭榜方应为省内企业，拥有较强的成果推广应用队伍，能够提出科学合理的成果转化方案；能够提供成果转化所需的资金、场地、市场等配套条件；鼓励开展示范应用，努力扩大社会应用效益，优先支持行业龙头、骨干企业。

5. 揭榜方式

揭榜项目负责人在平台上按要求在线填写项目申报书，提交单位管理账号审核后，经各级主管部门审核，最终经一级主管部门审核通过后报送至省科学技术厅。

6. 评审方式

山东省科学技术厅通过采取网络或会议评审、答辩评审、现场考察等方式，对揭榜方的资质条件、揭榜方案可行性、需求方满意度等进行评审，提出重大工程立项建议。

7. 资金配比

重大科技创新工程每个项目省级财政资金平均支持强度不低于 1 000 万元，

其中牵头申报单位为企业的，其上一年度销售收入应当不低于申请省级财政资金资助额度，自筹经费与申请省级财政资金资助额度之比应当不低于4∶1；牵头申报单位为高校或科研院所的，其技术成果必须在省内企业转化并示范应用，自筹经费与申请省级财政资金资助额度之比应当不低于2∶1。

8. 揭榜周期要求

项目实施周期原则上为三年。

9. 成果验收方式

无说明。

10. 支持政策

财政资金支持，每个项目省级财政资金支持强度平均不低于1 000万元。

（三）目前实施阶段

山东省省一级"揭榜挂帅"已开展了两次，其中，2020年度山东省重点研发计划（重大科技创新工程）经历了方案发布、榜单发布，目前已确定每个揭榜项目的揭榜者，处于揭榜攻关阶段；2021年度山东省重点研发计划（重大科技创新工程）处于发榜阶段。山东省市一级"揭榜挂帅"已开展了四次，东营市重点研发计划"揭榜制"项目处于方案发布阶段；2021年烟台市重大科技创新项目揭榜制项目目前处于榜单发布阶段；2020年济宁市重点研发计划项目经过榜单发布，目前已确定每个揭榜项目的揭榜者，处于揭榜攻关阶段；山东省日照市农业科技创新中心"揭榜制"活动处于榜单发布阶段。

三、榜单分析

利用微词云网站，通过导入榜单信息，并进行人工处理，得到山东省"揭榜挂帅"榜单内容的词云图（图11-30）。从图11-30中可以看出，智能、高性能、绿色等为山东省"揭榜挂帅"所着重追求的科技发展趋势，装备制造、芯片制造、机器人、燃料电池、新材料、海洋科学、新医药、生物科学等为山东省"揭榜挂帅"所重点发展的领域。

图 11-30 山东省"揭榜挂帅"榜单词云图

四、需求方与揭榜方分析

（一）需求方

目前山东省开展的"揭榜挂帅"均是由主管部门凝练企业需求发布的技术榜单，因此每项技术榜单无明确具体的技术需求方。

（二）揭榜方

2020年山东省重点研发计划（重大科技创新工程）项目的揭榜方都为独立揭榜，共有100家单位，均是山东省境内依法注册成立的具有独立法人资格的企业，如山东康平纳集团有限公司、山东天瑞重工有限公司、中车青岛四方机车车辆股份有限公司、山东盛品电子技术有限公司等。

五、详例介绍——以山东昌诺新材料科技有限公司揭榜"环保型高性能超细纤维复合新材料制备关键技术研究与应用"榜单为例

2020年5月26日，山东省科学技术厅、山东省财政厅印发《山东省重大科技创新工程项目管理暂行办法》，规定了山东省揭榜制项目运行管理方法。

省直有关部门（单位）、设区市科技局及中央驻鲁单位指导本地区、本行业需

求方，聚焦新旧动能转换重点产业，围绕区域、行业特色化发展，凝练提出重大科技攻关和科技成果转化需求，提出揭榜制项目建议，审核后推荐提交到山东省科学技术厅。省科学技术厅统筹考虑全省经济社会发展重大需求，综合考虑揭榜制项目需求和条件，编制了《山东省重大科技创新工程项目指南》，并于 2020 年 9 月 29 日发布，组织开展 2020 年度山东省重点研发计划（重大科技创新工程）项目申报工作。

山东昌诺新材料科技有限公司在临沂市科技局的指导下，填写了关于项目"环保型高性能超细纤维复合新材料制备关键技术研究与应用"的申报材料，通过山东省科技云平台审核提交至省科学技术厅。通过网络或会议评审、答辩评审、现场考察等形式，省科学技术厅对揭榜方的资质条件、揭榜方案可行性、需求方满意度等进行评审。2020 年 11 月 16 日，山东省科学技术厅公布 2020 年山东省重点研发计划（重大科技创新工程）项目的初评结果，并开始申报预算。山东昌诺新材料科技有限公司通过了初评，按照要求完成了预算申报工作。之后，山东省科学技术厅完成了项目评审工作，提出重大工程立项建议，按程序报批。2020 年 12 月 14 日，山东省科学技术厅面向全社会发布和公示 2020 年度山东省重点研发计划（重大科技创新工程）拟立项项目。山东昌诺新材料科技有限公司成功立项，并在省科学技术厅的组织下签署项目任务书，开始实施项目，实施周期为三年（2020~2023 年），项目结束时间为 2023 年 9 月 30 日。

第十六节　山西省"揭榜挂帅"实践

一、山西省科技发展现状

表 11-16 展示了山西省 2019 年科技发展现状，可以看出山西省各项科技发展指标在全国处于中等偏下水平，排名在 20 左右。其中，研发机构数量排在全国第五，这可能是由于山西省的矿产资源丰富吸引了大批研发机构。图 11-31 展示了 2009~2019 年山西省科技发展各项指标的变化情况，从图 11-31 中可以看出，R&D 人员、经费和投入强度，以及高技术产业企业数变化都不明显，高技术企业利润总额缓慢增长。总而言之，山西省在科技创新方面的人员和经费投入水平都较低，科技创新主要集中在矿产资源等传统领域。

表11-16 山西省2019年科技发展及排名情况

科技发展指标	山西省	全国	全国排名
R&D人员/人	78 778	7 129 256	21
R&D经费内部支出/万元	1 912 215	221 435 773.6	20
R&D经费投入强度	1.12%	2.23%	22
国内有效专利数/件	61 654	8 812 070	23
高技术产业企业数/个	180	35 833	23
高技术企业利润总额/亿元	56	10 504	23
高等学校数/个	82	2 688	16
研发机构数/个	143	3 217	5

资料来源：2020年《中国科技统计年鉴》

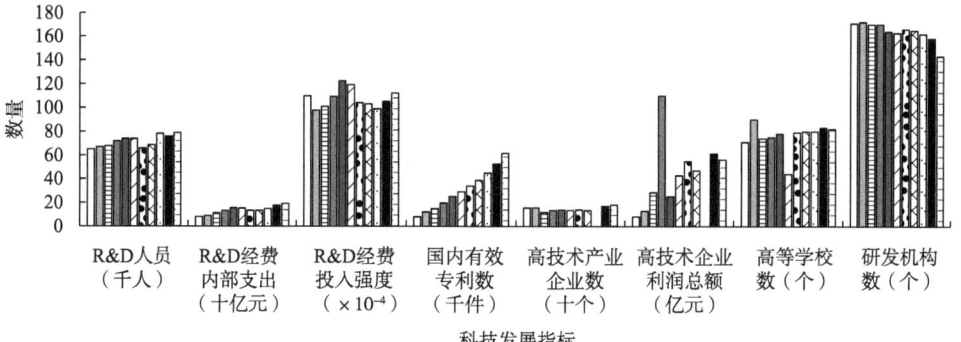

图11-31 2009~2019年山西省科技发展趋势图

二、"揭榜挂帅"实施概况

（一）实施过程

截至目前，山西省"揭榜挂帅"已开展了四次。2019年7月9日，山西省科学技术厅发布了《关于2019年度山西省科技计划揭榜招标项目（第一批）张榜的通知》，围绕山西省能源技术革命和制造业高质量发展等重点领域关键核心技术需求，形成内容涉及新能源、高端装备、新材料、生态环保等技术领域的10项揭榜项目，面向省内外高校、科研机构、科技型企业或其组成的联合体进行揭榜攻关。

2019年9月27日，为深入贯彻落实能源革命综合改革试点任务，山西省科学技术厅发布了《关于2019年度山西省科技计划揭榜招标项目（第二批）张榜的通知》，紧密围绕能源产业重大关键核心技术，省科学技术厅凝练形成能源领域11项揭榜招标项目，内容涉及风力发电机、焦炉煤气制氢、废弃矿山开发利用、煤与煤层气开采、煤炭清洁高效利用、燃煤锅炉、矿山机械等领域，面向国内外高校、科研机构、科技型企业或其组成的联合体进行揭榜攻关。

2019年11月26日，为贯彻落实省政府关于农村（农户）用煤清洁取暖安排部署，山西省科学技术厅发布了《关于开展农村（农户）用煤清洁取暖技术揭榜的公告》，针对山西不同地区、不同煤种，采取"炉具+燃料"形式，开展农村（农户）用煤清洁取暖技术、工艺、装备研发与应用，面向全社会开展农村（农户）用煤清洁取暖技术揭榜，解决农村用煤清洁取暖问题。

2020年3月27日，发布了《山西省科学技术厅关于2020年度山西省科技计划揭榜招标项目张榜的通知》，紧密围绕革命和制造业领域凝练形成21项内容涉及煤成气、煤炭绿色智能开采、新能源、半导体、信息技术等领域方向的揭榜招标项目，面向国内外高校、科研机构、科技型企业或其组成的联合体进行揭榜攻关，依托全社会力量着力突破一批关键核心技术和共性技术。

（二）方案归纳

1. "揭榜挂帅"主管部门

山西省科学技术厅。

2. 榜单来源、类别及发榜方

为深入贯彻落实习近平总书记关于科技创新重要论述精神，落实省委、省政府《关于实施"111"创新工程支撑引领高质量转型发展的意见》，山西省科学技术厅积极探索"揭榜挂帅"组织方式。榜单主要聚焦于能源革命和制造业关键核心技术和共性技术攻关项目，由"揭榜挂帅"主管部门山西省科学技术厅发榜。

3. 揭榜方要求

揭榜方需为国内外有研究开发能力的高校、科研机构、科技型企业，具有强有力的科研基础条件，技术带头人和科研团队攻关实力强，在相关技术领域有雄厚的研究基础和比较优势，且具有科技成果工程化开发和产业化转化的成功经验；能针对张榜项目的技术需求，提出计划合理、目标清晰、路线可行的技术攻关揭榜方案，项目相关核心技术应有自主知识产权；具有完善的科技管理、科技合作和保障机制，能为项目实施提供技术和科技团队保障；财务状况良好且管理规范；具有良好的科研道德和社会信用，近三年无不良信用记录。鼓励产学研合作、组团揭榜攻关。

4. 揭榜方式

揭榜方式皆为书面申报。揭榜单位将揭榜方案、初步合作协议意向、PPT 汇报材料等相关书面和电子版材料与需求方核对后并密封,统一由需求方报送至(或邮寄到)山西省科技交流中心。

5. 评审方式

山西省科学技术厅组织专家论证揭榜方的资质条件、揭榜方案可行性、需求方满意度等,并提出拟中榜名单。

6. 资金配比

需求单位根据项目进度和合作协议向揭榜方及时支付研发经费,省财政资助经费根据项目投入和实施情况向需求单位分批拨付:在签订任务书及企业首批经费投入到位后,拨付财政资助金额的 30%;其余省财政资助经费根据项目进展分批拨付,并在结题验收达到考核要求后以奖励经费的形式拨付完毕。

7. 揭榜周期要求

揭榜项目攻关时限一般不超过三年。

8. 成果验收方式

无说明。

9. 支持政策

无说明。

(三)目前实施阶段

截至目前,山西省共实施"揭榜挂帅"四次,其中 2019 年度山西省科技计划揭榜招标项目(第一批)、2019 年度山西省科技计划揭榜招标项目(第二批)和 2020 年度山西省科技计划揭榜招标项目处于揭榜攻关阶段,农村(农户)用煤清洁取暖技术揭榜项目处于发榜阶段。

三、榜单分析

通过对山西省发布的榜单难题名称进行词云分析得到图 11-32,从图 11-32 中可以看出,山西省发布的榜单紧密围绕能源技术产业领域和制造业领域展开,具体体现为太阳能、煤层气技术、碳纤维技术、燃料电池、一体化、智能化等细分领域。

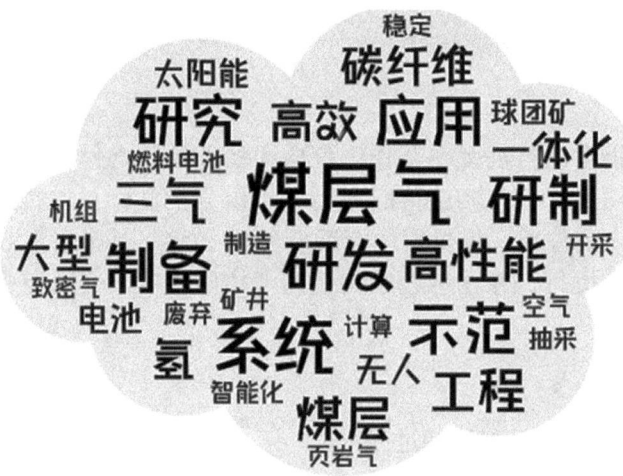

图 11-32　山西省"揭榜挂帅"榜单词云图

四、需求方与揭榜方分析

(一)需求方

在山西省开展的 4 次"揭榜挂帅"中有三次是根据公开征集遴选榜单,这三次"揭榜挂帅"中共有 42 家榜单需求单位,但有多家单位多次发布需求,因此共有 28 家需求方单位,均为山西省行政区域内的企业,分别是太原锅炉集团有限公司、太原钢铁(集团)有限公司、山西长韩新能源科技有限公司、山西漳电大唐塔山发电有限公司、山西太钢不锈钢股份有限公司、山西烁科晶体有限公司、山西潞安太行润滑油有限公司、山西潞安矿业(集团)有限责任公司、山西潞安环保能源开发股份有限公司、山西潞安化工有限公司、山西晋城无烟煤矿业集团有限责任公司、山西焦煤集团有限责任公司、山西国新正泰新能源有限公司、山西钢科碳材料有限公司、山西汾西重工有限责任公司、山西大地民基生态环境股份有限公司、山西百信信息技术有限公司、晋能光伏技术有限责任公司、大同新研氢能源科技有限公司、大同启迪未来能源科技集团有限公司、大同煤矿集团有限责任公司、太原重工股份有限公司、阳泉煤业（集团）有限责任公司、太原航空仪表有限公司、中车大同电力机车有限公司、中车永济电机有限公司、中国电子科技集团公司第二研究所、中国重汽集团大同齿轮有限公司。

（二）揭榜方

山西省的榜单揭榜方主要是国内外有研究开发能力的高校、科研机构、科技型企业，其中以清华大学、太原理工大学为代表的国内高校揭榜单位中榜占有率最高，以中国科学院山西煤炭化学研究所、中国科学院上海高等研究院为代表的科研机构和以北京天地聚能机电设备技术有限公司、天地科技股份有限公司、湖南顶立科技有限公司为代表的科技型企业中榜占有率次高。揭榜形式既有联合揭榜，也有少量独立揭榜，其中高校和研究所联合揭榜或高校与高校联合揭榜占绝大多数。

五、详例介绍——以太原理工大学、西安交通大学联合揭榜"超低温热管式空气预热器关键技术及工程示范"榜单为例

山西省作为国内较早探索"揭榜挂帅"项目组织管理方式的省份之一，已在2019年度的科技计划揭榜招标项目积累了丰富经验。为深入贯彻落实习近平总书记关于科技创新重要论述精神，落实山西省委、省政府《关于实施"111"创新工程支撑引领高质量转型发展的意见》，山西省科学技术厅紧密围绕革命和制造业领域凝练形成21项揭榜招标项目，于2020年3月27日发布了《山西省科学技术厅关于2020年度山西省科技计划揭榜招标项目张榜的通知》，依托全社会力量着力突破一批关键核心技术和共性技术。2019年度科技计划揭榜招标项目已在新能源、高端装备、新材料、生态环保等技术领域进行过揭榜，因而2020年度山西省科技计划揭榜招标项目的榜单向煤成气、煤炭绿色智能开采、新能源、半导体、信息技术等领域方向转变，并发布具体榜单向全社会公示，面向省内外高校、科研机构、科技型企业或其组成的联合体进行揭榜攻关。

其中,应太原锅炉集团有限公司需求发布的14号项目超低温热管式空气预热

器关键技术及工程示范项目引起了太原理工大学和西安交通大学有关单位的兴趣,两校与陕西省科学技术厅联系并发送《揭榜意向表》后,由省科学技术厅牵线搭桥组成联合揭榜单位,与需求方太原锅炉集团有限公司积极主动对接,相互考察,公平竞争洽谈,细化落实相关内容要求,共商合理技术方案,双方达成共识后,签署了初步合作协议意向,并形成揭榜方案。

最终,太原理工大学和西安交通大学作为联合揭榜方向山西省提交了揭榜方案、初步合作协议意向、PPT汇报材料等相关书面和电子版材料,并通过了省科学技术厅组织专家对揭榜方的资质条件、揭榜方案可行性、需求方满意度等进行的论证,成功中榜公示。

第十七节 陕西省"揭榜挂帅"实践

一、陕西省科技发展现状

从表11-17来看,2019年陕西省科技发展水平在全国处于中上,科技发展各指标处于8~15名。其中,R&D经费投入强度水平较高,这表明陕西省科技创新对经济发展的贡献较大。从图11-33来看,2009~2019年陕西省在科技带动经济方面效果较好,R&D经费投入强度始终保持较高水平,其他各项指标也呈现上升的趋势。

表11-17 陕西省2019年科技发展及排名情况

科技发展指标	陕西省	全国	全国排名
R&D人员/人	167 628	7 129 256	14
R&D经费内部支出/万元	5 845 753.8	221 435 773.6	13
R&D经费投入强度	2.1%	2.23%	8
国内有效专利数/件	146 699	8 812 070	12
高技术产业企业数/个	683	35 833	15
高技术企业利润总额/亿元	261.854 4	10 504	13
高等学校数/个	95	2 688	13
研发机构数/个	103	3 217	15

资料来源:2020年《中国科技统计年鉴》

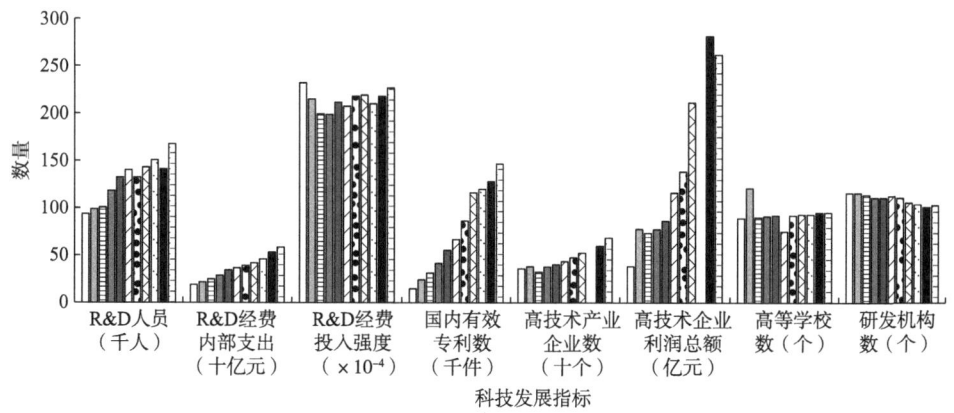

图 11-33　2009~2019 年陕西省科技发展趋势图

二、"揭榜挂帅"实施概况

（一）实施过程

2021 年 3 月 11 日，陕西省科学技术厅印发《实施科技项目"揭榜挂帅"工作指引》，正式开始通过"揭榜挂帅"制度开展科技攻关。随后，于 2021 年 6 月 7 日发布《关于发布陕西省"两链"融合重点专项第一批揭榜挂帅课题榜单的公告》，共发布八项榜单。

（二）方案归纳

1. "揭榜挂帅"主管部门

陕西省科学技术厅。

2. 榜单来源、类别及发榜方

为调动全社会力量攻克陕西省产业发展亟待解决的关键核心技术，加快推动重大科技成果转化和产业化，支撑产业高质量发展，陕西省科学技术厅设立"揭榜挂帅"需求征集库，面向社会征集技术研发和成果转化需求。榜单类别主要分为技术攻关类和成果转化类，由陕西省科学技术厅发布榜单。

3. 榜单征集要求

技术攻关类需求应聚焦陕西省重点领域的关键核心技术、重大产品、重大技术装备研发任务，清楚描述拟解决的主要技术问题、核心指标、时限要求、产权归属、资金投入及揭榜方须具备的条件等。

成果转化类需求应提供陕西省重点产业发展需要的重大科技成果，清楚描述拟转化成果的基本内容、实践效果、适用领域、推广价值及揭榜方须具备的转化条件、资金投入、成果转化方式及产权归属等。

4. 需求方与揭榜方要求

技术攻关类需求方要求。技术攻关类项目需求方应为企业或科研院所，对产业发展的"卡脖子"前沿技术、关键核心技术、关键零部件、材料及工艺等存在内在迫切需求，在项目攻关成功后能率先在本单位推广应用；具有实施项目的资金和配套条件；近三年内无不良信用记录。

成果转化类需求方要求。成果转化类项目需求方所拥有的已攻克关键核心技术成果应符合陕西企业和产业创新发展需求，具备产业化和推广应用条件；拥有拟转化科技成果的自主知识产权，市场用户和应用范围明确；技术团队愿意参与科技成果转化并持续提供技术服务。

技术攻关类揭榜方要求。揭榜方研发实力强，人才团队稳定，能够完成揭榜任务；对需求方提出的关键核心技术具有自主知识产权且无产权纠纷；科研道德和社会诚信良好，近三年内无不良信用记录；在本项目中，揭榜方与需求方不存在关联关系。

成果转化类揭榜方要求。揭榜方拥有较强的成果推广应用队伍，能提出科学合理的成果转化方案；能够提供成果转化所需的资金、场地、市场等配套条件。

5. 揭榜方式

符合条件的揭榜方在规定时间内提交项目可行性方案，视为揭榜。需求方不得作为同一项目的揭榜方。

6. 评审方式

陕西省科学技术厅和需求方共同组成专家组审查揭榜方资质，评估项目可行性方案。

7. 资金配比

经费核定。重大应急性共性技术攻关由财政负担全部科研经费。其他"揭榜挂帅"项目以企业自筹和吸引社会资本投入为主,省科学技术厅根据供需双方签订的技术(服务)合同核定"揭榜挂帅"项目科研经费总额,并按照不超过科研经费总额30%、最高不超过1 000万元给予补贴。

补贴程序。财政科技经费对揭榜挂帅项目的主要出资方进行补贴,技术攻关类项目补贴需求方,成果转化类项目补贴揭榜方。省财政资金可选择以下方式拨付:①财政资金分两期拨付。揭榜挂帅项目立项后,技术攻关类项目需求方应率先向揭榜方支付(或成果转化类项目揭榜方应率先自行投入)不低于项目科研经费总额30%的资金。财政根据拨付凭据,向技术攻关类项目的需求方或成果转化类项目的揭榜方拨付核定补贴资金的30%。通过综合绩效评价后拨付剩余额度。②采取"里程碑"拨付方式。省科学技术厅依据合同约定的"里程碑"完成时间、交付物、考核指标、考核方式,委托专业机构进行阶段性绩效评估,并根据评估结论,分年度拨付财政资金。

经费管理。"揭榜挂帅"项目实行财政科技经费"包干制"。

8. 揭榜周期要求

单个"揭榜挂帅"项目的实施周期一般为1~3年,不得申请延期。未按期验收的视为自动终止。

9. 成果验收方式

项目实施完成后,由需求方组织专家进行现场验收并出具验收意见,陕西省科学技术厅应委托具备相关资质和检测条件的第三方专业机构参与验收评价。

10. 支持政策

无说明。

(三)目前实施阶段

截至目前,陕西省已开展"揭榜挂帅"一次,目前处于榜单发布阶段。

三、榜单分析

通过对陕西省榜单难题名称进行词云分析,从图11-34中我们可以看到,陕西省的榜单难题主要集中在系统、自动驾驶、混合动力、整车驱动、电动汽车等新能源汽车及其配套设备的技术研发领域。

图 11-34 陕西省"揭榜挂帅"榜单词云图

四、需求方与揭榜方分析

（一）需求方

陕西省目前开展的"揭榜挂帅"中共有八项技术榜单，八个需求方，均为陕西省行政区域内的企业，分别是：陕西汽车集团股份有限公司、陕西重型汽车有限公司、西安比亚迪汽车有限公司、宝能汽车集团有限公司、陕汽集团商用车有限公司、秦川机床工具集团股份公司、西安航天民芯科技有限公司、西安中科微精光子制造科技有限公司。其中，西安比亚迪汽车有限公司与宝能汽车集团有限公司共同提出一项技术需求，秦川机床工具集团股份公司提出两项技术需求。

（二）揭榜方

截至 2021 年 6 月 8 日，受揭榜进度影响暂无揭榜方。

五、详例介绍

截至 2021 年 6 月 8 日，受揭榜进度影响暂无具体案例。

第十八节 上海市"揭榜挂帅"实践

一、上海市科技发展现状

从表 11-18 来看，2019 年上海市科技发展水平在全国处于前列，科技发展各项指标排名在第 2~22 位。其中，R&D 经费投入强度位列全国第二，表明上海市的科技创新对经济发展的贡献度极大；尽管高等学校数量相对排名较低，但从高等学校水平来看，上海市拥有十多所一流高校。从图 11-35 来看，2009~2019 年上海市科技发展各项指标大都呈现上升趋势，尤其是国内有效专利数和高技术企业利润总额。总而言之，上海市的科技创新基础较好，未来也有较大的前景。

表11-18 上海市2019年科技发展及排名情况

科技发展指标	上海市	全国	全国排名
R&D 人员/人	293 346	7 129 256	7
R&D 经费内部支出/万元	15 245 534	221 435 773.6	5
R&D 经费投入强度	4.00%	2.23%	2
国内有效专利数/件	443 510	8 812 070	6
高技术产业企业数/个	1 111	35 833	11
高技术企业利润总额/亿元	439	10 504	7
高等学校数/个	64	2 688	22
研发机构数/个	131	3 217	6

资料来源：2020 年《中国科技统计年鉴》

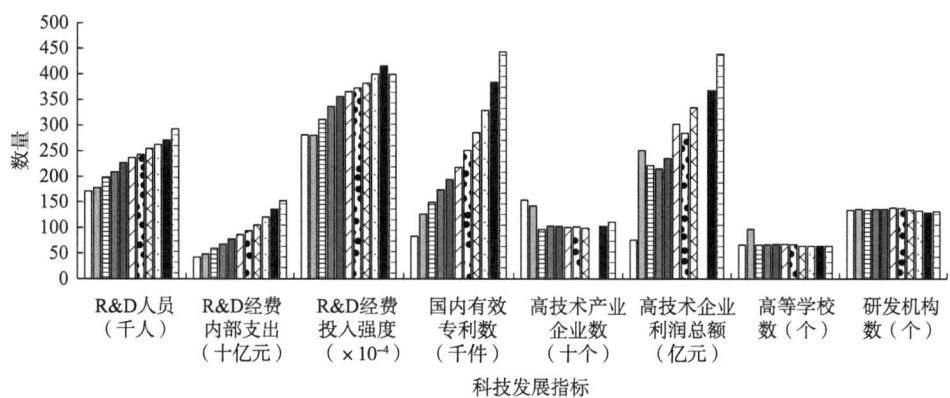

图 11-35 2009~2019 年上海市科技发展趋势图

二、"揭榜挂帅"实施概况

（一）实施过程

截至目前，上海市"揭榜挂帅"项目已经开展了三次。2020年2月18日，上海市科学技术委员会发布了《关于强化科技应急响应机制实现科技支撑疫情防控的通知》，首次实行"揭榜挂帅"项目组织管理方式，应用于强化科技应急响应机制实现科技支撑疫情防控；根据快速检测、临床诊治、疫苗和药物研发等的技术需求，凝练悬赏标的，向全球招募揭榜者，对完成目标取得实效的胜出者给予奖励。

随后，上海市科学技术委员会继续响应习近平总书记关于加强关键技术攻关的系列讲话要求和两会政府工作报告精神，积极探索实行"揭榜挂帅"项目组织管理方式，在2020年6月5日发布了《上海金桥"5G生态城"应用场景解决方案征集》，榜单聚焦产业、园区与社区三大领域的高新技术攻关项目，采用"揭榜挂帅"的方式，面向全社会广泛征集优秀解决方案，意在推动5G对经济社会的深度赋能。

2020年9月29日，上海市科学技术委员会发布了《关于发布2020年度科技攻关"揭榜挂帅"项目指南的通知》，共七个技术榜单，意在推动创新驱动发展战略的实施。

（二）方案归纳

1. "揭榜挂帅"主管部门

上海市科学技术委员会。

2. 榜单来源、类别及发榜方

为大力实施创新驱动发展战略和在信息领域抢占先机，根据习近平总书记关于加强关键技术攻关的系列讲话要求和两会政府工作报告精神，上海市科学技术委员会和上海金桥"5G生态城"积极探索实行"揭榜挂帅"项目组织管理方式。榜单主要聚焦于高新技术攻关项目，由"揭榜挂帅"主管部门上海市科学技术委员会发榜。

3. 揭榜方要求

所有揭榜单位和参与人应遵守科研诚信管理要求,需承诺所提交材料真实性,揭榜单位应当对申请人的申请资格负责,并对申请材料的真实性和完整性进行审核,不得提交有涉密内容的申请材料;应遵守中国知识产权法律、法规、规章、具有约束力的规范性文件及在中国适用的与知识产权有关的国际公约,所申报项目的知识产权明晰无争议,归属或技术来源正当合法,不存在知识产权失信违法行为。

4. 揭榜方式

采取书面申报形式,填写《"揭榜挂帅"项目申报书》提交至"揭榜挂帅"主管部门。

5. 评审方式

由市科学技术委员会同技术需求方共同组织开展受理、评审、立项、验收等项目管理事项,采取会议评审方式对揭榜项目进行择优遴选。

6. 资金配比

单个项目的财政资助经费一般不超过200万元。

7. 揭榜周期要求

揭榜项目攻关时限一般为1~3年。

8. 成果验收方式

无说明。

9. 支持政策

无说明。

(三)目前实施阶段

截至目前,上海市共实施"揭榜挂帅"三次。2020年2月18日上海市科学技术委员会发布《关于强化科技应急响应机制实现科技支撑疫情防控的通知》,后续政策文件皆无法获取,但根据方案进度安排可知目前应处于揭榜攻关阶段;2020年6月5日发布的"上海金桥'5G生态城'应用场景解决方案征集"项目和2020年9月29日发布的2020年度科技攻关"揭榜挂帅"项目都处于榜单发布阶段。

三、榜单分析

通过对上海市的榜单难题名称进行词云分析,从图 11-36 中我们可以发现,上海市发布的榜单主要聚焦于高新技术领域、信息产业领域和制造业领域,以控制系统、面阵相机、激光器、直线电机等项目为主要突破口,以高速、高端、高精度等条件为具体要求,意在贯彻创新驱动发展战略。

图 11-36　上海市"揭榜挂帅"榜单词云图

四、需求方与揭榜方分析

(一)需求方

在上海市开展的"揭榜挂帅"中,处于榜单发布阶段的都是由"揭榜挂帅"主管部门凝练发布榜单,因此没有具体的榜单需求方。

(二)揭榜方

由于公示揭榜名单的文件无法获得,暂无揭榜方信息。

五、详例介绍——以"上海金桥'5G生态城'应用场景解决方案征集"项目为例

2020年6月5日,上海市发布了《上海金桥"5G生态城"应用场景解决方案征集》。作为新一代信息通信的引领技术,5G已成为经济数字化转型的关键基础设施,服务对象从人与人通信拓展到人与物、物与物通信,5G融合人工智能、大数据、云计算、物联网等技术,将共同开启万物泛在互联、人机深度交互、智能引领变革的新征程。而上海市作为我国经济发展和科技发展的龙头城市,正在根据国家与上海市本市新基建的总体要求,加快部署5G网络建设。

加快部署5G网络建设,首先要找到合适的试点区域。因而,上海金桥开发区作为上海市5G产业集聚高地,产业集群效应明显,研发优势显著,产业链完善,拥有华为、中移信息、诺基亚等5G研发龙头企业和一批行业应用创新机构,具有多元化、立体式的综合应用场景。从而,为进一步推动5G对经济社会的深度赋能,上海市拟在金桥开发区推进建设"5G生态城",率先打造全场景、沉浸式的5G应用深度实践区,争创全球5G创新之巅。

习近平总书记在全国网络安全和信息化工作座谈会上指出:"可以探索搞揭榜挂帅,把需要的关键核心技术项目张出榜来,英雄不论出处,谁有本事谁就揭榜。"[①]"揭榜挂帅",能在科研项目组织上发挥集中力量办大事的优越性,真正调动最有能力的人才,加足创新马力,释放创新动能。那些能有效支撑社会经济发展的关键领域,应作为任务部署的首要着力点;那些最有研发效力的单位,应作为资源优先投放的目标。实行重点项目攻关"揭榜挂帅",谁能干就让谁干,就是让好钢用在刀刃上,有利于激发创新主体活力,增强发展新动能。因此,为了全面激发上海金桥"5G生态城"创新创造的活力,上海市于2020年6月5日正式发布了《上海金桥"5G生态城"应用场景解决方案征集》,采用"揭榜挂帅"的方式,聚焦产业、园区与社区三大领域,涉及半导体、船舶、超高清、工厂、机械、党建、园区管理、道路、展厅、餐饮、工地管理、住宅、酒店、商业、医院、学校、体育、银行、交通、餐饮、娱乐、文化共22种类别,打造"100+"5G创新应用场景,面向全社会广泛征集优秀解决方案,诚邀有技术、有经验、有意愿的企业共同参与金桥5G生态城建设。

---

① 中共中央网络安全和信息化委员会.2016-04-19.习近平:尽快在核心技术上取得突破[EB/OL]. http://www.cac.gov.cn/2016-04/19/c_1118673705.htm.

2020年6月5日至6月20日为方案征集阶段,揭榜方可根据主办方提供的具体相关信息,填写上海金桥"5G生态城"应用场景解决方案信息,并附详细技术方案和方案优势,方案一经采用,将优先推荐参与项目实施。

第十九节 天津市"揭榜挂帅"实践

一、天津市科技发展现状

从表11-19来看,2019年天津市科技发展各项指标在全国处于中等偏下水平,其中排名最好的是R&D经费投入强度,排在全国第三,而R&D经费内部支出排在全国第十七名,这表明在天津市现有的经济发展水平下,科技创新的贡献非常大;其他指标都较为靠后,尤其是高等学校数和研发机构数。从图11-37来看,天津市2009~2019年的科技发展各指标大都有下降趋势;R&D人员、R&D经费内部支出,以及高技术企业利润总额都在2015年之前逐年增长,2015年之后便呈现下降趋势,而R&D经费投入强度在2017年下降之后近几年又开始回升。总体来看,天津市的科技发展近几年有下滑趋势。

表11-19 天津市2019年科技发展及排名情况

科技发展指标	天津市	全国	全国排名
R&D人员/人	14 388	7 129 256	18
R&D经费内部支出/万元	4 629 716	221 435 773.6	17
R&D经费投入强度	3.28%	2.23%	3
国内有效专利数/件	198 946	8 812 070	12
高技术产业企业数/个	491	35 833	18
高技术企业利润总额/亿元	165	10 504	18
高等学校数/个	56	2 688	24
研发机构数/个	57	3 217	25

资料来源:2020年《中国科技统计年鉴》

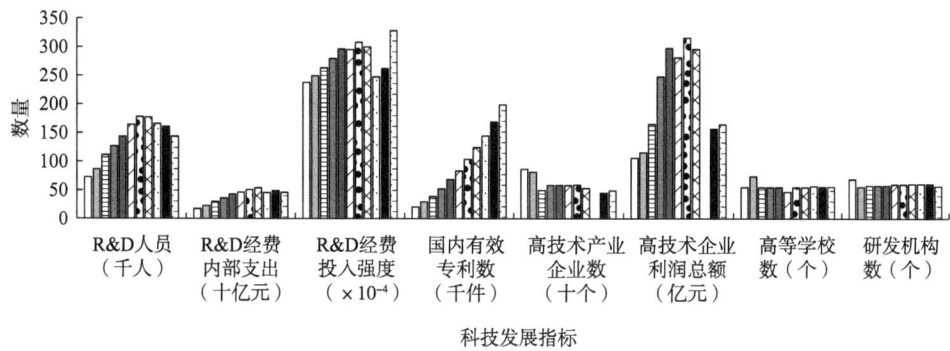

图 11-37　2009~2019 年天津市科技发展趋势图

二、"揭榜挂帅"实施概况

(一)实施过程

截至目前,天津市"揭榜挂帅"已展开了一次。2019 年 8 月 13 日,天津市科学技术局发布《关于开展科研众包工作的通知》,开始"揭榜挂帅"项目的初步实践。文件明确了"揭榜挂帅"的实施方案和流程规则,并通过"企业出题,能者破题"的揭榜方式,向社会征集技术需求,为解决天津市企业技术创新需求调动全社会力量,推动传统产业转型升级和新兴产业落地,推动天津市经济高质量发展。

(二)方案归纳

1. "揭榜挂帅"主管部门

天津市科学技术委员会。

2. 榜单来源、类别及发榜方

为贯彻落实国家《促进科技成果转移转化行动方案》和《天津市技术转移体系建设方案》,探索以需求引导创新、促进科技成果转移转化的新机制,天津市科技局在全市范围内开展科研众包工作。榜单主要聚焦于高新技术攻关项目,由主办方天津市科学技术委员会发榜。

3. 榜单征集要求

需求类型主要为新产品研发、现有技术或产品改进、引进技术及项目投资这四种。需求涉及以下领域：电子信息、生物与新医药、航空航天、新材料、高技术服务、新能源与节能、资源与环境及先进制造与自动化。

4. 需求方与揭榜方要求

需求方主要为科技型企业，根据科研生产实际，可自行提出技术需求并在线提交，也可委托服务机构进行企业诊断、需求挖掘和在线提交。

揭榜方可以是具有一定研发能力的高等院校、研究机构、企业、自然人，法人单位或团队也可揭榜。揭榜者应遵守中华人民共和国相关法律法规，具有一定技术研发水平，提交的解决方案知识产权权属明晰，技术来源正当合法。

5. 揭榜方式

有意愿解决企业技术需求的单位和科研人员可直接登陆天津市科技成果展示交易运营中心服务平台"科研众包"版块查看技术需求，在需求信息页面向需求提交方咨询和提交应答方案。市、区科技局，以及各技术转移机构也将通过举办科技成果俏津门·对接会、成果路演、创新挑战赛等多层次、品牌化的线下活动，为企业技术难题对接解决方案。需求提交方通过电话或在线洽谈工具联系各应答方，从中选择最佳方案。

6. 评审方式

无说明。

7. 资金配比

无说明。

8. 揭榜周期要求

无说明。

9. 成果验收方式

无说明。

10. 支持政策

为需求方与揭榜方提供包括科技政策咨询、企业战略咨询、知识产权、技术交易和投融资等服务。

（三）目前实施阶段

由于天津市开展的"揭榜挂帅"相关政策文件无法获取，难以判断目前所处阶段。

三、榜单分析

由于无法获取天津市开展的"揭榜挂帅"相关政策文件，无榜单信息。

四、需求方与揭榜方分析

由于天津市开展的"揭榜挂帅"相关政策文件无法获取，无榜单信息。

五、详例介绍

由于天津市开展的"揭榜挂帅"相关政策文件无法获取，无具体案例。

第二十节 云南省"揭榜挂帅"实践

一、云南省科技发展现状

从表11-20来看，云南省在科技领域并不突出。2019年云南省科技发展各项指标排名较为靠后，分布在12~24名，R&D经费投入强度低，科技成果较少，高新技术产业化程度低，唯一可观的是研发机构的数量。尽管云南省科技发展各项指标水平不高，但从图11-38来看，近几年各项指标都发展较快，尤其是高技术企业利润总额，增长迅猛。

表11-20　云南省2019年科技发展及排名情况

科技发展指标	云南省	全国	全国排名
R&D 人员/人	92 992	7 129 256	19
R&D 经费内部支出/万元	2 200 452	221 435 773.6	19
R&D 经费投入强度	0.95%	2.23%	24
国内有效专利数/件	74 896	8 812 070	20
高技术产业企业数/个	256	35 833	22
高技术企业利润总额/亿元	137	10 504	20
高等学校数/个	81	2 688	18
研发机构数/个	112	3 217	12

资料来源：2020年《中国科技统计年鉴》

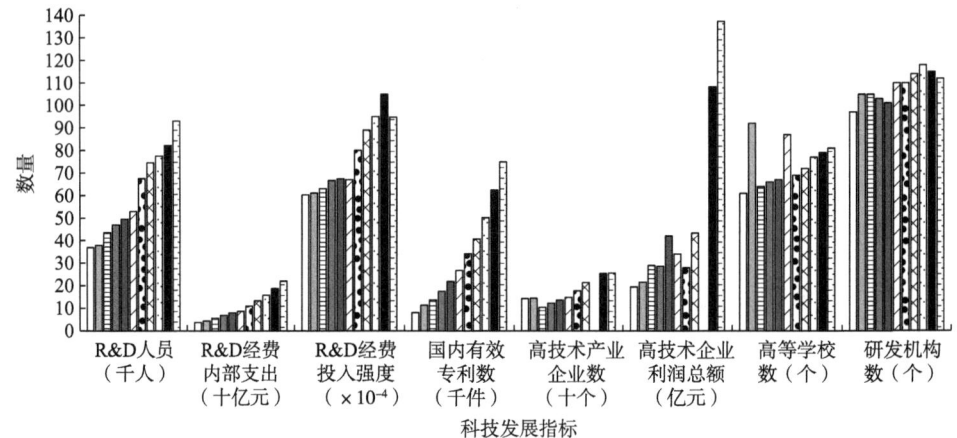

图11-38　2009~2019年云南省科技发展趋势图

二、"揭榜挂帅"实施概况

（一）实施过程

截至目前，云南省"揭榜挂帅"已开展了一次。

2020年6月11日，云南省财政厅、科学技术厅印发《云南省科技揭榜制实施管理办法》；2020年6月28日，云南省科学技术厅、财政厅发布征集科技揭榜制项目榜单的通知；2020年9月16日，云南省科学技术厅共遴选并发布2020年度第一批11个科技揭榜制项目需求；经专家评审等流程，云南省科学技术厅拟立项支持八个技术攻关类项目，并于2021年3月12日印发《云南省科技厅关于2021年度科技揭榜制拟立项项目公示的通知》将拟立项项目进行公示。

(二) 方案归纳

1. "揭榜挂帅"主管部门

云南省科学技术厅、云南省财政厅。

2. 榜单来源、分类及发榜方

为突破制约云南省重点产业发展的关键核心技术，创新财政科技投入机制，加快推动重大科技成果转化，更好地服务保障云南高质量跨越式发展，云南省科学技术厅、财政厅组织此次"揭榜挂帅"。在广泛征集需求的基础上，云南省科学技术厅、财政厅遴选出多项榜单发布，榜单分为技术攻关类和成果转化类。

3. 榜单征集要求

项目需求应聚焦解决云南八大重点产业、世界一流"三张牌"、数字云南和面向南亚东南亚辐射中心建设领域的"卡脖子"关键核心技术及成果转化。在技术需求中，应明确拟解决的主要技术问题、核心指标、时限要求、产权归属、资金投入等内容。项目科技投入总额不得低于1 000万元，项目实施周期一般不超过三年。

4. 需求方与揭榜方要求

技术攻关类项目需求方。对"卡脖子"的前沿技术、关键核心技术、关键零部件、材料及工艺等有内在迫切需求，且在项目攻关成功后能率先在本企业推广应用，能够显著提升企业核心竞争力；能够提供保障项目实施的资金投入和保障项目实施的配套条件；近三年内无不良信用记录或重大违法行为。

成果转化类项目需求方。在"卡脖子"的关键核心技术攻关中已取得重大突破，具备拟转化的成果产业化和推广应用条件，且符合云南企业和产业创新发展需求；拥有拟转化成果的自主知识产权，市场用户和应用范围明确，对云南产业转型升级能够发挥关键推动作用；拥有成果转化的技术支撑队伍，能主动参与和协助推广科技成果转化；优先支持产业共性技术和首台（套）重大装备，以及公益性、辐射带动效应显著的重大成果。

技术攻关类项目揭榜方。省内外有研究开发能力的高校、科研院所、科技型企业或其组成的联合体（与发榜方不能为同一单位或其下属子公司）；有较强的研发实力、良好的科研条件、稳定的人员队伍；能针对发榜项目需求，提出攻克关键核心技术的可行性方案，掌握自主知识产权；近三年内无不良信用记录或重大违法行为；优先支持具有良好科研业绩的单位和团队，鼓励产学研合作揭榜攻关。

成果转化类项目揭榜方。主要为在云南省内注册的具有独立法人资格的企业（与发榜方不能为同一单位或其下属子公司）；拥有较强的成果推广应用队伍，能够提出科学合理的成果转化方案；能够提供成果转化所需的资金、场地、市场等配套条件；积极开展示范应用，努力扩大社会应用效益；优先支持行业龙头、骨干企业；近三年内无不良信用记录或重大违法行为。

5. 揭榜方式

云南省科学技术厅组织需求方和揭榜方进行项目对接，细化落实合作具体内容，达成共识；需求方、揭榜方应按有关规定签订技术合同，并共同制订发榜项目的实施方案报送省科学技术厅。

6. 评审方式

云南省科学技术厅组织专家对揭榜方的资质条件、科技揭榜制项目揭榜方案可行性、需求方满意度等进行充分论证。根据专家论证意见提出拟中榜名单，向全社会进行公示。

7. 资金配比

省级财政资金按不超过科技揭榜制项目投入总额的40%给予资助，单个项目最高不超过1 000万元。

8. 揭榜周期要求

项目实施周期一般不超过三年。

9. 成果验收方式

揭榜项目完成后，云南省科学技术厅委托第三方专业机构组织进行验收项目工作。

10. 支持政策

云南省财政厅以财政资金补助的方式进行支持，技术攻关类科技揭榜制项目财政补助对象为需求方，成果转化类科技揭榜制项目财政补助对象为揭榜方。同时将科技揭榜制项目列入省级科技计划，按照省级科技计划项目和资金管理办法进行管理。

（三）目前实施阶段

在经历方案发布、榜单征集、榜单发布后，目前云南省2021年度科技揭榜制已确定每个揭榜项目的揭榜者，处于揭榜攻关阶段。

三、榜单分析

在微词云网站上导入榜单信息，并进行人工处理，得到云南省"揭榜挂帅"发榜项目的词云图。从图 11-39 中可以看出，转化应用、平台建设是云南省"揭榜挂帅"的重点资助类型，新能源、人工智能与互联网等新兴产业，以及传统制造业都是云南省"揭榜挂帅"所重点关注的领域。

图 11-39　云南省"揭榜挂帅"榜单词云图

四、需求方与揭榜方分析

（一）需求方

云南省 2020 年度第一批科技揭榜制发榜项目分为技术攻关和成果转化两大类，技术攻关类项目有八个，成果转化类有两个。技术攻关类项目的需求方均为企业与事业单位，企业共有八家，分别是云南建投建材科技有限责任公司、云南锡业股份有限公司、云南电网有限责任公司、昆明云内动力股份有限公司、云南金鼎锌业有限公司、云南摩尔农庄生物科技开发有限公司、昆明农业公园开发有限公司、云南火凤凰消防科技有限公司。事业单位有两家，分别是云南省第一人民医院、云南省消防救援总队。其中，云南省消防救援总队和云南火凤凰消防科技有限公司联合发榜。成果转化类项目的需求方为高校，分别为云南大学和西南林业大学。

（二）揭榜方

在已实施的"揭榜挂帅"中，云南省拟立项支持八个技术攻关类项目，共有18家单位成功揭榜，其中单独揭榜的有3家单位，采取2家单位联合揭榜的有2组，采取3家单位联合揭榜的有1组，采取4家单位联合揭榜的有1组，采取5家单位联合揭榜的有1组，并且有一家单位（昆明理工大学）成功揭榜了两个项目。在18家单位中，高校有4家（合肥工业大学、昆明理工大学、东北大学、上海交通大学），科研院所有2家（中国计量科学研究院、中国科学院昆明植物研究所），事业单位有1家（四川大学华西医院），信息技术类企业有5家（昆明品启科技有限公司、昆明市网络建设运营有限公司、中国电信股份有限公司云南市分公司、中国联合网络通信有限公司昆明分公司、云南云创数字生态科技有限公司），其他类型的高新技术企业有6家[昆明联诚科技股份有限公司、中电新元（北京）电力科技有限公司、苏州国方汽车电子有限公司、昆明理工鼎擎科技股份有限公司、昆船智能技术股份有限公司、昆明冶金研究院有限公司]。

五、详例介绍——以昆明联诚科技股份有限公司揭榜"基于工业互联网的锡冶炼智能化生产线关键技术研发"榜单为例

2020年6月28日，云南省科学技术厅、云南省财政厅开始征集科技揭榜制项目榜单。云南锡业股份有限公司提出"基于工业互联网的锡冶炼智能化生产线关键技术研发"需求，明确了需求内容中的拟解决的主要技术问题、核心指标、时限要求、产权归属、资金投入及揭榜方须具备的条件等，按要求填写材料，进行申报。省科学技术厅经过形式审查、同行评议、现场考察和发榜公告等环节后，于2020年9月16日遴选并发布出2020年度第一批11个科技揭榜制项目需求，"基于工业互联网的锡冶炼智能化生产线关键技术研发"上榜。

昆明联诚科技股份有限公司有意向揭榜，填报了《揭榜意向表》。继而，云南锡业股份有限公司与昆明联诚科技股份有限公司积极主动对接，公平竞争洽谈，细化落实相关内容要求，共商合理解决方案，最终形成了项目"基于工业互联网的锡冶炼智能化生产线关键技术研发"的可行性方案。省科学技术厅联合相关部门或委托第三方机构，积极提供牵线搭桥、政策咨询、应用场景、条款协商、产权保护等多方面的服务。

省科学技术厅组织专家对揭榜方的资质条件、科技揭榜制项目揭榜方案可行

性、发榜方满意度等进行充分论证,再根据专家论证意见提出拟中榜名单,于2021年3月12日将拟立项项目进行公示,公示期为七天(2021年3月15日至2021年3月21日)。项目"基于工业互联网的锡冶炼智能化生产线关键技术研发"公示后无异议,云南锡业股份有限公司、昆明联诚科技股份有限公司与省科学技术厅共同签订三方协议,各自履行职责。省财政核实揭榜制项目的总投入和技术合同后,给予发榜方云南锡业股份有限公司省级财政资金支持,且资金分两期拨付,项目立项程序完成后即拨付拟补助资金的40%,其余60%在项目通过验收或绩效评价后拨付。

第二十一节 浙江省"揭榜挂帅"实践

一、浙江省科技发展现状

从表11-21来看,浙江省2019年整体的科技发展指标处于全国的上游阶段,尤其是高技术产业企业数、高技术企业利润总额、国内有效专利数、R&D人员这四项都排在了全国的前三名,但高等学校和研发机构数量较少。从2009~2019年的发展来看(图11-40),除了高等学校数和研发机构数变化不大之外,其余指标均明显上升,尤其是国内有效专利数和高技术企业利润总额;高技术产业企业数在2011年减少之后缓慢增加。总的来说,浙江省在科技发展方面人员充足、经费投入强度大、产出可观。

表11-21 浙江省2019年科技发展及排名情况

科技发展指标	浙江省	全国	全国排名
R&D人员/人	713 684	7 129 256	3
R&D经费内部支出/万元	16 697 956	221 435 773.6	4
R&D经费投入强度	2.678%	2.23%	6
国内有效专利数/件	1 023 110	8 812 070	3
高技术产业企业数/个	3 150	35 833	3
高技术企业利润总额/亿元	824.688 8	10 504	3
高等学校数/个	108	2 688	11
研发机构数/个	95	3 217	20

资料来源:2020年《中国科技统计年鉴》

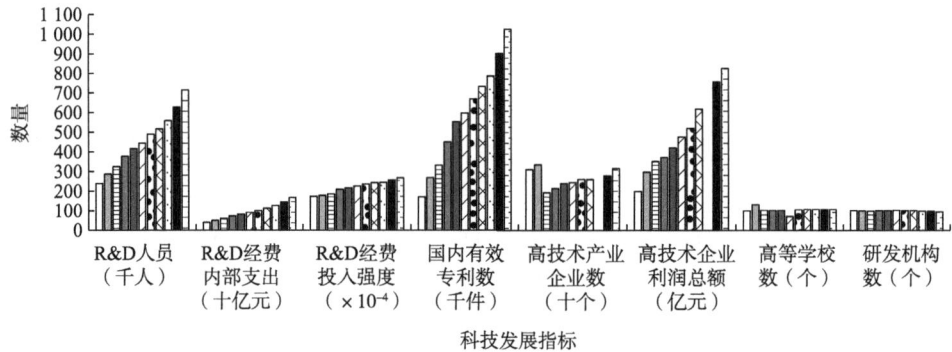

图 11-40　2009~2019 年浙江省科技发展趋势图

二、"揭榜挂帅"实施概况

浙江省"揭榜挂帅"实践情况呈现出遍地开花之景，省市两级齐头并进，各有千秋，各有侧重，又不失全省范围内的统筹规划。下面将对省一级实施情况进行详细介绍，对市一级进行简要介绍。

（一）实施过程

2020 年 7 月 8 日，浙江省科学技术厅发布了《关于印发 2021 年度省重点研发计划项目申报指南的通知》，在申报指南中发布了首批省级"揭榜挂帅"榜单，其中竞争性项目有 213 个专题，择优委托项目有 61 个专题，共 274 项榜单。

（二）方案归纳

1. "揭榜挂帅"主管部门

浙江省科学技术厅。

2. 榜单来源、类别及发榜方

浙江省科学技术厅紧紧围绕国家战略需求和省委、省政府对科技创新的重大部署，突出"互联网+"、生命健康和新材料三大科技创新高地建设重点，面向社会公开征集研发需求，最终凝练并集中发布技术攻关类榜单。

3. 揭榜方要求

揭榜单位要求（竞争性项目，满足前三点即可）：

（1）揭榜者应是省内注册的具有独立法人资格且运行管理规范的高等学校、科研院所、新型研发机构和企业等。

（2）申报企业须设立并正常运营一年以上（2019年7月1日前工商注册），并具有相应的研发能力和研发投入。规模以上工业企业2019年研究开发费占主营业务收入比例须达到2.0%以上（申报农业类项目的可放宽到1.0%）。鼓励具有较强研发团队和必备研发条件的科技型小微企业申报。

（3）申报和参与省重点研发计划项目的单位均应在单位财务系统中独立核算研发费，企业应在研发项目信息管理系统注册。

（4）在国内省内有明显优势，创新实力和协同攻关能力强，有基础、有条件在相关领域取得重大关键核心技术突破的优势单位，同时应建有相关领域的重点实验室、临床医学研究中心、工程技术研究中心、企业研究院等省级及以上创新平台。

（5）企业为主体申报高新产业类项目的，原则上应为高新技术企业，其上年研究开发费占主营业务收入比重一般应不低于3.0%；申报传统产业类和农业类项目的，其上年研究开发费占主营业务收入比重应不低于1.5%。

（6）高校院所2018年度R&D经费投入为零，或低于上年度水平的不得申报（新设立单位除外）。

申报人员要求：

（1）项目负责人原则上应为申报单位在职人员。择优委托项目负责人原则上还应主持或为主要参与人参与过省部级及以上重大科技项目。如项目负责人非项目申报单位在职人员，应由申报单位出具赋予其管理项目实施的授权书。

（2）项目负责人在项目实施期内将到达法定退休年龄的（院士为70周岁），原则上不得申报。如确需申报，应由单位出具允许申报且能确保项目履约实施的承诺书（如返聘、延迟退休等）。

申报限项要求：

（1）同一科研人员作为项目负责人，承担在研各类省级科技计划项目原则上为一项、最多不超过两项。作为项目主要参与人（除项目负责人外，排名前三的参与人）在研项目数不超过三项。

（2）同一企业承担在研项目一般为一项；省创新型领军企业（含培育）可承担不超过两项。

（3）同一科研人员（作为项目负责人）及同一企业，同年度立项各类省级科技计划项目不超过一项；已承担在研重点研发竞争性项目的，可再申报择优委托项目；已承担在研择优委托项目的，不得再申报。

（4）院所专项中的条件建设和设备购置类项目、省临床医学研究中心项目、省领军型创新创业团队项目、省杰出青年科学基金项目、省"万人计划"项目，不纳入上述限项范围。

（5）有强制终止项目需退缴财政经费且经催缴仍未退回的单位不得申报。

（6）入科研诚信严重失信名单，或省公共信用信息平台存在联合惩戒记录、可能影响项目实施的申请人及申报单位不得申报。

4. 揭榜方式

采取网上申报，实行归口管理、逐级申报。

5. 评审方式

申报项目经网络评审、会议论证评审、处室联审、综合评价、集体决策等程序遴选承担单位。各区市科学技术局或归口管理部门统筹把关后限额推荐于省科学技术厅，省属国有企业统一通过省国资委推荐上报省科学技术厅。

6. 资金配比

对于竞争性项目：①由企业牵头申报的，财政资金给予不超过项目总经费20%的补助；②由高校、院所和其他事业单位牵头联合企业共同申报的，财政资金给予不超过项目总经费50%的补助；③由高校、院所和其他事业单位独立承担的，可给予100%的财政资金补助。

对于择优委托项目：①每项补助不超过1 000万元；②由企业牵头承担的，自筹经费不低于省级财政补助经费的两倍；③省部属高校院所、省级及以上新型研发机构独立承担的，自筹经费不低于省级财政补助经费的20%。

7. 揭榜周期要求

一般为三年左右，原则上不超过四年，超过四年的，可分段申报实施。

8. 成果验收方式

无说明。

9. 支持政策

无说明。

（三）目前实施阶段

浙江省省级"2021年度省重点研发计划项目揭榜挂帅"正处于发榜阶段。

（四）市一级"揭榜挂帅"实施概况

由于浙江省市一级"揭榜挂帅"政策文件无法搜集，故只能展示大致的实施情况，具体的实施方案、榜单情况和揭榜方情况不明。目前已实施"揭榜挂帅"制度的城市有绍兴市、衢州市、湖州市、宁波市和嘉兴市。

绍兴市于2020年6月9日发布了2020年度"揭榜挂帅"实施方案，方案指出已于同年5月底前完成短缺技术建库工作，于6月初发布技术榜单，6月底前组织揭榜工作，7月对成功揭榜、联合开展攻关的项目进行"评榜"，并于9月底前"奖榜"；又于2021年3月19日发布了2021年度"揭榜挂帅"项目申报指南，并于4月20日发布了100项技术榜单，目前尚处于揭榜攻关阶段。

衢州市于2020年6月28日发布了首批关键核心技术需求榜单，共有15项急需攻关的技术需求，涉及电路、生物医药、新材料等新兴产业领域，项目总投入近2亿元，榜金达2150余万元，目前尚处于揭榜攻关阶段。

湖州市于2020年7月18日发布了首批"揭榜挂帅"十大关键核心技术有关工作的公告，工作将以"张榜""揭榜""竞榜""奖榜"的流程展开，目前尚处于揭榜攻关阶段。

宁波市于2020年7月24日发布了"揭榜挂帅"活动方案，方案指出已于同年7月20日前完成了短缺技术建库工作，于7月底前发布技术榜单，7月至9月组织"抢榜"工作，8月至10月对成功"抢榜"、联合开展科技攻关的项目进行"评榜"，并于10月底前正式确认"揭榜挂帅"单位。

嘉兴市于2020年7月面向全市企业征集"揭榜挂帅"榜单库，初步征集了105项技术需求，经凝练后，于8月6日发布了首份十项技术榜单，目前尚处于揭榜攻关阶段。

三、榜单分析

通过对浙江省的技术榜单进行词云分析（图11-41），可以发现浙江省重点研发计划主要集中在材料攻关与智能化应用上，亦涉及了生物与新医药、绿色能源、公共安全建设等各个领域的布局。从总的方向上看，则是以突破产业关键技术短板为导向,着眼实现高性能产品、装备产业化、规模化生产。

图 11-41　浙江省"揭榜挂帅"榜单词云图

四、需求方与揭榜方分析

(一)需求方

浙江省省一级的"揭榜挂帅"由省科学技术厅围绕国家战略需求和省委、省政府对科技创新的重大部署,突出"互联网+"、生命健康和新材料三大科技创新高地建设重点,凝练企业需求,集中发布榜单;因此,不存在具体的榜单需求方。

(二)揭榜方

截至 2021 年 6 月 8 日,受揭榜进度影响暂无揭榜方。

五、详例介绍

截至 2021 年 6 月 8 日,受揭榜进度影响暂无具体案例。

参 考 文 献

艾丹. 2020-11-12. 把原始创新能力提升摆在更加突出的位置[N]. 湖北日报, (014).
安志. 2019. 面向企业的政府创新激励政策效应研究[D]. 南京大学博士学位论文.
安志, 路瑶. 2019. 科技项目、科技认定与企业研发投入[J]. 科学学研究, 37 (4): 617-624, 633.
陈宾. 2017. 基于"银政企"视角下金融支持科技创新机制研究[J]. 武汉金融, (7): 69-71.
陈志敏, 田晓宇, 刘凤霞, 等. 2011. 2011年社会力量设奖工作调研报告⑥中国电力科学技术奖[J]. 中国科技奖励, (11): 70-72.
"创新型国家支持科技创新的财政政策"课题组, 丁学东. 2007. 创新型国家支持科技创新的财政政策[J]. 经济研究参考, (22): 2-29.
高阳, 朱道林, 郧文聚. 2017. 重点实验室平台建设对研究生科研能力的影响[J]. 实验室研究与探索, 36 (12): 251-254.
龚锋, 曾爱玲. 2014. 我国财政直接支持科技方式的缺陷及其完善[J]. 财经问题研究, (S2): 50-53.
顾志恒, 陈凯, 刘南楠. 2019. 从合同视角看国内高校在国际科研合作中的知识产权问题[J]. 科技管理研究, 39 (18): 164-169.
胡明晖, 乔冬梅, 曾国屏. 2006. 我国科学基金制的演变、评价与政策建议[J]. 武汉理工大学学报 (社会科学版), (5): 691-696.
黄元元, 李敏. 2017. 技术创新市场化运作机制的关键节点研究[J]. 江苏科技大学学报 (社会科学版), 17 (1): 68-73.
季冬晓. 2020-11-24. 谁有本事谁"揭榜"[N]. 太原日报, (007).
江笑颜, 李栋亮. 2018. 多层次、智能化的项目评审专家管理体系构建研究——基于广东科研项目评审专家管理的优化[J]. 科技管理研究, 38 (16): 212-217.
江轩宇. 2016. 政府放权与国有企业创新——基于地方国企金字塔结构视角的研究[J]. 管理世界, (9): 120-135.
蒋景楠, 雷纯. 2010. 上海市科技奖励激励机制探究[J]. 华东理工大学学报 (社会科学版), 25 (5): 51-56.
李春景. 2012-06-25. 我国科技奖励制度存在的问题[N]. 学习时报, (007).
李海超, 李志春. 2015. 高技术产业原始创新系统分析及创新能力评价研究[J]. 中国管理科学, 23 (S1): 672-678.
李海申, 苗绘. 2013. 发挥财税金融支持作用促进科技创新[J]. 中国财政, (6): 69-70.

李海申, 张萌, 林新岳. 2016. 新常态下金融支持科技创新的长效机制分析——基于河北省的调查研究[J]. 银行家, (7): 115-118.

李恒. 2009. 产学研结合创新的法律制度研究[D]. 华中科技大学博士学位论文.

李恒, 黄雯. 2014. 企业逐利行为与社会责任行为关系研究[J]. 四川师范大学学报（社会科学版）, 41(2): 69-73.

李良成, 于超. 2018. 基于内容分析法的广东省科技创新人才开发政策研究[J]. 科技管理研究, 38(5): 49-56.

李玲娟, 欧晓斌. 2016. 科技成果转化中风险资本的退出机制研究[J]. 科学管理研究, 34(2): 86-89.

李贽. 1974. 初潭集[M]. 上海: 中华书局.

梁帅, 李正风. 2020. "人才帽子"异化的机制研究[J]. 中国科技论坛, (9): 125-132.

刘驰, 靖继鹏, 马静. 2009. 基于知识转移的知识产权管理模式[J]. 情报科学, 27(10): 1559-1562.

刘书庆, 韩亚辉, 苏秦. 2011. 转制科研院所科技成果产业化模式研究[J]. 科技进步与对策, 28(12): 20-25.

刘伟, 曹建国, 蔡卫星. 2009. 国外政府采购扶持自主创新的经验及对中国的启示[J]. 管理现代化, (1): 18-20.

刘鑫. 2020. 面向2035年原始创新的容错机制构建[J]. 中国科技论坛, (8): 9-11.

刘晔, 曾经元, 王若宇, 等. 2019. 科研人才集聚对中国区域创新产出的影响[J]. 经济地理, 39(7): 139-147.

陆园园. 2021. 科技与金融深度融合发展的新方略[J]. 南京社会科学, (5): 31-38.

鹿艺. 2021-04-08. "揭榜挂帅"制中的知识产权问题探究[EB/OL]. https://mp.weixin.qq.com/s/uRBzbZGOoyuHxsbPs7uQFw.

逯海涛. 2020-06-28. 揭榜之后, 如何激活"一江春水"[N]. 浙江日报, (004).

罗文波, 陶媛婷. 2020. 科技金融与科技创新协同机制研究[J]. 西南金融, (1): 23-32.

马波, 何迎春. 2020. 国家财政资助项目科技成果权属的历史沿革、制度障碍和解决方案[J]. 中国科技论坛, (11): 48-55.

马永慧, 李亚欣. 2020. "张榜寻帅"精准发力为科技创新发展赋能——外省实施科研项目"揭榜挂帅"制度探析与启示[J]. 产业科技创新, 2(33): 18-19.

南宁市青秀区人民法院课题组, 林中材. 2019. 广西科技项目管理容错纠错法律监督机制的科学建构[J]. 广西政法管理干部学院学报, 34(2): 79-83.

牛瑞阳, 王培璋. 2009. 我国国内专利发展现状分析及对策研究[J]. 研究与发展管理, 21(5): 88-93.

钱野, 徐土松, 周恺秉. 2012. 基于政府支持的科技担保缓解科技型初创企业融资难问题的研究[J]. 中国科技论坛, (2): 59-63.

任晓刚, 西桂权, 付宏. 2020-06-03. "揭榜挂帅"激活科研人员"一池春水"[N]. 学习时报, (006).

任志超, 罗广宁, 肖田野, 等. 2020. 广东省社会科技奖励现状及发展对策[J]. 科技管理研究, 40(22): 257-262.

阮冰琰. 2009. 中外科技奖励制度差异及启示[J]. 科技管理研究, 29(8): 63-65.

史静寰, 叶之红, 胡建华, 等. 2017. 走向2030: 中国高等教育现代化建设之路[J]. 中国高教研究, (5): 1-14.

宋宇, 冯煜. 2016. 通讯评审在科技计划项目评审中的应用[J]. 产业与科技论坛, 15 (4): 35-36.

孙龙, 雷良海. 2019. 地方政府促进科技成果转化的财政政策研究——基于上海市46份政策文件的量化分析[J]. 华东经济管理, 33 (10): 27-32.

汪立超. 2012. 我国高校原始创新能力的形成机制与提升途径研究[J]. 长江师范学院学报, 28 (12): 97-100.

汪艳霞, 钟书华. 2014. 孵化-加速对接: 科技园区创新服务新趋势[J]. 中国科技论坛, (11): 31-35.

王静. 2019-01-08. 国家科技奖提高奖金额度[EB/OL]. http://news.sciencenet.cn/htmlnews/2019/1/421850.shtm.

王朋举. 2015. 基于政府视角的科技创新失败项目补偿机制研究[D]. 武汉理工大学博士学位论文.

王朋举. 2016. 企业科技创新失败项目政府补偿方式选择[J]. 科技进步与对策, 33 (9): 62-66.

王瑞. 2012. 对科学基金评审制度的思考[J]. 中国科学基金, 26 (1): 28-29, 37.

王婷, 谭宗颖, 张家元, 等. 2016. 国外重要社会科技奖励提升影响力的经验借鉴及启示[J]. 科学管理研究, 34 (6): 105-108.

王小凡. 2017. 中国科技人才计划总体布局亟需调整和改善[J]. 科技导报, 35 (2): 11.

吴帅. 2014. 海外人才引进机制与政策研究[M]. 北京: 社会科学出版社: 138-145.

夏友全. 2020. 科研经费管理改革研究——以科研经费使用"包干制"为视角[J]. 新会计, (10): 43-46.

熊彼特J. 2017. 经济发展理论[M]. 何畏, 易家详等译. 北京: 商务印书馆.

徐顽强, 熊小刚. 2011. 我国非政府奖项品牌化发展研究——以何梁何利奖为例[J]. 软科学, 25 (3): 13-17.

薛薇. 2015. 发达国家支持企业创新税收政策的特点及启示[J]. 经济纵横, (5): 106-110.

杨敏, 陈海秋. 2007. 国家投资科研项目成果的知识产权归属探讨[J]. 北京航空航天大学学报 (社会科学版), (1): 50-53.

杨旋. 2020-06-08. 制度护航, 让"揭榜挂帅"者大展身手[N]. 中国自然资源报, (002).

姚玉鹏. 2011. 对我国科研资助体系存在问题及深化体制改革的思考[J]. 中国科学基金, 25(1): 26-29.

易江格, 黄涛, 2019. 基于内容分析法的湖北省科技人才政策研究[J]. 科学管理研究, 37 (4): 137-141.

余时沧, 段江洁, 卞修武, 等. 2012. 加强大型仪器实验教学提高研究生科研创新能力的探索[J]. 重庆医学, 41 (36): 3909-3910.

袁永, 李妃养, 张宏丽. 2017. 基于创新过程的科技创新政策体系研究[J]. 科技进步与对策, 34 (12): 92-98.

占绍文, 王云玲, 陈文慧. 2008. 我国高等教育公共资源配置现状分析[J]. 理论导刊, (3): 91-92, 96.

张定安, 谭功荣. 2004. 绩效评估: 政府行政改革和再造的新策略[J]. 中国行政管理, (9): 75-79.

张国俊, 付雪峰, 戴亚飞, 等. 2020. 科学基金项目会议评审机制刍议[J]. 物理化学学报,

36（8）：89-92.

朱艳. 2020. 国家财政资助项目成果管理的分析探讨[J]. 科研管理，41（9）：284-288.

邹轶君，郝加全. 2020. 成果导向的"揭榜挂帅"中的科研经费管理策略[J]. 中国高校科技,（S1）：27-29.

曾婧婧. 2013. 科技悬赏奖：促进科技创新的利器[J]. 科学学研究，31（1）：30-35.

曾婧婧. 2019. 科技悬赏制：理论、实践与案例[M]. 北京：中国社会科学出版社.

曾婧婧. 2020a-06-12. 完善机制流程，以"揭榜挂帅"激发创新活力[N]. 科技日报，（005）.

曾婧婧. 2020b-11-18. 以"揭榜挂帅"激发创新活力[N]. 湖北日报，（009）.

曾婧婧，龚启慧. 2016. 政府资助型科技悬赏成果的"退出−对接"机制研究[J]. 科学管理研究，34（6）：35-39.

曾婧婧，黄桂花. 2021a-04-06. "揭榜挂帅"制虽好，也不能滥用[N]. 科技日报，（005）.

曾婧婧，黄桂花. 2021b-05-21. 科技项目揭榜挂帅制度：运行机制与关键症结[EB/OL]. https://doi.org/10.16192/j.cnki.1003-2053.20210521.002.

曾婧婧，宋娇娇. 2015. 科技悬赏制的项目"征集−定价"机制[J]. 科技管理研究,（20）：181-186，202.

Brunt L，Lerner J，Nicholas T. 2012. Inducement prizes and innovation [J]. Journal of Industrial Economics，60（4）：657-696.

Kay L. 2011. The effect of inducement prizes on innovation：evidence from the Ansari X Prize and the northrop grumman lunar lander challenge[J]. R & D Management，41（4）：360-377.

Schmookler J. 1966. Invention and Economic Growth[M]. Cambridge：Harvard University Press.

Williams H. 2012. Innovation inducement prizes：connecting research to policy[J]. Journal of Policy Analysis and Management，31（3）：752-776.

附　　录

附录 1：研究数据来源与说明

本书的研究数据来自地方政府发布的政策文件及其他平台，一定程度上兼具权威性和广泛性。对数据的处理也保持谨慎的态度，确保数据的有效性。最后对数据进行了大量的编码工作，以此形成本书的研究数据库，在各篇章中使用。

一、数据来源

本书主要涉及三大类数据：政策条目数据、政策文本数据和榜单数据。三者的关系是后者根据前者所得，其中政策条目数据是基础，在获得相应政策名称之后搜集政策文本，最后根据政策文本提取榜单信息。这三类数据的来源有三个：一是地方政府门户网站和相关业务主管部门网站（主要为科技厅、工信厅）；二是企查查网站；三是百度搜索引擎、相关微信公众号等平台。三类数据的形成过程如下：第一，在地方政府门户网站和相关业务主管部门网站（主要为科技厅、工信厅）进行关键词检索，关键词包括"揭榜挂帅""揭榜""悬赏"，以此获得"揭榜挂帅"相关政策并提取政策名称；第二，在获得相关政策名称基础上，搜集并提取政策全文，形成政策文本数据；第三，根据政策文本内容提取榜单信息、政策信息；第四，通过企查查网站获取榜单需求方和揭榜方相关信息；第五，通过百度搜索引擎、微信公众号平台等渠道补充缺失信息。

二、数据清理

本书的数据基础是各地发布的"揭榜挂帅"相关政策，因此在政策搜集过程中尤其注重政策的有效性，为此遵循以下原则进行政策筛选和清理：①政策内容与"揭榜挂帅"制度直接相关，对于仅部分内容提及"揭榜挂帅"或未出台具体制度规定的文本不予搜集；②为避免政策文本重复，剔除转发的政策文件，只搜集原发文单位的政策文件；③在检索搜集的时间跨度上，由于"揭榜挂帅"于2016年4月19日被首次提出，故将搜集的发布时间限定于这一时间之后。"揭榜挂帅"相关政策初始搜集的截止日期为2021年4月13日，政策更新的截止日期为2021年6月8日；政策初始搜集是大范围依次搜集各省区市的"揭榜挂帅"相关政策，政策更新一方面针对初始搜集中已实施"揭榜挂帅"制度的省区市，对其相关政策进行跟踪，另一方面更新其他省区市的"揭榜挂帅"进度以获得最新的"揭榜挂帅"实施情况，但这一部分省区市不纳入榜单数据中。

三、数据编码与使用

在本书涉及的三类数据中，仅需要对政策条目数据和榜单数据进一步编码。政策条目数据的编码内容包括编号、实施地点、发文日期、政策文件名、类型，其中类型是指文件内容涉及"揭榜挂帅"的进度，包括方案、征集、发榜和揭榜四类。政策条目数据总共包括27个[①]省区市116条政策文件，具体的数据内容见附录2。榜单数据的编码内容包括所属省份、榜单类型、榜单名称、需求方、揭榜方、揭榜方基本信息、榜单领域。其中，榜单类型分为技术攻关类、成果转化类和其他；揭榜方基本信息包括主体性质、所属地，企业和科研院所揭榜者还包括成立日期、企业参保人员、企业知识产权，高校揭榜者还包括学校层次、院士人数、教授人数、研究中心数量和实验室数量；榜单领域按照国家重点支持的八大高新技术领域进行编码。

本书对于三类数据的使用贯穿于全书，其中绪论部分主要使用了政策条目数据和榜单数据，中篇的"揭榜挂帅"实务主要使用政策文本数据，下篇对各省区市"揭榜挂帅"案例的分析对政策条目数据、政策文本数据和榜单数据均有使用。尤其说明的一点是，下篇的案例分析中包括21个省区市，均是政策初始搜集时已实施"揭榜挂帅"的地区，北京市和四川省由于无具体的政策文件而未纳入案例分析。

---

① 北京市和四川省实施的"揭榜挂帅"未找到具体的政策文件，仅在新闻报道中得知已实施"揭榜挂帅"。

附录2：各省区市"揭榜挂帅"政策条目一览表

编号	实施地点-省级	实施地点-具体	发文日期	政策文件名	类型
1-0-1	安徽省	安徽省	2020/6/30	关于印发《重点领域补短板产品和关键技术攻关任务揭榜工作方案》的通知	发榜
1-0-2	安徽省	安徽省	2020/9/23	关于公布2020年重点领域补短板产品和关键技术攻关任务揭榜企业名单的通知	揭榜
2-0-1	重庆市	重庆市	2021/5/26	重庆市科学技术局关于发布第一批"揭榜挂帅"项目榜单的通知	发榜
3-0-1	福建省	福建省	2020/9/9	福建省科学技术厅关于征集"揭榜挂帅"重大技术需求（难题）的通知	征集
3-0-2	福建省	福建省	2021/2/5	福建省科学技术厅福建省财政厅关于组织申报2021年省科技重大专项"揭榜挂帅"试点项目的通知	发榜
4-0-1	甘肃省	甘肃省	2020/11/16	关于征集揭榜挂帅制科技项目需求的通知	征集
4-0-2	甘肃省	甘肃省	2020/12/12	关于2020年度科技揭榜挂帅制项目张榜的通知	发榜
5-0-1	广东省	广东省	2018/9/21	广东省科学技术厅关于征集适合揭榜制的重大科技项目需求的通知	征集
5-0-2	广东省	广东省	2018/12/5	广东省科学技术厅关于2018年度揭榜制项目张榜的通知	发榜
5-0-3	广东省	广东省	2019/5/27	广东省科学技术厅关于2019年度省科技创新战略专项资金（揭榜制等）拟立项项目的公示	揭榜
5-0-4	广东省	广东省	2020/3/11	广东省关于征集揭榜制重大科技项目需求的通知	征集
5-1-1	广东省	广东省中山市	2020/7/22	关于征集适合传统产业改造提升专题揭榜制的重大科技项目需求的通知	征集
5-1-2	广东省	广东省中山市南头镇	2019/4/26	关于"智能家电产业核心技术攻关揭榜挂帅"项目揭榜的公告	揭榜
5-2-1	广东省	广东省深圳市	2020/2/12	关于以"悬赏制"方式组织开展"新型冠状病毒感染的肺炎疫情应急防治"应急科研攻关项目的工作方案	方案
5-2-2	广东省	广东省深圳市	2020/2/29	深圳市科技创新委员会关于发布"新型冠状病毒肺炎疫情应急防治"科研攻关项目悬赏指南的通知	发榜
5-2-3	广东省	广东省深圳市	2020/7/3	深圳市科技创新委员会关于发布第二批"新型冠状病毒肺炎疫情应急防治"科研攻关项目悬赏指南的通知	发榜
5-2-4	广东省	广东省深圳市福田区	2019/10/23	关于诚邀人工智能场景需求（第一批）应用研发合作伙伴的公告	发榜

续表

编号	实施地点-省级	实施地点-具体	发文日期	政策文件名	类型
5-2-5	广东省	广东省深圳市福田区	2020/8/15	关于诚邀人工智能场景需求（第二期）应用研发合作伙伴的公告	发榜
5-2-6	广东省	广东省深圳市福田区	2020/8/24	关于诚邀常态化疫情防控下的人工智能场景需求应用研发合作伙伴的公告	发榜
5-2-7	广东省	广东省深圳市福田区	2020/9/27	关于诚邀优秀机构参加疫情常态化防控的智能测温卡口建设应用场景评测会的公告	发榜
5-2-8	广东省	广东省深圳市福田区	2020/9/27	关于诚邀人工智能场景需求（第三期）应用研发合作伙伴的公告	发榜
5-3-1	广东省	广东省湛江市	2020/4/28	关于征集揭榜制重大科技项目需求的通知	征集
5-4-1	广东省	广东省佛山市顺德区	2020/9/4	佛山市顺德区科学技术局关于发布2020年核心技术攻关项目申报指南的通知	发榜
6-0-1	广西壮族自治区	广西壮族自治区	2020/7/2	广西壮族自治区科学技术厅关于印发广西科技项目揭榜制工作实施办法（试行）的通知	方案
6-0-2	广西壮族自治区	广西壮族自治区	2020/10/19	广西壮族自治区科学技术厅关于征集揭榜制科技项目需求的通知	征集
6-1-1	广西壮族自治区	广西钦州市	2020/12/17	广西钦州市关于诚邀各方英才对重点产业关键技术攻关"揭榜挂帅"的公告	发榜
7-0-1	贵州省	贵州省	2020/3/31	关于发布贵州省煤炭智能采掘技术榜单的通知	发榜
7-0-2	贵州省	贵州省	2017/4/7	关于发布贵州省大数据领域技术榜单的通知	发榜
7-0-3	贵州省	贵州省	2018/12/28	贵州省审批服务便民化技术榜单	发榜
7-0-4	贵州省	贵州省	2018/6/29	关于发布贵州省玉米种植面积调减规模化替代技术榜单的通知	发榜
7-0-5	贵州省	贵州省	2017/1/10	关于发布农村信息化及建筑工业化领域技术榜单的通知	发榜
8-0-1	海南省	海南省	2021/1/5	海南省实施区块链应用示范揭榜工程方案	发榜
9-0-1	河北省	河北省	2018/3/15	河北省科学技术厅关于征集民生科技领域重点技术需求的函	征集
9-0-2	河北省	河北省	2018/5/11	河北省科学技术厅关于发布民生领域系统技术集成专项技术榜单的通知	发榜
9-0-3	河北省	河北省	2018/5/24	河北省科学技术厅关于对民生领域系统技术集成专项技术榜单拟立项项目进行公示的通知	揭榜
9-0-4	河北省	河北省	2019/12/17	河北省科学技术厅关于征集民生领域重大技术需求的通知	征集
9-0-5	河北省	河北省	2020/10/21	河北省科学技术厅关于发布2020年民生科技专项技术榜单的通知	发榜

附　录

续表

编号	实施地点-省级	实施地点-具体	发文日期	政策文件名	类型
9-0-6	河北省	河北省	2020/11/24	河北省科学技术厅关于2020年度河北省科技计划民生科技专项技术榜单拟立项项目的公示	揭榜
9-0-7	河北省	河北省	2021/3/23	河北省科学技术厅关于发布2021年农业科技领域技术榜单的通知	发榜
10-0-1	河南省	河南省	2019/7/8	中国·河南开放创新暨跨国技术转移大会重大关键技术需求国内外揭榜攻关实施方案	方案
10-0-2	河南省	河南省	2020/4/30	关于省创新示范专项、重大关键技术需求揭榜攻关项目任务书签订及后续管理事项的通知	其他
10-0-3	河南省	河南省	2019/7/9	河南省科技厅、河南省财政厅关于征集适合揭榜制的重大科技项目需求的通知	征集
10-0-4	河南省	河南省	2019/9/6	河南省科学技术厅关于做好2019年度揭榜制项目张榜有关工作的通知	发榜
10-0-5	河南省	河南省	2019/10/13	河南省科学技术厅关于发布2019年度第二批揭榜攻关技术需求的公告	发榜
10-0-6	河南省	河南省	2020/3/23	河南省科学技术厅河南省财政厅关于2019年省重大关键技术需求揭榜攻关项目立项的通知	揭榜
11-0-1	黑龙江省	黑龙江省	2021/4/26	关于发布2021年黑龙江省第一批"揭榜挂帅"科技攻关项目榜单的通知	发榜
12-0-1	湖北省	湖北省	2019/7/2	省科技厅关于印发《湖北省科技项目揭榜制工作实施方案》的通知	方案
12-0-2	湖北省	湖北省	2019/7/2	省科技厅关于征集揭榜制科技项目需求的通知	征集
12-0-3	湖北省	湖北省	2019/8/23	湖北省科技厅关于2019年度揭榜制项目需求发榜的通知	发榜
12-0-4	湖北省	湖北省	2019/10/28	关于2019年度湖北省揭榜制科技项目拟立项补贴项目的公示	揭榜
12-0-5	湖北省	湖北省	2020/1/17	省科技厅关于征集2020年度揭榜制科技项目需求的通知	征集
12-0-6	湖北省	湖北省	2020/5/12	湖北省科技厅关于发布2020年度揭榜制项目需求的通知	发榜
12-0-7	湖北省	湖北省	2020/10/9	湖北省科技厅关于2020年度揭榜制科技项目拟立项项目清单公示的通知	揭榜
12-0-8	湖北省	湖北省	2021/2/7	湖北省科技厅关于征集2021年度揭榜制科技项目需求的通知	征集
12-0-9	湖北省	湖北省	2021/3/25	湖北省科技厅关于发布2021年度揭榜制科技项目需求的通知	发榜
13-0-1	湖南省	湖南省	2020/9/23	关于印发《湖南省自然灾害防治技术装备重点任务工程化攻关"揭榜挂帅"工作方案》的通知	方案
13-0-2	湖南省	湖南省	2020/11/13	2020年湖南省自然灾害防治技术装备重点任务工程化攻关"揭榜挂帅"榜单	发榜
13-0-3	湖南省	湖南省	2021/3/3	湖南省科学技术厅关于征集2021年度省科技创新计划"揭榜挂帅"项目需求的通知	征集

续表

编号	实施地点-省级	实施地点-具体	发文日期	政策文件名	类型
13-0-4	湖南省	湖南省	2021/3/31	湖南省科学技术厅湖南省财政厅关于发布2021年度湖南省自然科学基金重大项目揭榜选题的通知	发榜
14-0-1	江苏省	江苏省	2019/4/23	关于印发2019年关键核心技术攻关任务揭榜工作方案的通知	发榜
14-0-2	江苏省	江苏省	2020/4/20	关于组织实施全省工业互联网解决方案应用推广工作的通知	方案
15-0-1	江西省	江西省	2021/5/27	江西省科技厅关于征集"揭榜挂帅"企业重大技术需求的通知	征集
15-0-2	江西省	江西省	2021/5/28	江西省科技厅关于发布2021年度"揭榜挂帅"关键技术攻关项目选题的通知	发榜
16-0-1	辽宁省	辽宁省	2021/3/2	辽宁省关于发布2021年辽宁省首批"揭榜挂帅"科技攻关项目榜单的通知	发榜
17-0-1	内蒙古自治区	内蒙古自治区	2021/5/7	关于印发《内蒙古自治区科技计划"揭榜挂帅"实施办法（试行）》的通知	方案
18-0-1	宁夏回族自治区	宁夏回族自治区	2020/1/2	自治区工业和信息化厅财政厅关于印发《宁夏回族自治区产业创新重点任务揭榜项目及资金管理暂行办法》的通知	其他
18-0-2	宁夏回族自治区	宁夏回族自治区	2019/12/2	自治区工业和信息化厅关于印发《宁夏回族自治区产业创新重点任务揭榜攻关工作方案》的通知	方案、发榜
18-0-3	宁夏回族自治区	宁夏回族自治区	2020/1/7	自治区工业和信息化厅2019年产业创新重点任务揭榜企业名单公示	揭榜
18-0-4	宁夏回族自治区	宁夏回族自治区	2020/1/14	自治区重点领域工业互联网赋能与公共服务平台揭榜项目及资金管理暂行办法	其他
18-0-5	宁夏回族自治区	宁夏回族自治区	2019/12/30	自治区工业和信息化厅关于印发《自治区重点领域工业互联网赋能与公共服务平台揭榜项目工作方案》的通知	方案、发榜
18-0-6	宁夏回族自治区	宁夏回族自治区	2020/5/9	关于自治区重点领域工业互联网赋能与公共服务平台揭榜项目拟承担单位的公示	揭榜
18-0-7	宁夏回族自治区	宁夏回族自治区	2020/6/29	自治区工业和信息化厅关于开展2020年产业创新重点任务揭榜攻关工作的通知	发榜
18-0-8	宁夏回族自治区	宁夏回族自治区	2020/9/28	自治区工业和信息化厅2020年产业创新重点任务揭榜企业公示	揭榜
18-0-9	宁夏回族自治区	宁夏回族自治区	2021/4/13	宁夏回族自治区工业和信息化厅关于开展2021年产业创新重点任务揭榜攻关工作的通知	发榜

续表

编号	实施地点-省级	实施地点-具体	发文日期	政策文件名	类型
19-0-1	青海省	青海省	2021/4/19	关于公开征集盐湖老卤制备无水氯化镁关键技术解决方案的公告	发榜
20-0-1	山东省	山东省	2020/5/26	关于印发山东省重大科技创新工程项目管理暂行办法的通知	其他
20-0-2	山东省	山东省	2020/11/16	山东省关于公开2020年省重点研发计划（重大科技创新工程）项目初评结果的通知	其他
20-0-3	山东省	山东省	2020/11/16	山东省关于组织开展2020年度山东省重点研发计划（重大科技创新工程）项目预算申报的通知	其他
20-0-4	山东省	山东省	2020/9/29	关于组织开展2020年度山东省重点研发计划（重大科技创新工程）项目申报的通知	发榜
20-0-5	山东省	山东省	2020/12/14	山东省关于2020年度山东省重点研发计划（重大科技创新工程）拟立项项目公示的通知	揭榜
20-0-6	山东省	山东省	2021/5/6	山东省关于组织开展2021年度山东省重点研发计划（重大科技创新工程）项目申报的通知	发榜
20-1-1	山东省	山东省东营市	2020/7/27	关于印发《东营市重点研发计划"揭榜制"项目管理暂行办法》的通知	方案
20-2-1	山东省	山东省烟台市	2020/8/28	关于发布2021年烟台市科技创新发展计划项目申报指南的通知	方案
20-2-2	山东省	山东省烟台市	2020/9/1	2021年烟台市重大科技创新项目"揭榜制""组阁制"工作实施方案	方案
20-2-3	山东省	山东省烟台市	2020/9/1	关于征集2021年烟台市重大科技创新项目"揭榜制""组阁制"项目需求的通知	征集
20-2-4	山东省	山东省烟台市	2020/9/25	关于张榜发布2021年重大科技创新项目揭榜制项目需求的通知	发榜
20-3-1	山东省	山东省济宁市	2020/8/27	关于征集2020年度济宁市重点研发计划项目指南的通知	征集
20-4-1	山东省	山东省日照市	2020/4/7	关于开展市级农业科技创新中心"揭榜制"活动的通知	发榜
21-0-1	山西省	山西省	2019/7/9	关于2019年度山西省科技计划揭榜招标项目（第一批）张榜的通知	发榜
21-0-2	山西省	山西省	2019/8/23	关于对2019年度山西省科技计划揭榜招标项目（第一批）拟中榜名单的公示	揭榜
21-0-3	山西省	山西省	2019/9/27	关于2019年度山西省科技计划揭榜招标项目（第二批）张榜的通知	发榜
21-0-4	山西省	山西省	2019/11/25	关于对2019年度山西省科技计划揭榜招标项目（第二批）拟中榜名单的公示	揭榜
21-0-5	山西省	山西省	2019/11/26	关于开展农村（农户）用煤清洁取暖技术揭榜的公告	发榜
21-0-6	山西省	山西省	2020/3/27	山西省科学技术厅关于2020年度山西省科技计划揭榜招标项目张榜的通知	发榜

续表

编号	实施地点-省级	实施地点-具体	发文日期	政策文件名	类型
21-0-7	山西省	山西省	2020/5/20	山西省科学技术厅关于2020年度山西省科技计划揭榜招标项目拟中榜名单的公示	揭榜
22-0-1	陕西省	陕西省	2021/3/11	陕西省科学技术厅关于印发《实施科技项目"揭榜挂帅"工作指引》的通知	方案
22-0-2	陕西省	陕西省	2021/6/7	陕西省科学技术厅关于发布陕西省"两链"融合重点专项第一批揭榜挂帅课题榜单的公告	发榜
23-0-1	上海市	上海市	2020/9/29	关于发布2020年度科技攻关"揭榜挂帅"项目指南的通知	发榜
23-0-2	上海市	上海市	2020/2/18	上海市科学技术委员会关于强化科技应急响应机制实现科技支撑疫情防控的通知	方案
23-0-3	上海市	上海市	2020/6/5	上海金桥"5G生态城"应用场景解决方案征集	发榜
24-0-1	天津市	天津市	2019/8/13	天津市科技局关于开展科研众包工作的通知	方案
25-0-1	新疆维吾尔自治区	新疆维吾尔自治区	2021/3/22	关于征集"揭榜挂帅"制科技项目需求的通知	征集
25-0-2	新疆维吾尔自治区	新疆生产建设兵团	2021/3/31	关于征集兵团科技项目"揭榜挂帅"需求的通知	征集
26-0-1	云南省	云南省	2020/6/11	云南省科技揭榜制实施管理办法	方案
26-0-2	云南省	云南省	2020/6/28	云南省科技厅云南省财政厅关于科技揭榜制项目榜单征集的通知	征集
26-0-3	云南省	云南省	2020/9/16	云南省科技厅关于2020年度第一批科技揭榜制项目需求发榜的通知	发榜
26-0-4	云南省	云南省	2021/3/12	云南省科技厅关于2021年度科技揭榜制拟立项项目公示的通知	揭榜
26-1-1	云南省	云南省昆明市	2020/8/17	昆明市科技局关于组织申报2020年昆明市小微企业创业创新基地城市示范揭榜制科技创新项目的通知	发榜
27-0-1	浙江省	浙江省	2020/7/8	浙江省科学技术厅关于印发2021年度省重点研发计划项目申报指南的通知	发榜
27-0-2	浙江省	浙江省	2020/11/23	浙江省科学技术厅关于下达2021年度省重点研发计划项目的通知	揭榜
27-1-1	浙江省	浙江省宁波市	2020/7/24	宁波市关于印发《"百日百场"院企对接系列活动方案》的通知	方案
27-2-1	浙江省	浙江省绍兴市	2020/6/9	关于印发《绍兴市重点项目攻关"揭榜挂帅"实施方案》的通知	方案
27-3-1	浙江省	浙江省湖州市	2020/7/18	关于进一步做好首批"揭榜挂帅"十大关键核心技术有关工作的公告	发榜
27-4-1	浙江省	浙江省嘉兴市	2020/8/6	聚焦"卡脖子"广发"英雄帖"嘉兴发布首份"揭榜挂帅"榜单	发榜

续表

编号	实施地点-省级	实施地点-具体	发文日期	政策文件名	类型
27-5-1	浙江省	浙江省衢州市	2020/6/28	诚邀天下英才来衢"揭榜挂帅"！——衢州发布首批关键核心技术需求榜单	发榜
27-6-1	浙江省	浙江省台州市	2020/8/17	10个项目，6120万元！台州首批"揭榜挂帅"重点项目公布	发榜